Heinz-Dieter Fröse · Grundkurs Photovoltaik

de-FACHWISSEN

Die Fachbuchreihe
für Elektro- und Gebäudetechniker
in Handwerk und Industrie

Heinz-Dieter Fröse

Grundkurs Photovoltaik

Theorie und Praxis für EuP und EFKffT

Hüthig · München/Heidelberg

Produktbezeichnungen sowie Firmennamen und Firmenlogos werden in diesem Buch ohne Gewährleistung der freien Verwendbarkeit benutzt.
Von den im Buch zitierten Vorschriften, Richtlinien und Gesetzen haben stets nur die jeweils letzten Ausgaben verbindliche Gültigkeit.

Autoren und Verlag haben alle Texte, Abbildungen und Softwarebeilagen mit großer Sorgfalt erarbeitet bzw. überprüft. Dennoch können Fehler nicht ausgeschlossen werden. Deshalb übernehmen weder Autoren noch Verlag irgendwelche Garantien für die in diesem Buch gegebenen Informationen. In keinem Fall haften Autoren oder Verlag für irgendwelche direkten oder indirekten Schäden, die aus der Anwendung dieser Informationen folgen.

Maßgebend für das Anwenden der Normen sind deren Fassungen mit dem neuesten Ausgabedatum, die bei der VDE Verlag GmbH, Bismarckstraße 33, 10625 Berlin, www.vde-verlag.de, erhältlich sind.

Für eine bessere Lesbarkeit wird in der Regel auf eine genderspezifische Schreibweise sowie eine Mehrfachbezeichnung verzichtet. Gegebenenfalls wird ausschließlich die männliche Form verwendet. Alle personenbezogenen Bezeichnungen sind geschlechtsneutral zu verstehen.

Bibliografische Information der Deutschen Nationalbibliothek
Die Deutsche Nationalbibliothek verzeichnet diese Publikation in der Deutschen Nationalbibliografie; detaillierte bibliografische Daten sind im Internet über https://portal.dnb.de/ abrufbar.

> Möchten Sie Ihre Meinung zu diesem Buch abgeben?
> Dann schicken Sie eine E-Mail an das Lektorat
> im Hüthig Verlag:
> **buchservice@huethig.de**
> Autoren und Verlag freuen sich über Ihre Rückmeldung.

ISBN 978-3-8101-0666-7

Printed in Germany
Layout, Satz, Zeichnungen: schwesinger, galeo:design
Titelfoto: Chatchawal – stock.adobe.com
Druck: Westermann Druck Zwickau GmbH

Vorwort

Durch die Energiewende gewinnt die Installation von Photovoltaik-Anlagen (PV-Anlagen) weiter an Bedeutung. In vielen Bundesländern besteht mittlerweile für Neubauten und Dachsanierungen eine „Solarpflicht". Um PV-Anlagen sachgerecht zu installieren, sind elektrotechnische Grundkenntnisse erforderlich. Elektrotechnische Arbeiten dürfen nach den in Deutschland geltenden Regeln ausschließlich von Elektrofachkräften oder elektrotechnisch unterwiesenen Person (EuP) unter Leitung und Aufsicht einer Elektrofachkraft ausgeführt werden.

Qualifikation „Elektrotechnisch unterwiesene Person (EuP)"

Mit einer Qualifikation zur elektrotechnisch unterwiesenen Person dürfen elektrotechnische Arbeiten an elektrotechnischen Anlagen und Betriebsmitteln unter Leitung und Aufsicht einer Elektrofachkraft durchgeführt werden. Unter Leitung und Aufsicht bedeutet, dass die Aufsicht führende und leitende Elektrofachkraft die Fachverantwortung übernehmen muss.

Die Qualifizierung erfolgt auf Basis der DGUV-Vorschrift 3 und hat zum Ziel, die Arbeiten durch die erlangten Kenntnisse und Fähigkeiten sachgerecht und sicher ohne ständige Anwesenheit der aufsichtführenden und leitenden Elektrofachkraft durchführen zu können. Für die Qualifizierung sind, abhängig vom Tätigkeitsumfang, zwischen acht und 16 Unterrichtseinheiten vorgesehen.

Qualifikation „Elektrofachkraft für festgelegte Tätigkeiten (EFKffT)"

Mit der Ausbildung zur Elektrofachkraft für festgelegte Tätigkeiten auf Basis der DGUV-Regel 303-001 können festgelegte elektrotechnische Arbeiten auch eigenverantwortlich von Personen durchgeführt werden, die über eine andere als eine elektrotechnische Ausbildung, zum Beispiel Dachdecker, verfügen. Diese so qualifizierten Mitarbeiter können nach einer entsprechenden Qualifikationsmaßnahme festgelegte Tätigkeiten eigenverantwortlich ausführen.

Die Qualifizierung erfolgt auf Basis von DGUV-Grundsatz 303-077 und erlaubt es dem Unternehmer, den Mitarbeiter zur Montage des PV-Systems eigenverantwortlich einzusetzen.

Zielgruppe dieses Buches sind ausgebildete Personen, zum Beispiel aus den Gewerken Dachdeckerei, Zimmerei, Schreinerei, Spenglerei usw., deren Ausbildung durch eine elektrotechnische Qualifikation erweiterbar ist.

Die Qualifikation der EFKffT gliedert sich in einen theoretischen und eine praktischen Teil. Der theoretische Teil umfasst als Grundlagenteil, aufbauend auf die EuP-Qualifikation mit 16 Unterrichtseinheiten, 64 Unterrichtseinheiten, zusammen also 80 Stunden, ergänzt durch einen praktischen Teil mit 40 Unterrichtseinheiten. Damit dauert die Maßnahme zusammen 120 Unterrichtseinheiten. Die Ausbildung schließt mit einer theoretischen und einer praktischen Prüfung ab, die von einer verantwortlichen Elektrofachkraft (vEFK) gemäß DIN VDE 1000-10 (VDE 1000-10):2021-06 Abschnitt 4.4 durchgeführt wird.

Das vorliegende Buch ist hinsichtlich beider Qualifikationen in zwei Teile aufgeteilt, die aufeinander aufbauen. Im ersten Teil erhält der Leser zunächst einen Überblick über die Qualifikation zur EuP. Im zweiten Teil werden die theoretischen Grundlagen und die Praxis für die Qualifikation zur EFKffT sowie die Bauteile einer PV-Anlage behandelt. Der Leser erfährt zudem alles, was für ein eingenverantwortliches Arbeiten und Errichten einer PV-Anlage wichtig ist.

Dadurch erhält der Leser die Möglichkeit, sich stufenweise auf seine spätere Arbeit zur Montage von PV-Anlagen vorzubereiten. Er erfährt zudem, was eine Elektrofachkraft beherrschen muss, wenn sie elektrische Arbeiten ausführen soll, wie zum Beispiel die Verbindung zur Einspeisung (Zählerverteilung) in das öffentliche Netz. Dazu ist eine Konzession erforderlich, die der jeweilige Verteilungsnetzbetreiber auf Basis einer TREI-Qualifikation erteilt und die in der Regel in der Meisterprüfung eingeschlossen ist.

Die jeweiligen Teile sind auf die Konzeption von Weiterbildungsmaßnahmen abgestimmt.

Heinz-Dieter Fröse

Einleitung

Die Errichtung einer PV-Anlage ist ein von vielen Faktoren abhängiges Verfahren. Ziel ist es, wirtschaftlichen Betrieb der Anlage zu gewährleisten. Das erfordert die in **Bild 0.1** dargestellten Faktoren so miteinander zu verknüpfen, dass das geplante Ziel grundsätzlich erreicht werden kann.

Hinzu kommt eine breit gefächerte Expertise von unterschiedlichen Fachkräften, die die Einzelschritte der Maßnahmen erarbeiten und während des späteren Bauablaufs koordinieren und überwachen. Die reinen Installationsarbeiten von PV-Anlagen sind dabei fach- und gewerkeübergreifende Tätigkeiten. Dazu sind eine Vielzahl von Klärungen erforderlich, wie **Bild 0.2** zeigt. Hinzu kommen noch Leistungen wie Gerüstbau oder Kran- und Hubtechnik.

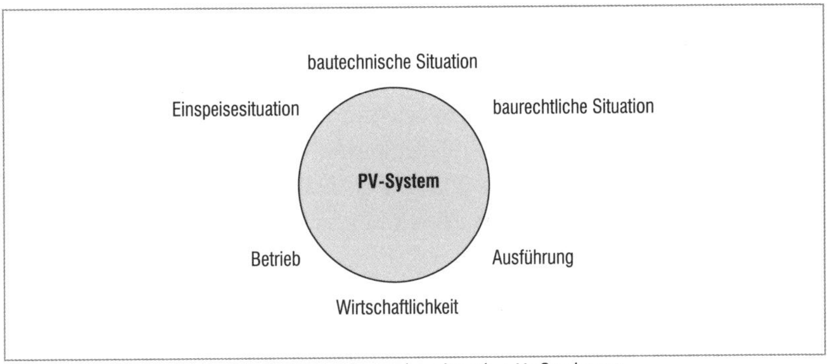

Bild 0.1 Klärungsbedarf im Rahmen der vorbereitenden Maßnahmen

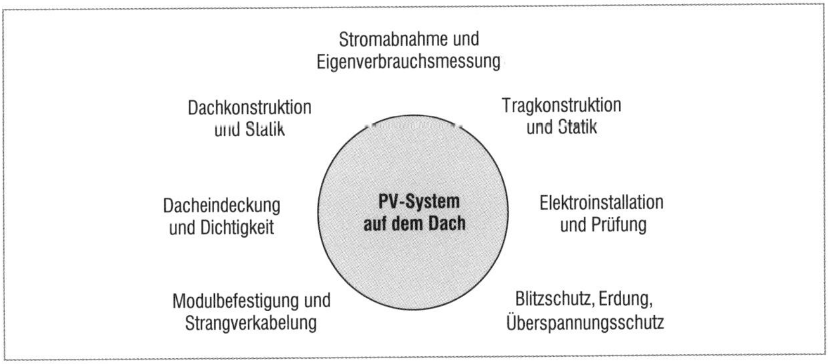

Bild 0.2 Übersicht der Verknüpfungen von Einzelleistungen zur Erstellung einer PV-Anlage

Eine große Menge von unterschiedlichen Betriebsmitteln wird zur Errichtung einer PV-Anlage benötigt. Dazu gehören:

- Tragkonstruktion,
- Module,
- Stecker,
- DC-Strangleitungen,
- Wechselrichter,
- AC-Leitungen,
- Schaltgerätekombinationen,
- Überspannungsschutzgeräte,
- Blitzschutzsysteme,
- Messeinrichtungen,
- Steuer- und Regeleinrichtungen,
- Speicher.

Die Errichtung einer PV-Anlage auf einer Tragkonstruktion ist eine elektrotechnische Tätigkeit im Sinne der anerkannten Regeln der Technik (VDE-Bestimmungen), die nur von Elektrofachkräften ausgeführt werden darf oder von anderen Personen, wenn diese unter der Leitung und Aufsicht einer Elektrofachkraft stehen. Die Elektrofachkraft für festgelegte Tätigkeiten zur Errichtung von PV-Anlagen gilt auf Grund ihrer Ausbildung und Zusatzqualifikation gemäß DGUV Grundsatz 303-077 als Elektrofachkraft für diese Tätigkeiten, wenn die Rahmenbedingungen für diese Qualifikation erfüllt werden.

Inhaltsverzeichnis

I Elektrotechnisch unterwiesene Person (EUP)

Die Grundlagen für die Qualifizierung zur EuP sind in den Regeln der Berufsgenossenschaft und in den VDE-Bestimmungen enthalten. Danach soll eine elektrotechnisch unterwiesene Person die Gefahren kennen, die bei der Durchführung der unterwiesenen Arbeiten auftreten können, und sie soll Verhaltensregeln kennen, die zur Verhinderung von Unfällen führen. Das setzt in der Regel voraus, dass die Grundlagen der Elektrotechnik, die zum Verständnis der Maßnahmen erforderlich sind, beherrscht werden und die wichtigsten für die Tätigkeit existierenden Unfallverhütungsvorschriften bekannt sind. Die nachfolgenden Abschnitte behandeln diese Kenntnisse.

1 Grundlagen der Elektrotechnik I

Im folgenden Abschnitt werden die Grundkenntnisse der Physik aufgezeigt, die zum Verständnis und zur Erklärung der wichtigsten Berechnungen in der Praxis notwendig sind.

1.1 Potentiale

Ein Atom ist von außen betrachtet elektrisch neutral. Die Ursachen für eine elektrische Spannung sind ein Ungleichgewicht zwischen den positiven und negativen Ladungsträgern im Atom. Hierzu ist es erforderlich, dass die Ladungsträger (**Bild 1.1**) getrennt werden. Dies kann nur durch Zuführung von Energie geschehen. Dabei werden den Atomen eines Körpers entwe-

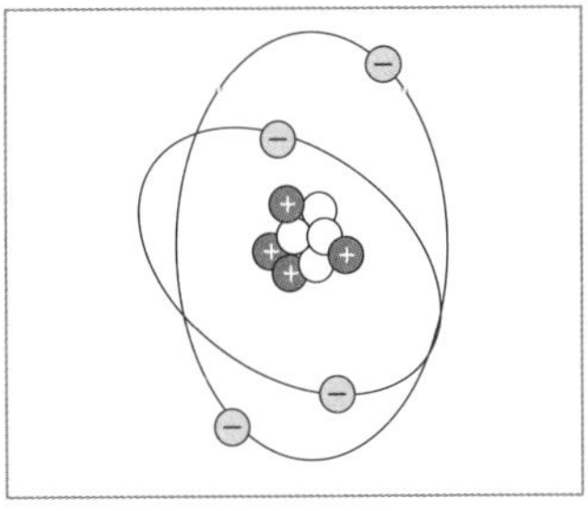

Bild 1.1 Atom mit Ladungsträgern

der Elektronen zugeführt oder abgezogen. Die Folge ist ein Ungleichgewicht der Ladungsträger. Bei einer Zufuhr von Elektronen überwiegen die negativen Ladungsträger. Der Körper wirkt elektrisch negativ geladen. Umgekehrt wirkt der Körper positiv geladen, wenn ihm Elektronen abgezogen werden. Elektronen sind negative Ladungsträger, Protonen sind positive Ladungsträger. Ein Teil, das positiv oder negativ geladen ist, wird als Ion bezeichnet.

Die Ladungsträger befinden sich zunächst in einem ungeordneten Zustand. Zwei gegenüberliegende Platten haben ein nach außen ausgeglichenes Verhältnis der positiven und negativen Ladungsträger. Es besteht zwischen den Platten kein Potential (**Bild 1.2**).

Werden die Ladungsträger geordnet, herrscht ein Übergewicht an positiven oder negativen Ladungsträgern. Die Platten haben ein positives oder ein negatives Potential. Zwischen beiden Platten herrscht eine Potentialdifferenz (**Bild 1.3**). Diese wird als elektrische Spannung bezeichnet.

Die Ladungstrennung erfolgt in der Technik auf verschiedene Art und Weise. Praktisch kann diese Trennung der Ladungsträger durch einen Versuch nachvollzogen werden.

Durch Reiben mit einem Wolltuch werden die Ladungsträger in einem Gummistab getrennt. Der Effekt wird auch als statische Aufladung bezeichnet. Eine Entladung findet statt, wenn die Spannung einen Lichtbogen hervorruft, der bei diesem Beispiel durch Knistern hörbar wird. Ein weiteres Beispiel sind die Aufladungen bei Gewittern oder das Laufen über manche Teppiche.

Elektrische Potentialunterschiede können auch zwischen mehreren Körpern auftreten. Bei der Beschreibung von derartigen Zusammenhängen ist es wichtig, ein festes System mit Bezeichnungen und Kennzeichnungen einzuführen. So werden die

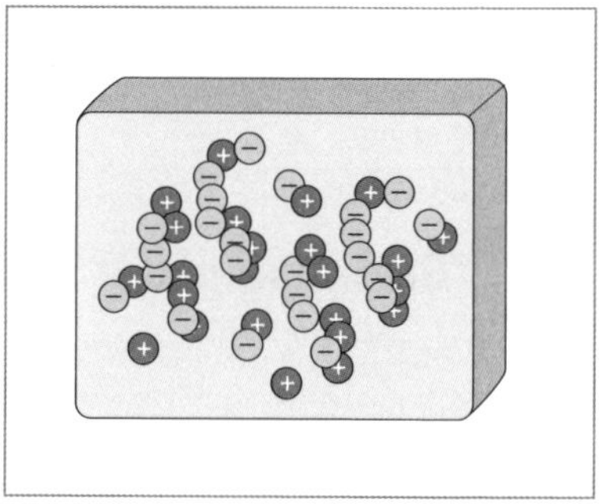

Bild 1.2 Ungeordnete Ladungsträger in einem Werkstück

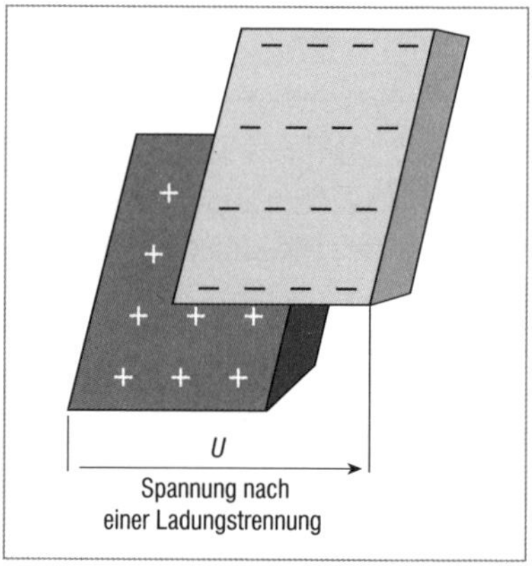

Bild 1.3 Potentiale zwischen Werkstücken

Richtungspfeile von dem positiven zum negativen Körper gezeichnet. Die Spannung ist dann positiv. Das gilt auch für zwei mit unterschiedlich großer positiver oder negativer Ladung behaftete Körper. Hier wird der Pfeil von dem positiveren zum weniger positiven Körper gezeichnet und die daraus folgende Spannung positiv angegeben. Gleiches gilt auch für die negativ geladenen Körper. Hier ist der Körper, an dem der Pfeil beginnt, derjenige, der die geringere negative Ladung besitzt.

Wenn die beiden Platten gleichartige Ladungen besitzen, stoßen sie sich ab, bei ungleichen Ladungen ziehen sie sich an.

1.1.1 Elektrisches Feld

Das elektrische Feld entsteht zwischen zwei geladenen Körpern (**Bild 1.4**). Dabei kann festgestellt werden, dass das elektrische Feld die Körper beeinflusst. Zwei Körper gleicher Ladung stoßen sich ab, während zwei Körper ungleicher Ladung einander anziehen. Die Kraft, die diese Körper beeinflusst, ist umso größer, je größer die Ladungsdifferenz der beiden Körper ist. Je weiter die beiden elektrisch geladenen Körper voneinander entfernt sind, desto kleiner wird diese Kraft.

Der Raum zwischen den beiden Körpern wird von einem elektrischen Feld ausgefüllt. Um das elektrische Feld beschreiben zu können, wurden Feldlinien eingeführt, die wir nicht sehen können. Es wurde festgelegt, dass die Feldlinien stets von der positiven zur negativen Ladung verlaufen.

Sie können als Vektor dargestellt werden. Sie treten senkrecht aus dem positiven Körper aus und auch senkrecht in den negativen Körper wieder ein. Befinden sich elektrisch leitfähige Teile, wie Leitungen, in einem elektromagnetischen Feld, können sie dieses Feld in eine Spannung umwandeln. Das gilt insbesondere für elektromagnetische Felder höherer Frequenz. Störungen in Form von Überspannungen, die in elektrischen Geräten aber auch bei der Übertragung von Informationen Schäden verursachen können.

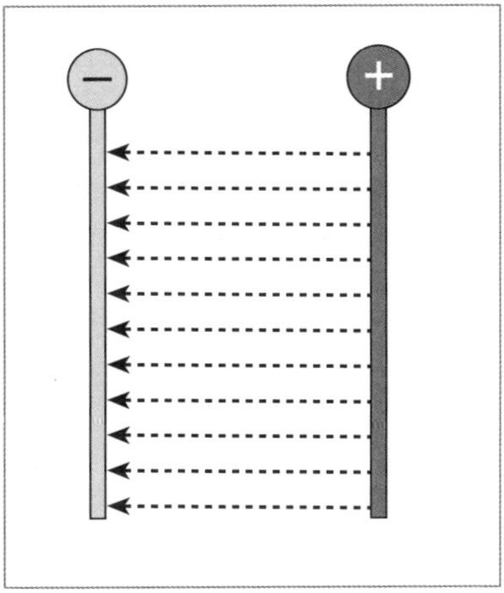

Bild 1.4 Elektrisches Feld zwischen zwei Platten

1.1.2 Magnetisches Feld

Wird ein Leiter von einem Strom durchflossen, entsteht um den Leiter herum ein magnetisches Feld. Dieses magnetische Feld kann in einer Leiterschleife eine Spannung induzieren. Eine Spannung wird immer dann induziert, wenn sich die Stärke des Magnetfelds ändert oder die Leiterschleife, die Spule also, durch das Magnetfeld bewegt wird. Es entsteht eine Wechselwirkung. Ein Wechselstrom durch den Leiter erzeugt ein seine Größe und Richtung änderndes Magnetfeld. Dieses Magnetfeld trifft auf einen Leiter. In diesem Leiter wird nun eine Spannung induziert und bei einem geschlossenen Stromkreis kommt wiederum ein Strom zum Fließen.

Technische Anwendungen zu diesem Prinzip sind sehr vielfältig. Ein Dauermagnet dreht sich in einem Fahrraddynamo inmitten einer Spule. **Bild 1.5** zeigt die magnetischen Feldlinien eines Magneten. Durch seine Bewegung wird in der Spule die Spannung zur Speisung der Beleuchtung erzeugt. Ein Motor besitzt in seinem Ständer Spulen, die ein Magnetfeld aufbauen, welches im Läufer ebenfalls eine Spannung induziert, die einen Strom im Rotor zum Fließen bringt. Dieser wiederum erzeugt ein Magnetfeld, das in Verbindung mit dem Magnetfeld der Ständerwicklung für die Drehbewegung des Rotors verantwortlich ist. Ein Transformator besteht zum Beispiel aus einer Primärwicklung, in der die anliegende Wechselspannung einen Strom zum Fließen bringt, dessen Magnetfeld in der Sekundärwicklung eine Spannung induziert.

Darüber hinaus kann Induktion auch in Leitungen der MSR-Technik auftreten. Das ist besonders dann der Fall, wenn es sich um höher frequente Ströme handelt. Diese können bei eng nebeneinander liegenden, ungeschirmten Mess-, Steuer- und Regelleitungen (MSR-Leitungen) und Energieleitungen Störungen verursachen.

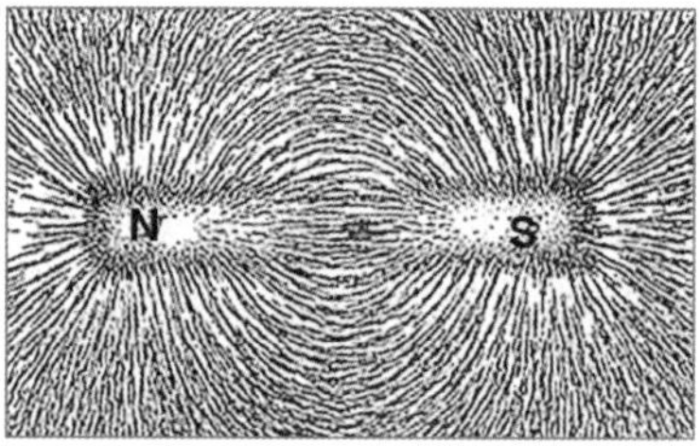

Bild 1.5 Das magnetische Feld eines Stabmagneten mittels Eisenfeilspänen sichtbar gemacht

1.2 Der Stromkreis

Die technische Nutzung der Potentialunterschiede geschieht in einem Stromkreis. Dazu ist es erforderlich, dass mindestens eine Spannungsquelle und ein „Verbraucher“ vorhanden sind. Die Spannungsquelle erzeugt einen dauerhaften Potentialunterschied über die Verbraucher. Dazu muss eine andere Energie als die elektrische vorhanden sein, die diese Potentialtrennung aufrechterhält. Meist handelt es sich dabei um mechanische Energien. Beispiele hierzu sind die Generatoren, die von Turbinen in einem Wasserkraftwerk oder einem Kraftwerk, das mit einem Heizstoff Dampf erzeugt, bewegt werden. Eine Spannungserzeugung kann auch mittels Wind- oder Solarenergie erfolgen. Darüber hinaus kann eine elektrische Spannung auch mit einer chemischen Energie erzeugt werden. Beispiele hierzu sind die Batterien und Akkumulatoren.

Um einen Stromkreis berechnen zu können, sollen die elementaren physikalischen Größen vorgestellt werden, die bei der Berechnung in einem Stromkreis vorkommen.

1.2.1 Die Spannung

Die elektrische Spannung ist eine Potentialdifferenz zwischen zwei Punkten. Das Formelzeichen der Spannung ist U.

Die Einheit der elektrischen Spannung Volt hat das Kurzzeichen V, die Spannung wurde nach dem Physiker *Volta* benannt.

Dabei wird das Formelzeichen mit Großbuchstaben immer dann verwendet, wenn zeitlich konstante Spannungen bezeichnet werden. Das ist bei Gleichspannungen und bei Effektivwerten von Wechselspannungen der Fall. Für alle zeitlich unterschiedlichen Spannungen, wie z. B. Wechselspannungen, werden kleine Buchstaben verwendet. Vielfache oder Teile dieser Größen lassen sich mit den in **Tabelle 1.1** aufgeführten Ergänzungen einfacher darstellen.

Zeichen	Name	Exponent	Faktor
G	Giga	10^{9}	1.000.000.000
M	Mega	10^{6}	1.000.000
k	Kilo	10^{3}	1.000
m	Milli	10^{-3}	0,001
μ	Mikro	10^{-6}	0,000001
n	Nano	10^{-9}	0,000000001
p	Piko	10^{-12}	0,000000000001

Tabelle 1.1 Basiseinheiten mit ihren Umrechnungsfaktoren

1.2.2 Spannungsquellen

Spannungsquellen lassen sich in solche für Gleichspannung und solche für Wechselspannung unterteilen. Beispiele für Gleichspannungs- und Wechselspannungsquellen:

- Gleichspannungsquellen:
  Batterien, Akkumulatoren, Solarzellen, Thermoelemente
- Wechselspannungsquellen:
  Generatoren (Netzspannung), Wechselrichter, Frequenzumformer

1.2.3 Spannungsgößen

In der Technik werden, um einheitliche Bedingungen für die anzuschließenden Betriebsmittel zu schaffen, bestimmte festgelegte Spannungsgrößen verwendet. Diese sind für die Gleichspannungen nach **Tabelle 1.2** und für die Wechselspannungen nach **Tabelle 1.3** unterschiedlich.

Gleichspannung in V	**Anwendungsbeispiel**
1,5	Batterie (Monozelle)
3	Taschenlampe
5	elektronische Baugruppen
10	Mess-, Steuer- und Regelungstechnik
12	Akkumulatoren, Fahrzeugversorgung
24	Steuerungen, Fahrzeugversorgung
48	Steuerungen, Fahrzeugversorgung
120	maximale **zugelassene Berührungsspannung**
bis 1.500	PV-Systemspannung (Strang/Array-Spannung)
1.500	Grenze der Niederspannung

Tabelle 1.2 Normgleichspannungen

Wechselspannung in V	**Anwendungsbeispiel**
5	Datensysteme (USB)
8	Klingelanlage
12	Klingelanlage
24	Steuerungen
48	Steuerungen
50	maximale **zugelassene Berührungsspannung**
230	Netzspannung (Strangspannung)
400	Leiterspannung im dreiphasigen Netz
1.000	Grenze der Niederspannung

Tabelle 1.3 Normwechselspannungen

1.3 Der Strom

Bewegen sich freie Elektronen, die durch eine elektrische Spannung in eine Richtung angetrieben werden, in einem elektrischen Leiter, so sprechen wir davon, dass ein Strom fließt. Elektrischer Strom ist die gerichtete Bewegung von Elektronen.

Das Formelzeichen für den elektrischen Strom ist I, die Einheit der Stromstärke ist Ampere mit dem Kurzzeichen A. Der Strom wird nach dem Physiker *Ampere*, benannt. Dabei wird das Formelzeichen I mit Großbuchstaben immer dann verwendet, wenn zeitlich konstante Spannungen bezeichnet werden. Das ist bei Gleichströmen und bei Effektivwerten von Wechselströmen der Fall. Für alle zeitlich unterschiedlichen Spannungen, wie z. B. Wechselspannungen, werden kleine Buchstaben (u; i) verwendet.

Der Stromfluss in einem elektrischen Leiter erfolgt über freie Elektronen, angetrieben durch die elektrische Spannung. Dabei hat jedes Material eine eigene Anzahl freier Elektronen und somit auch eine eigene Leitfähigkeit für den elektrischen Strom. Je größer die Menge der freien Elektronen in einem Werkstoff ist, umso besser ist seine Leitfähigkeit und umso größer kann ein Strom werden, der durch eine Spannung getrieben wird.

1.4 Der Leitwert

Der Strom in einem Stromkreis hängt von der Höhe der anliegenden Spannung und der Leitfähigkeit der Werkstoffe, also der Anzahl ihrer freien Elektronen, ab. Je größer die Leitfähigkeit, also die Eigenschaft eines Stromkreises den Strom zu leiten, umso größer wird der Strom im Stromkreis bei einer anliegenden Spannung.

Der Leitwert wird in Siemens gemessen und erhält das Kurzzeichen S, benannt nach dem Industriellen *Siemens*. Das Formelzeichen ist das G.

1.5 Der Widerstand

Der Kehrwert des Leitwerts ist der Widerstand. Ist der Widerstand als Kehrwert des Leitwerts klein, kann ein großer Strom fließen. **Bild 1.6** zeigt das Symbol eines Widerstands mit seinem Kennbuchstaben und seiner Zählnummer.

Der Widerstand wird in Ohm gemessen (nach dem Physiker *Ohm* benannt) und mit dem Kurzzeichen Ω (Omega, griechischer Buchstabe) gekennzeichnet. Das Formelzeichen ist R.

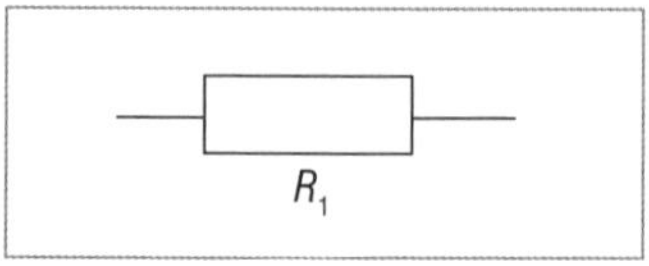

Bild 1.6 Symbol eines Widerstands

1.6 Kennzeichnung von Spannungen und Strömen

Um einen Stromkreis in einem Schaltplan zu beschreiben, werden den Größen Pfeile und Formelzeichen (**Bild 1.7**) zugeordnet. Dabei können auch mehrere Spannungen und Ströme vorkommen. Um diese unterscheiden zu können, werden ihnen Indizes zugeordnet. Diese erhalten bei den Bauteilen jeweils eine fortlaufende Nummerierung. Bei einer Schaltung mit drei Widerständen kann die Bezeichnung dann „R_1; R_2; R_3 " lauten. Den Spannungen an den Widerständen wird das Formelzeichen des Widerstands als Index beigegeben „U_{R1}" oder sie werden fortlaufend durchnummeriert

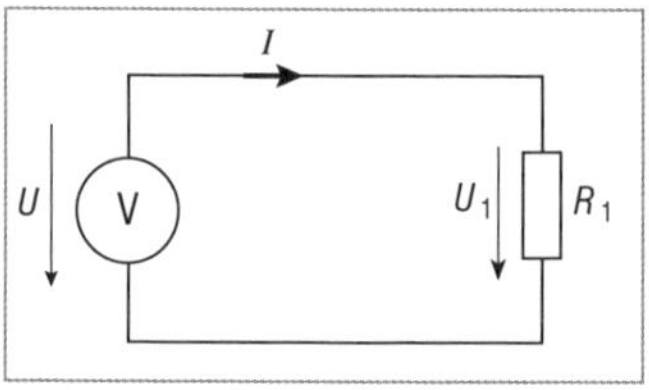

Bild 1.7 Stromkreis mit Strom und Spannungspfeilen

Bei den Strömen erfolgt in der Regel auch eine fortlaufende Nummerierung. Weiterhin beachtet werden sollte auch hier die Groß- und Kleinschreibung.

Die grafische Darstellung mittels Zählpfeil erfolgt vom positiven zum negativen Potential. Dabei zeigen die Pfeile des Stromes und der Spannung am Widerstand in die gleiche Richtung. An der Spannungsquelle jedoch sind sie entgegengesetzt. Der Elektrotechniker betrachtet den Stromfluss anders als die Elektronenbewegung tatsächlich stattfindet. Es wird zwischen der tatsächlichen und technischen Stromrichtung unterschieden. Während die Elektronen im Stromkreis vom negativen zum positiven Pol wandern, ist die technische Stromrichtung vom positiven Pol zum negativen festgelegt.

1.6.1 Berechnungen im einfachen Stromkreis

Der Zusammenhang zwischen Strom, Spannung und Widerstand wird im ohmschen Gesetz dargestellt. Dieses Gesetz stellt den grundlegenden Zusammenhang für die gesamte Elektrotechnik dar.

Eine elektrische Spannung erzeugt in einem geschlossenen Stromkreis, bestehend aus einer Spannungsquelle und einem Verbraucher, einen Stromfluss. Der Strom in diesem Stromkreis ist umso größer, je größer der Leitwert in diesem Stromkreis und je höher die anliegende Spannung ist.

Der Strom in einem Stromkreis ist das Produkt aus Spannung und Leitwert.

Gleichung 1.1: Strom aus Spannung und Leitwert

$$I = U \cdot G$$

I Strom im Stromkreis
U Spannung am Verbraucher
G Leitwert des Verbrauchers

Mit dem Leitwert wird die Leitfähigkeit in diesem Stromkreis beschrieben. Der Leitwert lässt sich aus dem Quotienten von Strom und Spannung ermitteln. Der Leitwert hat die Einheit Siemens mit dem Zeichen S.

Der Kehrwert des Leitwerts ist der elektrische Widerstand. Damit kann der elektrische Strom aus dem Quotienten aus Spannung und Widerstand ermittelt werden.

Gleichung 1.2: Ohmsches Gesetz

$$R = \frac{U}{I}$$

I Strom im Stromkreis
U Spannung am Verbraucher
R Widerstand des Verbrauchers

Die Berechnung des Stroms aus dem Widerstand entspricht dabei der häufigeren Anwendung. Zu berücksichtigen ist bei diesen Berechnungen jedoch, dass diese Gleichung nur unter der Voraussetzung eines konstanten Widerstands gilt. Die Grundgleichung kann jeweils nach den einzelnen Größen umgestellt werden. So lassen sich auch die Spannungen und die Widerstände bei der Vorgabe der anderen beiden Werte ermitteln.

Gleichung 1.3: Umstellungen des Ohmschen Gesetzes

$$U = I \cdot R \qquad I = \frac{U}{R} \qquad R = \frac{U}{I}$$

Beispiel:
Ein Betriebsmittel liegt an einer Spannung von 12 V.
Der Strom, der durch das Betriebsmittel fließt, beträgt 3 A. Wie groß ist der Widerstand des Betriebsmittels?

$$R = \frac{U}{I} = \frac{12\,\mathrm{V}}{3\,\mathrm{A}} = 4\,\Omega$$

Der Widerstand des Betriebsmittels beträgt 4 Ω.

1.6.2 Der Widerstand von Leitungen

Der elektrische Widerstand eines Bauteils ist abhängig von dem Material und seinen Abmessungen. Bei einem Leiter hängt der Widerstand von der Länge und seinem Querschnitt sowie von dem verwendeten Material ab (**Bild 1.8**). Der spezifische Widerstand beschreibt dabei den Widerstand in Ω für ein Leiterstück von 1 m Länge und 1 mm^2 Querschnitt. Er wird mit ρ (rho; griechischer Buchstabe) bezeichnet. Der Kehrwert ist κ (Kappa, griechischer Buchstabe).

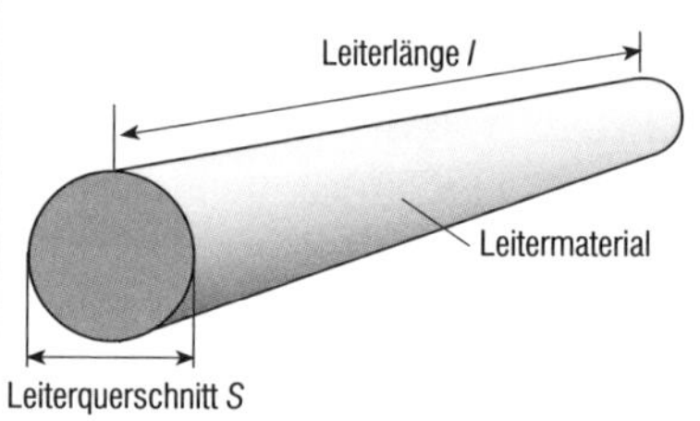

Bild 1.8 Leiterwiderstand

Gleichung 1.4: Leiterwiderstand

$$R = \rho \cdot \frac{l}{S}$$

R Leiterwiderstand
l Leiterlänge
S Leiterquerschnitt, manchmal auch mit A oder q bezeichnet
ρ spezifischer Widerstand in Ω mm^2/m oder µΩm (**Tabelle 1.4**)

Werkstoff	ρ in µΩm oder Ω mm^2/m	κ in MS m oder m/Ωmm^2
Silber	0,016	62,5
Kupfer	0,018	56
Aluminium	0,028	36
Eisen	0,1	10
Blei	0,208	4,8

Tabelle 1.4 Werte für die elektrische Leitfähigkeit und den spezifischen Widerstand ausgesuchter Werkstoffe (die Werte gelten bei einer Temperatur von 20 °C)

Beispiele zur Berechnung von Leiterwiderständen

Beispiel 1:

Bei der Überprüfung der Durchgängigkeit von Schutzleitern ist der gemessene Wert mit den Werten des verlegten Leiters auf Plausibilität zu prüfen. Berechnen Sie dazu den Widerstand des Schutzleiters, der eine Länge von 18 m und einen Querschnitt von 1,5 mm² hat und aus Kupfer besteht.

Aus Gleichung 1.4 folgt:

$$R = \rho \cdot \frac{l}{S} = 0{,}018\,\frac{\Omega \cdot \text{mm}^2}{\text{m}} \cdot \frac{18\,\text{m}}{1{,}5\text{mm}^2} = 0{,}216\,\Omega$$

Beispiel 2:

Sie haben den Widerstand eines Schutzleiters von der Anschlussstelle bis zum Verteiler mit 0,4 Ω gemessen. Nun wollen Sie überprüfen, ob dieser Wert dem Wert der verlegten Leitungslänge entspricht. Der Schutzleiter hat einen Querschnitt von 2,5 mm² und besteht aus Kupfer.

Aus Gleichung 1.4 folgt nach Umstellung:

$$l = \frac{0{,}4\,\Omega \cdot 2{,}5\,\text{mm}^2}{0{,}018\,\frac{\Omega \cdot \text{mm}^2}{\text{m}}} = 55\,\text{m}$$

Der Leiterwiderstand kann auch mithilfe der spezifischen Leitfähigkeit berechnet werden. Diese ist der Kehrwert des spezifischen Widerstands.

Gleichung 1.5: Leiterwiderstand

$$R = \frac{l}{\kappa \cdot S}$$

R Leiterwiderstand

l Leiterlänge

S Leiterquerschnitt

κ spezifische Leitfähigkeit

1.7 Übungsaufgaben

(Die Lösungen zu den Aufgaben finden Sie im Anhang.)

Aufgabe 1.1

Wie wird ein Laie zu einer Elektrotechnisch unterwiesenen Person?

Aufgabe 1.2

Wer darf Arbeiten an elektrischen Anlagen ausführen?

Aufgabe 1.3

Über welche Qualifikation muss eine Elektrofachkraft verfügen, die eigenverantwortlich an einer elektrotechnischen Anlage Erweiterungen ausführen möchte?

Aufgabe 1.4

Schreiben Sie 5,2 A in mA.

Aufgabe 1.5

Schreiben Sie 10^4 A in kA.

Aufgabe 1.6

Schreiben Sie 0,003 V in mV und in Exponentenschreibweise.

Aufgabe 1.7

Lösen Sie auf $\frac{10^6}{10^3}$.

Aufgabe 1.8

Schreiben Sie 30 mA in der Einheit A.

Aufgabe 1.9

Schreiben Sie 0,00075 A in der Einheit mA.

Aufgabe 1.10

Schreiben Sie 50.000 Wh in kWh.

Aufgabe 1.11

Schreiben Sie 25 kW in der Einheit Ω in Exponentenschreibweise.

Aufgabe 1.12

Wann kann in einem Stromkreis ein elektrischer Strom fließen?

Aufgabe 1.13

Schreiben Sie das „Ohmsche Gesetz“ in seinen drei Varianten.

Aufgabe 1.14

Ein Betriebsmittel liegt an einer Spannung von 230 V und wird von einem Strom von 0,182 A durchflossen. Wie groß ist der Widerstand des Betriebsmittels?

Aufgabe 1.15

Ein Widerstand von 1 MΩ liegt an einer Spannung von 400 V.
Wie groß ist der fließende Strom in mA?

Aufgabe 1.16

Bei einer anliegenden Spannung von 230 V fließt ein Strom von 16 A.
Wie hoch ist der Widerstand des angeschlossenen Betriebsmittels?

Aufgabe 1.17

Bei einer anliegenden Spannung von 230 V fließen bei einem Isolationsfehler 30 mA Strom. Wie groß ist der Widerstand des Fehlers?

Aufgabe 1.18

Welcher Widerstand stellt sich bei einem Kupferleiter mit einer Länge von l = 18 m und einem Querschnitt von 1,5 mm^2 ein?
(r_{Cu} = 0,018 Ωmm^2/m).

Aufgabe 1.19

Stellen Sie die Gleichung zur Berechnung des Leiterwiderstands $R = \rho \cdot \frac{l}{S}$ nach der Leiterlänge um.

2 Gefahren des elektrischen Stromes

Die Wirkungen des elektrischen Stromes sind vielfältig und ein unkontrollierter Stromfluss kann vielfältige Schäden hervorrufen.

Nach Durcharbeiten dieses Kapitels werden Sie:

- die Wirkungen des elektrischen Stromes kennen,
- den sachgemäßen Umgang mit elektrischer Energie beschreiben können,
- die Gefahren kennenlernen, die bei unsachgemäßer Ausführung der Arbeit entstehen können und
- die Gefahren für die Umwelt bei unsachgemäßer Anwendung erkennen.

2.1 Allgemeine Wirkung des elektrischen Stromes

Der elektrische Strom hat ein breites Wirkungsgebiet. Dabei werden die meisten Wirkungen technisch genutzt. Aber die unkontrollierte Wirkung des elektrischen Stromes birgt große Gefahren für Menschen, Tiere und Sachen, wenn sie mit diesem in Berührung kommen.

Die Hauptwirkungen sind

- Wärme,
- Elektrolyse,
- Licht,
- Magnetfelder und
- elektrische Felder.

Die Wirkungen können nur dann beherrscht werden, wenn mit der elektrischen Energie sachgemäß umgegangen wird.

Der unsachgemäße Umgang mit elektrischer Energie ist für Mensch und Tier gefährlich.

Der sachgemäße Umgang mit der elektrischen Energie ist im VDE-Vorschriftenwerk sowie in den Regelwerken zur Unfallverhütung (DGUV) und den Technischen Regeln Betriebssicherheit (TRBS) beschrieben.

2.2 Wirkung auf den Menschen

Im Zusammenhang mit einer Gefährdungsbeurteilung gilt es festzustellen, welche Gefahren für den Menschen von der elektrischen Energie ausgehen.

So sind fünf Gefährdungen durch Auswirkungen der elektrische Energie auf den Menschen zu beachten:

- Körperdurchströmung,
- Lichtbogen,
- elektrische Felder,
- magnetische Felder und
- statische Ladungen.

Bei der Durchführung von elektrotechnischen Arbeiten ist die Körperdurchströmung von besonderer Bedeutung.

Das Nervensystem des Menschen basiert auf der Weiterleitung elektrischer Signale. Folgen entstehen bei unkontrollierten Strömen im Körper durch Reaktionen der Muskeln auf Anlegen einer Spannung (Voltascher Versuch):

- Kribbeln
- Muskelverkrampfungen beim Überschreiten der Reiz- und Loslassschwelle – Achtung: Das Herz ist ein Muskel und es kann zu Herzkammerflimmern kommen.
- Der Stromfluss mit einem Übergangswiderstand erzeugt Wärme. Dabei sind Verbrennungen durch Erwärmung und durch entstehende Lichtbögen bereits bei wesentlich kleineren Spannungen als unseren Netzspannungen möglich.

2.2.1 Ersatzschaltbild des Menschen

Bei den Berechnungen der Gefährdung durch elektrischen Strom gehen wir von einem Widerstand von 1.000 Ω aus. Das Ersatzschaltbild unseres Körpers in **Bild 2.1** zeigt jedoch, dass in verschiedenen Situationen auch unterschiedliche Einzelwiderstände des Körpers zum Tragen kommen.

Bei einem Wechselstrom ab 230 V und 50/60 Hz ergibt sich eine Impedanz bei Längsdurchströmung von etwa

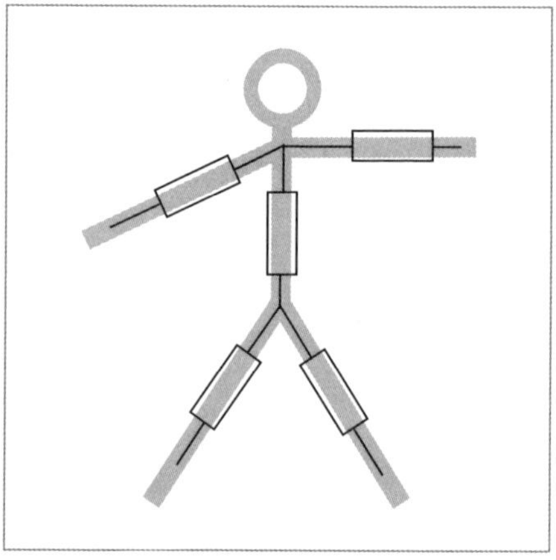

Bild 2.1 Ersatzschaltbild des Menschen

- Hand – Fuß ca. 1.000 Ω,
- Hand – Füße ca. 750 Ω,
- Hände – Füße ca. 500 Ω bei Querdurchströmung,
- Hand – Hand ca. 1.000 Ω,
- Hand – Rumpf ca. 500 Ω bei Teildurchströmung.

Bei kleineren Spannungen wird der Körperwiderstand größer. So beträgt er bei

- bei 50 V ca. 2.625 Ω und
- bei 25 V ca. 3.250 Ω.

2.2.2 Einwirkungsdauer des Stromes auf den Körper

Die Wirkung des elektrischen Stromes auf den menschlichen Körper ist von der Einwirkungsdauer und der Stromstärke abhängig. Die **Tabelle 2.1** zeigt den Zusammenhang zwischen Stromstärke und Wirkung auf den Organismus.

In **Bild 2.2** ist zu erkennen, dass bei höheren Strömen als ca. 50 mA eine starke Gefährdung auftritt. Kann die Spannungsversorgung nicht schnell genug unterbrochen werden, so besteht innerhalb kürzester Zeit die Gefahr des Herzkammerflimmerns. Um diese zu vermeiden, ist die Grenze für die Belastung ungefähr bei 230 mA und innerhalb von 0,4 s zu sehen. Schutzmaßnahmen gegen elektrischen Schlag im Fehlerfall bauen auf diesen Sachverhalt auf.

Die Berechnungen im Abschnitt 2.2.3 sollen dies belegen.

Stromstärke	Wirkung
0 mA bis 0,5 mA	Spürbarkeitsgrenze
1 mA bis 2 mA	Kribbeln
über 10 mA	Muskelkrämpfe mit Lähmungserscheinung
25 mA	Blutdruckanstieg bis zur Bewusstlosigkeit
50 mA	starke Muskelverkrampfung
über 50 mA	Herzkammerflimmern mit Herzstillstand
über 2,5 A	Tod durch Verbrennung

Tabelle 2.1 Wirkung eines Körperstroms auf den Menschen

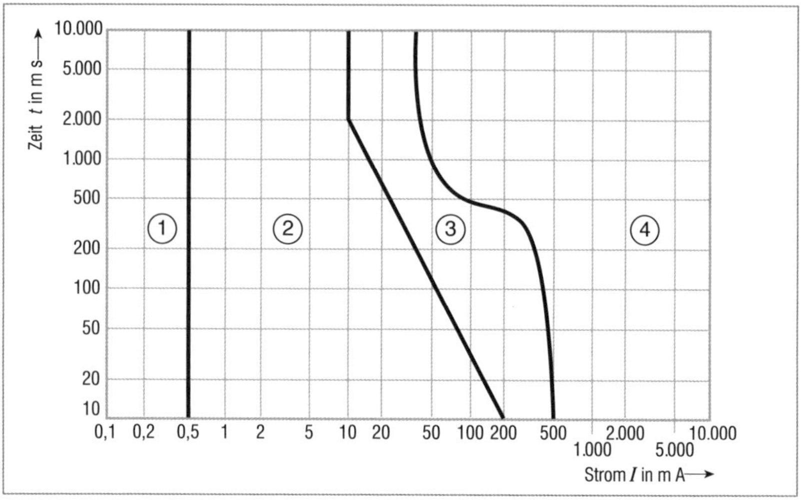

Bild 2.2 Zeit-Stromstärke-Abhängigkeit bei Körperlängsdurchströmung mit Wechselströmen 50/60 Hz nach IEC-Report 479, Teil 1 (3. Auflage), Kapitel 2

Erklärung der Reaktion in den gekennzeichneten Bereichen im Bild 2.2:
Bereich 1: Keinerlei Auswirkungen und Reaktionen
Trennung Bereich 1 – 2 = Wahrnehmbarkeitsschwelle
Bereich 2: Normalerweise keine schädlichen physiologischen Wirkungen bis zur Loslassgrenze.
Trennung Bereich 2 – 3 = Loslassgrenze
Bereich 3: Normalerweise keine Organschäden zu erwarten. Mit zunehmender Zeitdauer der Stromwirkung ist eine reversible Störung der Reizbildung und Reizleitung im Herzen zu erwarten, einschließlich Vorhofflimmern und vorübergehendem, kurzzeitigem Herzstillstand. Im Bereich längerer Einwirkdauer oberhalb der Loslassgrenze sind Muskelkontraktionen und Atemschwierigkeiten wahrscheinlich.
Bereich 4: Herzkammerflimmern wahrscheinlich. Mit zunehmender Stromstärke und Einwirkdauer pathophysiologische Effekte wie Herzstillstand, Atemstillstand und schwere Verbrennungen zusätzlich zu den Wirkungen im Bereich 3.

2.2.3 Gefährliche Körperströme

Stromstärken ohne Übergangswiderstand

Beispiel 230 V Netzspannung
Wirkung:
Nach 0,01 s Muskelverkrampfung, Loslassen nicht mehr möglich.
Nach 0,5 s Herzkammerflimmern mit Todesfolge.

Beispiel 50 V maximale Berührungsspannung
Wirkung:
Nach etwa 0,5 s Muskelverkrampfung, Loslassen nicht mehr möglich.

Beispiel 25 V Berührungsspannung
Wirkung:
Keine schädliche physiologische Wirkung.

Nicht immer ist die gesamte Spannung, die gegen Erde auftritt, auch die Spannung, die am Körper anliegt. Das liegt daran, dass die Füße normalerweise keine direkte Verbindung zur Erde haben, weil sie in Schuhen stecken, deren Sohlenmaterial den elektrischen Strom schlecht leitet. Auch an den Händen finden sich meist Übergangswiderstände in Form von Hornhaut.

Diese Übergangswiderstände liegen in Reihe zum Körperwiderstand. Sie addieren sich zu einem Gesamtwiderstand. Die einzelnen Widerstände bilden einen Spannungsteiler. Der Anteil der Spannung über den Körperwiderstand ist dabei der kleinste Widerstandsteil. So wird die Spannung am Körper reduziert. **Bild 2.3** zeigt diese Zusammenhänge an einem Ersatzschaltbild, **Bild 2.4** die tatsächliche Situation.

2.2.4 Weg des Stromes durch den Körper

Die große Gefahr bei einer Körperduchströmung ist, dass der Strom über das Herz fließt und so den Herzmuskel beeinflusst. Das ist zum Beispiel der Fall, wenn der Strom von den Armen zu den Füßen fließt, aber auch von einem zum anderen Arm. Besonders gefährlich sind Körperstöme, die zum Beispiel von der Hand über den Rücken abfließen, weil dabei nur ein Teil des Körperwiderstands beteiligt ist. In engen leitfähigen Räumen ist daher besonders auf die elektrische Sicherheit bei der Arbeit zu achten. Bereits 10 mA können in diesen Fällen zu Herzkammerflimmern führen.

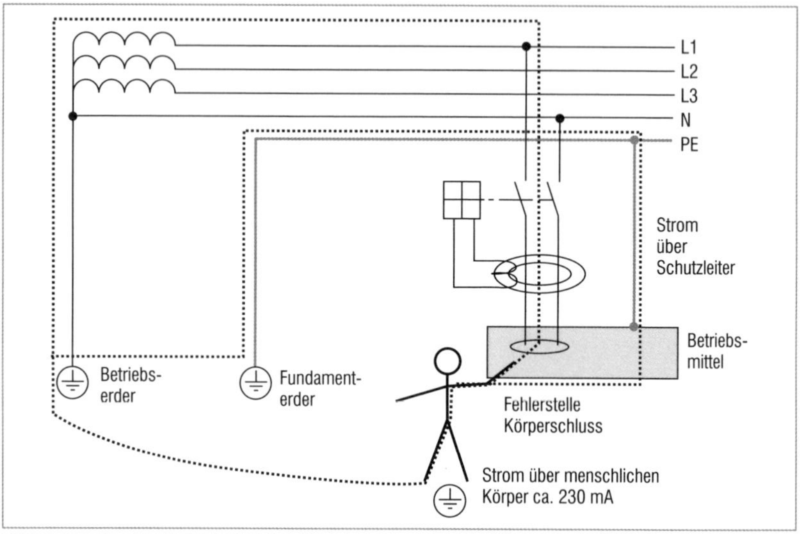

Bild 2.3 Ersatzschaltbild bei Berühren eines spannungsführenden Teils bei geerdetem Standort

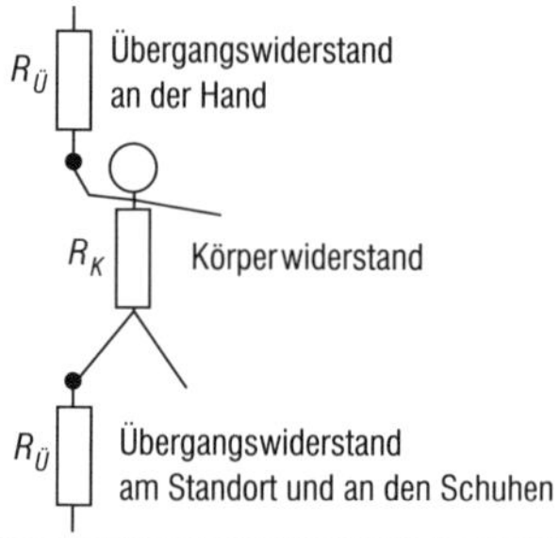

Bild 2.4 Tatsächliche Situation (Reihenschaltung mit Übergangswiderständen)

2.2.5 Maximale Berührungsspannung

Um eine Gefährdung auszuschließen, sind die Höhen der maximalen Berührungsspannung für Gleichspannung und Wechselspannung begrenzt (**Tabelle 2.2**).

Spannungsart	maximale Berührungsspannung für den Menschen in V
bei Wechselspannung	50
bei Gleichlspannung	120

Tabelle 2.2 Maximale Berührungsspannungen (international festgelegt)

Im Fall der Überbrückung unterschiedlicher Potentiale können in normalen Niederspannungsanlagen bei Störungen kurzfristig auch höhere als die genannten Spannungen auftreten.

Für die maximalen Abschaltzeiten bei Anliegen der maximalen Berührungsspannung gelten in verschiedenen Netzsystemen und bei unterschiedlichen Spannungen auch verschiedene Grenzwerte. Auch für die Versorgungsnetze in der Hausinstallation gelten Grenzwerte.

Ziel der Maßnahmen der Elektrofachkräfte muss es sein, die Zeit des Stromes durch den menschlichen Körper zu begrenzen. Diese Maßnahmen werden im Kapitel 8 „Schutz gegen elektrischen Schlag“ behandelt

2.3 Warum fließt ein Strom zur Erde?

Dadurch, dass in unseren Versorgungsnetzen der Sternpunkt des Transformators geerdet ist, kann zwischen dem leitfähigen Gehäuse eines defekten Betriebsmittels und dem geerdeten Sternpunkt ein Strom fließen. Dieser Strom ist so groß, dass er, wenn er durch den Menschen fließt, innerhalb einer halben Sekunde zu einem lebensbedrohlichen Zustand führt, innerhalb von Sekunden tritt der Tod ein.

In der Elektrotechnik wird unter dem Körper (eines elektrischen Betriebsmittels) ein berührbares leitfähiges Gehäuseteil eines Betriebsmittels verstanden, das im Normalfall nicht unter Spannung steht, im Fehlerfall aber unter Spannung stehen kann.

Auch beim Berühren von zwei Außenleitern besteht Lebensgefahr, wenn die Stromkreise nicht freigeschaltet sind (**Bild 2.5**). Hier hilft keine Schutzeinrichtung, bei einem Strom von 400 mA schaltet keine Sicherung ab. Nach bereits 200 ms tritt Herzkammerflimmern ein – eine absolut tödliche Situation.

Werden zwei Außenleiter gleichzeitig berührt, fließen max. 230 mA von der Hand zum Fuß und 400 mA von Hand zu Hand.

2.4 Lichtbogeneinwirkung

Im Bereich des Arbeitsschutzes hat sich der Begriff Störlichtbogen durchgesetzt, weil der Lichtbogen zum Beispiel bei der Arbeit aufgrund einer Störung in der elektrischen Anlage auftritt. Lichtbögen entstehen z. B. bei Kurzschlüs-

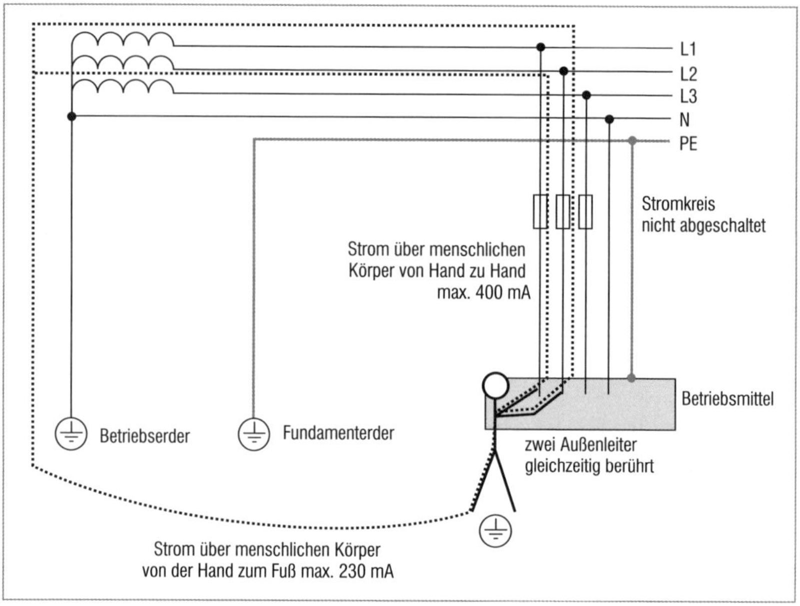

Bild 2.5 Strom, der über den menschlichen Körper bei Berühren zweier Außenleiter fließt

sen oder beim Öffnen von Stromkreisen unter Last. Das kann beim Entfernen einer Sicherung oder beim Öffnen eines hoch belasteten Schalters passieren. Die Temperatur im Lichtbogen kann über 4.000 °C betragen. Dabei verdampfen Metallteile in Sekundenbruchteilen und werden durch die Blaswirkung des entstehenden elektromagnetischen Feldes oder der entstehenden thermischen Blaswirkung herausgeschleudert.

Typische Unfallfolgen sind das Verblitzen der Augen durch starke UV-Strahlung sowie Verbrennungen der Haut 1. und 2. Grades.

Kurzschlüsse entstehen häufig beim Arbeiten an unter Spannung stehenden Teilen. Aus diesem Grund ist das Arbeiten unter Spannung für Elektrofachkräfte für festgelegte Tätigkeiten verboten.

Lichtbögen entstehen

- beim Trennen eines belasteten Stromkreises,
- durch Kurzschlüsse,
- beim Verbinden elektrischer Leiter mit unterschiedlichen Potentialen,
- durch Isolationsfehler.

Dabei entstehen für den Menschen folgende Gefahren durch Lichtbögen:

- thermische Strahlung, die zu Verbrennungen führen kann,

- UV-Strahlung, die zu Verblitzen der Augen führen kann,
- Wärmeeinwirkung, die zu Verbrennungen führen kann,
- Wärmeeinwirkung mit verdampfenden Metallteilchen, die zum Einatmen gefährlicher Metalldämpfe führen können,
- Lärmeinwirkung, die zu Gehörschäden führen kann,
- Lichtbögen, die Verbrennungen bei Übertritt des Lichtbogens auf den Körper hervorrufen,
- Körperdurchströmung, die zur Schädigung durch elektrischen Schlag führt.

Bei Arbeiten an Schaltschränken sowie bei Arbeiten in der Nähe von unter Spannung stehenden Teilen ist grundsätzlich mit einer Gefährdung durch Störlichtbögen zu rechnen. Der Arbeitsverantwortliche hat die Aufgabe eine Gefährdungsbeurteilung durchzuführen und die persönlichen Schutzmaßnahmen (PSAgS) festzulegen.

2.5 Übungsaufgaben

(Die Lösungen zu den Aufgaben finden Sie im Anhang.)

Aufgabe 2.1

Welche allgemeinen Wirkungen gehen von elektrischer Energie aus? Nennen Sie drei.

Aufgabe 2.2

Welche Gefahren gehen von der elektrischen Energie für den Menschen aus? Nennen Sie zwei.

Aufgabe 2.3:

Nennen Sie Regelwerke, in denen der sachgemäße Umgang mit elektrischer Energie beschrieben ist.

Aufgabe 2.4:

Von welchen Faktoren ist die Gefährdung des Menschen bei einer Körperduchströmung abhängig?

Aufgabe 2.5:

Wie hoch darf eine Berührungsspannung maximal sein, wenn von einer Körperdurchströmung ausgegangen werden kann?

Aufgabe 2.6:

Wodurch können Lichtbögen entstehen?

Aufgabe 2.7:

Nennen Sie drei Beispiele für Schäden, die durch Störlichtbögen bei der Arbeit entstehen.

Aufgabe 2.8:

Wo und wann ist insbesondere mit einem Störlichtbogen zu rechnen? Nennen Sie Beispiele.

Aufgabe 2.9:

Was kann die EUP oder die EFK tun, um vor Störlichtbögen geschützt zu sein?

3 Arbeitsschutz

Die Regeln zum Arbeitsschutz sind geschaffen, um die Sicherheit bei der Ausübung der Tätigkeiten zu erhöhen. Sie sind in Deutschland in verschiedenen Regelwerken zu finden. **Bild 3.1** zeigt einen kleinen Ausschnitt aus den für die elektrotechnischen Arbeiten geltenden Regelwerke. Diese sollen im Folgenden näher erläutert werden.

Die Unfallverhütungsvorschriften sind die bekanntesten Regeln.

Darüber hinaus finden sich aber auch Regeln zum Arbeitsschutz im Arbeitsschutzgesetz und in den technischen Regeln, die auf dem Energiewirtschaftsgesetz basieren. Sie sprechen Arbeitgeber wie Mitarbeiter gleichermaßen an.

In all diesen Regelwerken geht es zum einen darum, sichere Arbeitsplätze für die Mitarbeiter zu schaffen. Das ist nur wirksam, wenn alle an der Arbeit beteiligten entsprechend qualifiziert sind und die Sicherheitsregeln kennen. Aus diesem Grund wird verlangt, dass die Beschäftigten regelmäßig, mindestens einmal im Jahr, eine Sicherheitsunterweisung erhalten, in denen sie auf die Gefahren bei ihrer Arbeit hingewiesen werden. Das kann zum Beispiel betriebsintern aber auch bei entsprechenden Bildungseinrichtungen geschehen. Die jährlichen Unterweisungen sind nachzuweisen, zum Beispiel durch Teilnehmerbescheinigungen, Anwesenheitslisten und Zertifikate.

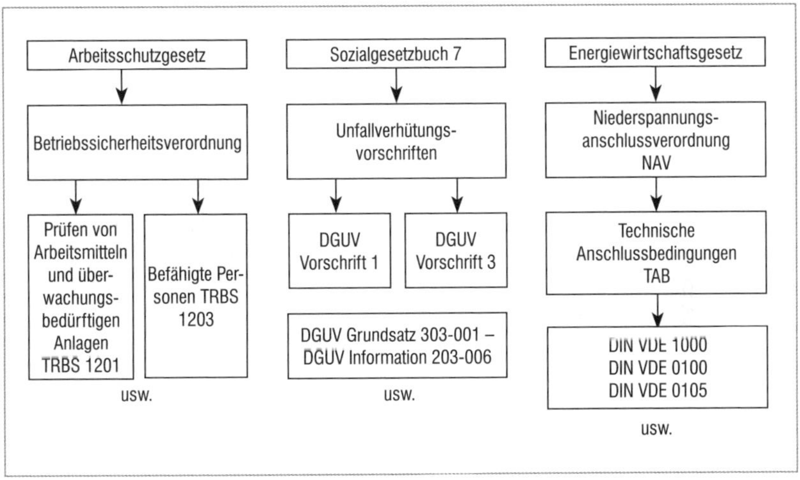

Bild 3.1 Regelwerke zum Arbeitsschutz

3.1 Arbeitsschutzgesetz

Das Arbeitsschutzgesetz stellt im § 4 folgende Anforderungen:

1. Die Arbeit ist so zu gestalten, dass eine Gefährdung für Leben und Gesundheit möglichst vermieden und die verbleibende Gefährdung möglichst gering gehalten wird.
3. bei den Maßnahmen sind der Stand von Technik, Arbeitsmedizin und Hygiene sowie sonstige gesicherte arbeitswissenschaftliche Erkenntnisse zu berücksichtigen.
7. den Beschäftigten sind geeignete Anweisungen zu erteilen.

Der Arbeitgeber hat durch eine Beurteilung der für die Beschäftigten mit ihrer Arbeit verbundenen Gefährdung zu ermitteln, welche Maßnahmen des Arbeitsschutzes erforderlich sind.

> Eine Gefährdung kann sich insbesondere durch unzureichende Qualifikation und Unterweisung der Beschäftigten ergeben.

Die Qualifikation der Beschäftigten bezieht sich dabei nicht nur auf den Bereich der Kenntnisse von Maßnahmen zum Unfallschutz, sondern auch auf die fachliche Qualifikation. Elektrotechnische Arbeiten, die nicht fachgerecht ausgeführt werden, können erhebliche Gefahren hervorrufen. Da nicht alles in einem Gesetz geregelt werden kann, sind dem Arbeitsschutzgesetz verschiedene, für die Elektrofachkraft wichtige, Verordnungen nachgeschaltet:

- Betriebssicherheitsverordnung,
- Arbeitsstättenverordnung und
- Baustellenverordnung.

Zur Umsetzung dieser Verordnungen existieren weitere Regelwerke:

- für die Betriebssicherheitsverordnung die Technischen Regeln für Betriebssicherheit (TRBS),
- für die Arbeitsstättenverordnung die Technischen Regeln für Arbeitsstätten (ASR) und
- für die Baustellenverordnung die Regeln zum Arbeitsschutz auf Baustellen (RAB).

3.1.1 Betriebssicherheitsverordnung

Der Arbeitgeber hat die notwendigen Maßnahmen für die sichere Bereitstellung und Benutzung der Arbeitsmittel zu ermitteln:

- bei der Gefährdungsbeurteilung nach § 5 des Arbeitsschutzgesetzes,

- unter Berücksichtigung der Anhänge 1 bis 5, des § 7 der Gefahrstoffverordnung und der allgemeinen Grundsätze des § 4 des Arbeitsschutzgesetzes sind insbesondere die Gefährdungen zu berücksichtigen,
  - die mit der Benutzung des Arbeitsmittels selbst verbunden sind und
  - die am Arbeitsplatz durch Wechselwirkungen der Arbeitsmittel untereinander oder mit Arbeitsstoffen oder der Arbeitsumgebung hervorgerufen werden.

3.1.2 Technische Regeln für Betriebssicherheit (TRBS)

Die Betriebssicherheitsverordnung wird durch die Technischen Regeln für Betriebssicherheit (TRBS) erklärt. Sie geben den Stand der Technik, Arbeitsmedizin und Arbeitshygiene sowie sonstige gesicherte arbeitswissenschaftliche Erkenntnisse für die Verwendung von Arbeitsmitteln wieder. Die Einhaltung dieser Erkenntnisse wird im Arbeitsschutzgesetz gefordert. Für die Elektrotechnisch tätigen Personen sind in Erster Linie die drei folgenden TRBS relevant:

- TRBS 1111 erklärt die Gefährdungsbeurteilung,
- TRBS 1201 erklärt das Prüfen der Arbeitsmittel und
- TRBS 1203 erklärt die Anforderungen an die „befähigte Person“ zum Prüfen der elektrischen Sicherheit.

Zur Konkretisierung der Betriebssicherheitsverordnung im Hinblick auf elektrische Gefährdungen ist derzeit die DGUV Vorschrift 3 heranzuziehen.

Eine sicherheitstechnische Forderung ist es, die elektrischen Anlagen und Betriebsmittel von einer befähigten Person vor Inbetriebnahme prüfen zu lassen. Die Qualifikation der befähigten Person ist in der TRBS 1203 beschrieben. Kern ist dabei eine aufgabengerechte Ausbildung, Erfahrung im Prüfen und eine regelmäßige Weiterbildung.

3.1.3 Arbeitsstättenverordnung

Die Arbeitsstättenverordnung beschreibt, wie eine Arbeitsstätte aus Sicht des Arbeitsschutzgesetzes auszustatten ist. Für den Errichter einer Solaranlage oder allgemein auch für Elektrofachkräfte sind die aus der Arbeitsstättenverordnung resultierenden Arbeitsstättenrichtlinien wichtig.

3.1.4 Arbeitsstättenrichtlinien (ASR)

Die Arbeitsstättenrichtlinien (ASR) gelten als technische Regeln für Arbeitsstätten. Sie konkretisieren die Anforderungen der Arbeitsstättenverordnung. Die ASR A1.3 „Sicherheit und Gesundheitsschutzkennzeichnung" enthält die Sicherheitskennzeichen, die im Zusammenhang mit der Kennzeichnung von elektrischen Anlagen zu verwenden sind. Dazu gehören insbesondere das Schild P031 „Schalten verboten" sowie das Warnzeichen W012 „Warnung vor elektrischer Spannung".

3.1.5 Baustellenverordnung

Arbeiten an PV-Anlagen finden bei einem Kunden vor Ort statt. Sollte der Arbeitsumfang 30 Arbeitstage überschreiten und mehr als 20 Beschäftigte gleichzeitig tätig werden, ist dies der zuständigen Behörde anzuzeigen. Die Baustellenverordnung hat zum Ziel, die auf einer Baustelle tätigen Mitarbeiter und ihre Arbeiten zu koordinieren, sodass kein Mitarbeiter gefährdet wird. Es ist ein Koordinator zu bestellen, der diese Aufgabe wahrnimmt. Dieser hat darauf zu achten, dass alle Mitarbeiter der Unternehmen die Maßnahmen des Arbeitsschutzes einhalten und die Hinweise des Koordinators sowie den von ihm aufgestellten Sicherheits- und Gesundheitsschutzplan berücksichtigen.

3.1.6 Regeln auf Baustellen (RAB)

Zur Konkretisierung der Baustellenverordnung wurden die Regeln auf Baustellen (RAB) erlassen.

3.2 Die gesetzliche Unfallversicherung

Die gesetzliche Unfallversicherung versichert den Mitarbeiter gegen die Risiken der beruflichen Tätigkeiten. Wie bei jeder anderen Versicherung auch gibt es dazu Versicherungsbedingungen, die wir gern das „Kleingedruckte" nennen, die einzuhalten sind, wenn die Versicherung in Anspruch genommen werden soll. Bei der Unfallversicherung ist das das Regelwerk der „Deutschen gesetzlichen Unfallversicherung" (GDUV).

Das Werk der Unfallverhütungsvorschriften gliedert sich in folgende Bereiche:

- DGUV Vorschrift,
- DGUV Information,
- DGUV Regel und
- DGUV Grundsatz.

3.2.1 DGUV Vorschriften

Die Berufsgenossenschaften erlassen DGUV Vorschriften, die für die Betriebe verbindlich sind. Sie definieren Sicherheitsanforderungen an die betrieblichen Einrichtungen und Arbeitsverfahren sowie an Verhaltensweisen und an die Arbeitsschutzorganisation. Grundlage ist § 15 des SGB VII. Begründungen und Erläuterungen zu den DGUV Vorschriften in den DGUV Regeln und DGUV Informationen erleichtern die Anwendung der Vorschriften. **Bild 3.2** zeigt das Deckblatt der DGUV Vorschrift 1.

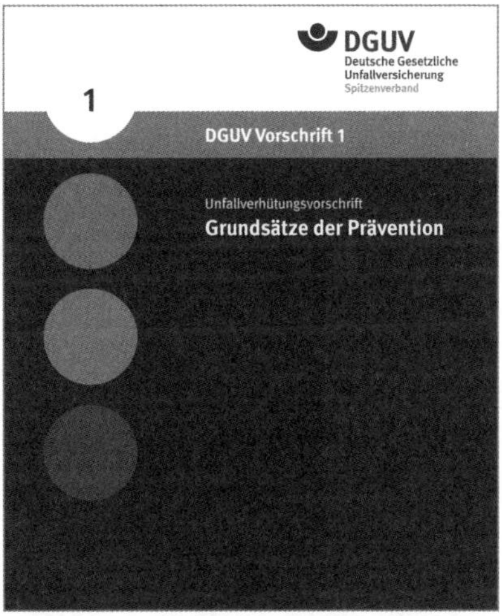

Bild 3.2 Deckblatt der DGUV Vorschrift 1

3.2.2 DGUV Regeln

Die DGUV Regeln enthalten beispielhafte Lösungsmöglichkeiten zu Unfallverhütungsvorschriften sowie Bezüge zu sonstigen Arbeitsschutzvorschriften und -regeln sowie zu Normen. Es sind Zusammenstellungen bzw. Konkretisierungen von Inhalten aus staatlichen Arbeitsschutzvorschriften (Gesetze, Verordnungen), den berufsgenossenschaftlichen Vorschriften (Unfallverhütungsvorschriften), den technischen Spezifikationen oder den Erfahrungen der berufsgenossenschaftlichen Präventionsarbeit. Sie können zu Hilfe genommen werden, wenn die DGUV-Vorschriften interpretiert werden sollen, um sie praktisch anzuwenden.

3.2.3 DGUV Informationen

Die DGUV Informationen enthalten Hinweise und Empfehlungen, die die praktische Anwendung von Regelungen zu einem bestimmten Sachverhalt erleichtern sollen. Diese stellen in Form von Merkblättern und Checklisten spezielle Informationen bereit.

3.2.4 DGUV Grundsätze

DGUV Grundsätze sind bestimmte Verfahrensregeln, die zum Beispiel die Durchführung von berufsgenossenschaftlichen Vorschriften, Regeln und Informationen erklären.

3.2.5 Beispielhafte Pflichten und Aufgaben

Die Unfallverhütungsvorschriften sind vom Unternehmer und von den Arbeitnehmern einzuhalten. Aus dem Regelwerk der Berufsgenossenschaften ergeben sich für Arbeitgeber und Arbeitnehmer Pflichten:

- Pflichten des Arbeitgebers
  - Betreiben elektrischer Anlagen,
  - Mitarbeiterunterweisung.
- Pflichten des Arbeitnehmers
  - Einhalten der Sicherheitsvorschriften,
  - 5 Sicherheitsregeln.

Der Unternehmer hat dafür zu sorgen, dass elektrische Anlagen und Betriebsmittel nur

- von einer Elektrofachkraft oder
- einer unter Leitung und Aufsicht einer Elektrofachkraft stehenden Person entsprechend den elektrotechnischen Regeln errichtet, geändert und instand gehalten werden.

3.3 Prüfung von Arbeitsmitteln

Nach DGUV Vorschrift 3, Durchführungsanweisung zu § 5 Abs. 1 Nr. 2: Tabelle 1 B müssen

- ortsveränderliche elektrische Betriebsmittel alle 6 Monate, auf Baustellen alle 3 Monate,
- Anschlussleitungen auf der Baustelle und in der Werkstatt einmal jährlich, im Büro alle 2 Jahre,

durch eine Elektrofachkraft geprüft werden.

3.4 Koordination von Arbeiten

Die Arbeiten sind mit dem Kunden oder seinem Vertreter, dem Anlagenverantwortlichen, abzustimmen. Eine Abstimmung zwischen dem Arbeitsverantwortlichen, also der Elektrofachkraft, die die Arbeiten ausführen soll, und dem Kunden ist erforderlich, um die Sicherheit bei der Ausführung an der Anlage zu gewährleisten. Das bezieht sich insbesondere auf die Maßnahmen der 5-Sicherheitsregeln. Der Kunde muss formal, in der Regel schriftlich, die Erlaubnis erteilen, die geplanten Arbeiten auszuführen. Dafür wird der Begriff „Durchführungserlaubnis" verwendet. Vor Beginn von Arbeiten an einer elektrischen Anlage sind die Gefährdungen zu ermitteln. Es sind die notwendigen Sicherheitseinrichtungen und PSA bereitzustellen, und die Mitarbeiter sind in die Gefahren der Bau- und Montagestelle einzuweisen und zu verpflichten, die notwendigen Sicherheitsmaßnahmen einzuhalten.

3.5 Elektrische Anlagen auf Bau- und Montagestellen

Arbeiten auf Bau- und Montagestellen sind, im Gegensatz zu Arbeiten in einer Werkstatt, gefährlicher. Die Umgebungsbedingungen sind oftmals nicht klar vorherzusehen. Aus diesem Grund gelten für die Arbeiten auf Bau- und Montagestellen besondere Regeln. Die BGUV-Information 203-006 stellt diese Anforderungen im Hinblick auf die elektrischen Anlagen:

„3.2.1 Speisepunkte
Die elektrische Versorgung von Anlagen und Betriebsmitteln auf Bau und Montagestellen darf nur aus besonderen Speisepunkten erfolgen. Jeder Speisepunkt muss mindestens eine Einrichtung zum Trennen haben. Einrichtungen zum Trennen können auch Fehlerstrom-Schutzeinrichtungen (RCD) sein."

Das Freischalten von Stromkreisen oder des Baustromverteilers muss mittels Sicherungs-Lasttrennschalter (NH-System oder ähnliches) erfolgen, der mit vollständigem Berührungsschutz ausgestattet ist. Das ist eine Bedienung und darf auch von Laien ausgeführt werden. Die Zugänglichkeit von NH-Sicherungstrennschaltern ohne vollständigen Berührungsschutz darf nur mittels Werkzeug möglich sein. Das bedeutet, dass sich innerhalb eines elektrischen Betriebsraumes die NH-Sicherungsleisten hinter einer Abdeckung (mindestens IP2X) befinden müssen.

Speisepunkte zur Versorgung von elektrischen Anlagen oder Betriebsmitteln sind zum Beispiel Baustromverteiler nach DIN VDE 0660-501 (**Bild 3.3**).

Steckdosen der Hausinstallation bergen erhebliche Gefahren für den Anwender.

Steckvorrichtungen in ortsfesten Verbraucheranlagen und in Hausinstallationen dürfen nicht als Speisepunkt verwendet werden. Wenn sie verwendet werden sollen, muss die Funktion der Schutzmaßnahme gewährleistet werden. Das ist vom Anwender in der Regel nicht zu erfüllen. Die Betriebsmittel des Installateurs dürfen an Steckvorrichtungen ortsfester Anlagen angeschlossen werden, wenn Baustromverteilersystem oder ein PRCD, wie in **Bild 3.4** gezeigt, verwendet werden.

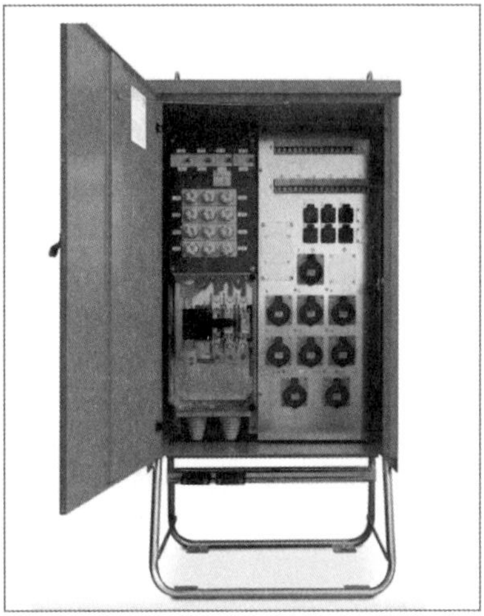

Bild 3.3 Baustromverteiler

Bild 3.4 PRCD

3.6 DGUV Vorschrift 3 – Elektrische Anlagen und Betriebsmittel

Die DGUV Vorschrift 3 kennt 3 Arbeitsmethoden, die sicheres Arbeiten gewährleisten können. Sie sind bevorzugt anzuwenden.

- Arbeiten im spannungsfreien Zustand,
- Arbeiten in der Nähe Spannung führender Teile und
- Arbeiten unter Spannung.

Für die EUP und die EFKffT kommen nur die ersten beiden Arbeitsmethoden in Frage. Elektrofachkräfte dürfen, je nach Qualifikation, alle drei Arbeitsmethoden ausführen, Arbeiten unter Spannung jedoch nur nach einer entsprechenden Zusatzqualifikation.

3.6.1 Arbeiten im spannungsfreien Zustand (die fünf Sicherheitsregeln)

Grundsätzlich dürfen elektrotechnische Arbeiten ausschließlich im spannungsfreien Zustand der Anlagen und Geräte durchgeführt werden. Die fünf Sicherheitsregeln sollen dies garantieren. Ihre Einhaltung ist zwingend vorgeschrieben. Das gilt auch für die Reihenfolge der Maßnahmen:

1. Freischalten,
2. gegen Wiedereinschalten sichern,
3. Spannungsfreiheit feststellen,
4. Erden und Kurzschließen,
5. benachbarte, spannungsführende Teile abdecken oder abschranken.

3.6.1.1 Freischalten

Das Freischalten geschieht allpolig an allen aktiven Leitern. Dabei sollte bereits bei der Auswahl der Freischaltstelle der zweite Schritt, gegen Wiedereinschalten sichern, Berücksichtigung finden.

Zum Freischalten eignen sich besonders abschließbare Hauptschalter, aber auch die Fehlerstrom-Schutzeinrichtung kann verwendet werden. Diese Schalteinrichtungen müssen als Trennschalter gebaut sein. Trennvorrichtungen im Niederspannungsbereich benötigen einen Kontaktabstand von 3 mm. Die Symbole der zum Freischalten verwendbaren Schaltgeräte zeigt **Bild 3.5**.

Es ist wichtig, dass sich die Elektrofachkraft vor dem Freischalten davon überzeugt, dass keine Gefahr für die Betriebsmittel der Anlage besteht. Grundsätzlich darf nur nach einer Freigabe durch den Anlagenverantwortlichen geschaltet werden. Gleiches gilt auch für das spätere Wiedereinschalten der Anlage. Werden Sicherungen zum Freischalten verwendet, sind diese sicherheitshalber aus dem Sicherungshalter und aus der Schaltanlage zu entfernen, damit sie niemand irrtümlich einsetzt.

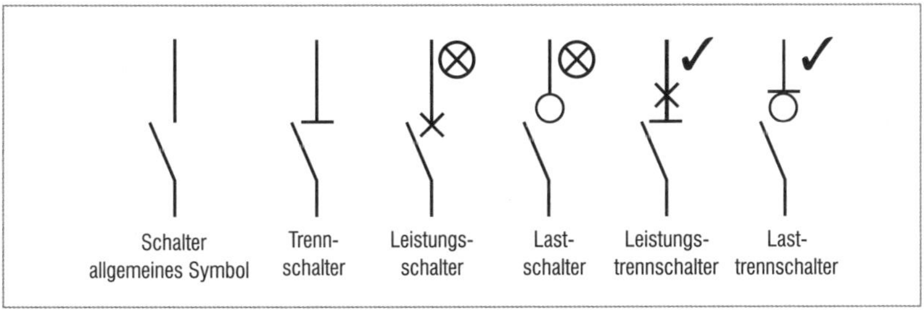

Bild 3.5 Schaltersymbole für Schaltgeräte zum Freischalten

3.6.1.2 Gegen Wiedereinschalten sichern

Das Vorhängeschloss ist hier ein sicheres Mittel, aber auch die herausgeschraubten Sicherungen unterstützen das Sichern. Ein Hinweisschild allein ist sicher nicht ausreichend.

Es ist jedoch zwingend zu verwenden. Das Symbol ist in der Arbeitsstättenregel ASR A1.3 „Sicherheits- und Gesundheitsschutzkennzeichnung" auf Grundlage der Arbeitsstättenverordung festgelegt und dort unter der Nummer P031 zu finden. **Bild 3.6** zeigt das Schild und eine mögliche Ergänzung mit den Verantwortlichen.

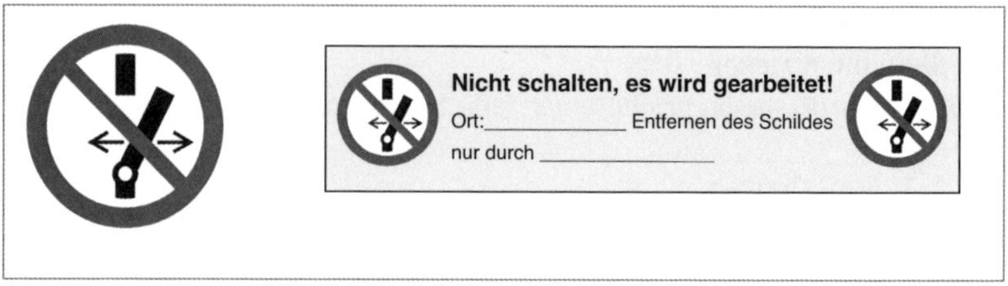

Bild 3.6 „Schalten verboten"– Schild P031

3.6.1.3 Spannungsfreiheit feststellen

Die Spannungsfreiheit ist mit einem zweipoligen Spannungsprüfer festzustellen. Dieser ist in **Bild 3.7** dargestellt. Vor Gebrauch ist er auf Verwendbarkeit, ordnungsgemäßen Zustand und Funktion zu prüfen. Dabei ist zu beachten, dass der Spannungsprüfer im jeweiligen Anlagenteil zugelassen ist. Die Messung im Endstromkreis erfordert mindestens CAT III und im Versorgungsbereich mindestens CAT IV. Die Verwendung von Geräten mit der Kennzeichnung aus zwei Dreiecken und der entsprechenden Spannungsangabe, zum Beispiel bis 600 V, ist auch möglich.

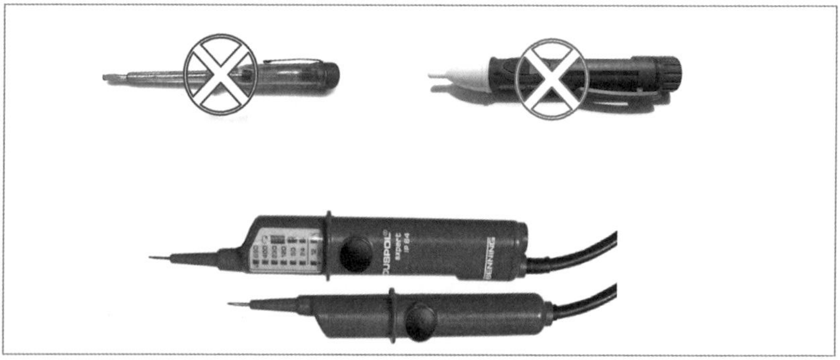

Bild 3.7 Nur zweipoplige Spannungsprüfer verwenden

3.6.1.4 Erden und Kurzschließen

Erden und Kurzschließen wird nicht gefordert, wenn in Verbraucheranlagen gearbeitet wird, deren Spannung gegen Erde nicht größer als 1.000 V ist. Dies trifft auf die Wohnungen und kleineren und mittleren Gewerbebetriebe zu, die aus dem öffentlichen Netz versorgt werden.

Ausnahmen bilden nur besondere Versorgungsnetze mit Ringleitungen und Situationen, in denen das Wiedereinschalten nicht gesichert ist.

3.6.1.5 Benachbarte, spannungsführende Teile abdecken oder abschranken

Mit der fünften Sicherheitsregel wird der Übergang zum Arbeiten in der Nähe Spannung führender Teile geschaffen. Das Arbeiten in der Nähe Spannung führender Teile ist nur unter bestimmten Bedingungen erlaubt.

3.6.2 Arbeiten in der Nähe Spannung führender Teile

Grundsätzlich besteht in größeren Anlagen die Gefahr, dass in unmittelbarer Nähe der Arbeitsstelle Anlagenteile unter Spannung bleiben. Das hat zur Folge, dass für die Elektrofachkraft aus der Umgebung eine Gefährdung entstehen kann, obwohl der Arbeitsbereich spannungsfrei ist. Das ist immer dann der Fall, wenn in einer Schaltanlage gearbeitet wird, die ausschließlich im direkten Arbeitsbereich freigeschaltet ist. Die daneben installierten Anlagenteile sind noch unter Spannung. In neueren Anlagen wird die Berührungssicherheit gefordert. Das ist jedoch nicht immer der Fall. Deshalb ist für die unter Spannung stehenden Teile zu prüfen, ob sie hinreichend gegen direktes Berühren geschützt sind. Falls erforderlich ist ein zusätzlicher Schutz gegen direktes Berühren einzurichten. Alternativ kann durch Abdeckungen der Schutz gegen direktes Berühren sichergestellt werden. **Bild 3.8** zeigt eine solche Maßnahme.

Bild 3.8 Abdecken in einer Niederspannungsschaltgerätekombination

Das Beispiel zeigt Isoliermatten. Es können auch spezielle Einschübe verwendet werden. Auch Abschranken kann eine Möglichkeit sein. Auf Freischalten und Abdecken oder Abschranken kann verzichtet werden, wenn genügend Abstand von der elektrischen Gefahrenstelle eingehalten werden kann. Kann bei Spannungen bis 1.000 V beim Arbeiten ein Abstand von $D_{v1} \geq 0{,}5$ m von der unter Spannung stehenden Stelle eingehalten werden, ist das Arbeiten ohne weitere Schutzmaßnahmen erlaubt. **Bild 3.9** und **Tabelle 3.1** zeigen die Abstände, die von EFK und EUP einzuhalten sind, und den Abstand, der von Laien einzuhalten ist.

Es muss aber berücksichtigt werden, dass andere Personen in der Nähe nicht gefährdet werden. Diese müssen den Abstand D_{v2} von 1 m einhalten.

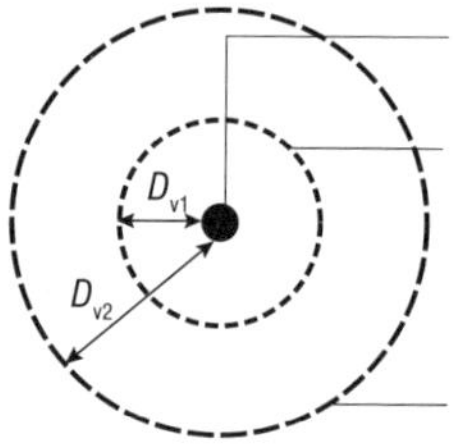

Bild 3.9 Schutzabstände

Effektivwert der Nennspannung U_N in kV	Schutzabstand der Luft D_v in m
bis 1	0,5
über 1 … 30	1,5
über 30 … 110	2,0
über 110 … 220	3,0
über 220 … 380	4,0

Tabelle 3.1 Schutzabstände bei bestimmten elektrotechnischen Arbeiten in der Nähe aktiver Teile, die unter Spannung stehen (Tabelle 3 aus DGUV Vorschrift 3)

3.6.3 Arbeiten unter Spannung

Arbeiten unter Spannung (AuS) ist ausschließlich für entsprechend qualifizierte und erfahrene Elektrofachkräfte im Zusammenhang mit einer betrieblichen Notwendigkeit oder speziellen Sicherheitsmaßnahme und auf besondere Anweisung möglich. Eine spezielle Regel (DGUV Regel 103-011) legt die Ausbildung und die notwendigen technischen, organisatorischen und persönlichen Schutzmaßnahmen fest.

> Als Arbeiten unter Spannung gilt das Berühren Spannung führender Teile mit Hilfsmitteln, Werkzeugen und Körperteilen.

Es gelten jedoch einige Ausnahmen zu dieser festen Regel. Diese beziehen sich auf Tätigkeiten, bei denen die Sicherheit gegen elektrischen Schlag durch technische, organisatorische und persönliche Schutzmaßnahmen gewährleistet werden kann. Ein Beispiel dazu ist das Messen der Spannung, das auch der EUP und der EFKffT erlaubt ist. Weitere Ausnahmen sind in DGUV Vorschrift 3 beschrieben.

3.7 Gefahr durch Störlichtbögen

Störlichtbögen sind gefährliche Vorfälle, mit denen in elektrischen Anlagen gerechnet werden muss (**Bild 3.10**). Sie können auftreten:

- bei Arbeiten innerhalb der Annäherungszone vor Schaltanlagen,
- beim Trennen eines Stromkreises (besondere Gefahr bei Gleichstromkreisen),
- bei Kurzschlüssen,
- bei mangelhafter oder beschädigter Isolation.

Das Auftreten eines Störlichtbogens vorherzusagen ist faktisch unmöglich. Deshalb muss ein vorbeugender Schutz auf Basis einer Gefährdungsbeurteilung erfolgen.

Bild 3.10 Deckblatt der DGUV Information 203-077 „Thermische Gefährdung durch Störlichtbögen"

In manchen Fällen ist ein Schutz mittels persönlicher Schutzausrüstung gegen Störlichtbögen (PSAgS) nicht erforderlich.

Keine PSAgS ist erforderlich, wenn Arbeitskleidung (lang) mit Baumwollanteil > 250 g/m² getragen wird und

- die Absicherung des Stromkreises 63 A nicht überschreitet sowie
- bei Arbeiten an Mess-Steuer-Regelsystemen (MSR) und
- bei einem Kurzschlussstrom ≤ 1 kA.

In allen anderen Fällen ist die PSAgS nach den Vorgaben der DGUV Information 203-077 zu dimensionieren. Das trifft in der Regel immer für eine Arbeit an der AC-Installation im Bereich der Zählerverteilung oder Hauptverteilung sowie bei größeren Wechselrichtern zu, sofern die Abdeckungen der Betriebsmittel entfernt wurden.

3.8 Übungsaufgaben

(Die Lösungen zu den Aufgaben finden Sie im Anhang.)

Aufgabe 3.1

Wie kann die regelmäßige Sicherheitsunterweisung und Weiterbildung der Beschäftigten nachgewiesen werden?

Aufgabe 3.2

Woraus kann eine Gefährdung von Mitarbeitern bei der Arbeit entstehen? Nennen Sie ein Beispiel.

Aufgabe 3.3:

Nennen Sie eine wichtige Verordnung auf Basis des Arbeitsschutzgesetzes.

Aufgabe 3.4

Um die Anforderungen der Betriebssicherheitsverordnung zu erfüllen, wurden technische Regeln geschrieben. Nennen Sie zwei Beispiele und beschreiben Sie den Inhalt in Stichworten.

Aufgabe 3.5

Welche Anforderungen werden an eine Person gestellt, die die elektrische Sicherheit von Anlagen und Betriebsmitteln in einem Gewerbetrieb feststellen soll?

Aufgabe 3.6

Wer ist für die Einhaltung der Unfallverhütungsvorschriften im Betrieb verantwortlich?

Aufgabe 3.7

Nennen Sie je eine Pflicht, die dem Arbeitgeber und dem Mitarbeiter nach den Unfallverhütungsvorschriften auferlegt ist.

Aufgabe 3.8

Welche Gefahr besteht unter Umständen bei der Prüfung der Spannungsfreiheit?

Aufgabe 3.9

Was ist vor Beginn einer elektrotechnischen Arbeit erforderlich?

Aufgabe 3.10

Wie arbeiten Anlagenverantwortlicher und Arbeitsverantwortlicher zusammen?

Aufgabe 3.11

Welche besonderen Anforderungen werden an einen Speisepunkt der elektrischen Versorgung von Betriebsmitteln auf Bau- und Montagestellen gestellt?

Aufgabe 3.12

Nenne Sie die drei Arbeitsmethoden für elektrotechnische Arbeiten.

Aufgabe 3.13

Nennen Sie die 5-Sicherheitsregeln in der richtigen Reihenfolge.

Aufgabe 3.14

Wie führen Sie die 5-Sicherheitsregeln zum Anschluss eines Betriebsmittels praktisch aus?

Aufgabe 3.15

Wie weit darf sich eine EUP oder EFK einer unter Spannung von 400 V stehenden Stelle nähern, ohne gefährdet zu sein?

Aufgabe 3.16

Was gilt es zu tun, wenn sich Unbeteiligte in der Nähe einer unter Spannung stehenden Stelle der Anlage befinden?

Aufgabe 3.17

Wann kann bei einer Störlichtbogengefahr auf eine PSAgS (persönliche Schutzausrüstung gegen Störlichtbögen) verzichtet werden?

Aufgabe 3.18

An welchen Arbeitsplätzen ist damit zu rechnen, dass die Grenzwerte der Störlichtbogengefährdung überschritten werden?

4 Erste-Hilfe-Maßnahmen bei Stromunfällen

Ein Arbeitsunfall ist immer eine außergewöhnliche Situation, in der es wichtig ist, überlegt und gezielt zu Werke zu gehen, um weitere Schäden zu vermeiden. So sollte eine, wie auch in allen anderen Fällen der Erledigung von Aufgaben, sichere Arbeitsstruktur erarbeitet werden. Diese sieht wie folgt aus:

- Ruhe bewahren und Überblick verschaffen,
- auf Eigensicherung und auf eine Ausbreitung des Verletzungsrisikos des Verunfallten achten,
- unter Beachtung der eventuell noch vorhandenen Spannung Person aus dem Gefahrenbereich retten,
- lebenswichtige Körperfunktionen prüfen und bei Bedarf unterstützen,
- Notruf über eine innerbetriebliche Notrufnummer oder 112 absetzen,
- Maßnahmen der Ersten Hilfe beginnen,
- Transport des Verunfallten durch den Rettungsdienst zum Durchgangsarzt zur Versorgung des Arbeitsunfalls.

4.1 Die Rettungskette

Die Rettungskette zeigt ein Verfahren, wie einem Verunfallten schnellstens sachgerechte Hilfe geleistet werden kann. Dabei wird bei der Durchführung von Arbeiten auf die Verantwortung des Unternehmers zurückgegriffen für die Möglichkeit einer unverzüglichen Erste Hilfe zu sorgen.

In den ersten drei Gliedern der Rettungskette kommt der betriebliche Ersthelfer und in den letzten beiden Glieder die professionelle Hilfe der Rettungssanitäter und Ärzte zum Einsatz. Ersthelfer, Rettungssanitäter und Transport sowie ärztliche Versorgung im Krankenhaus bilden dazu eine ineinander greifende Einheit.

- Absichern und Eigenschutz,
- Notruf und Sofortmaßnahmen,
- weitere Erste Hilfe,
- Rettungsdienst,
- Krankenhaus/unfallärztliche Versorgung.

Dabei ist zu beachten, dass in jedem Betrieb Ersthelfer ausgebildet sind, in großen Betrieben sogar mehrere, und dass auch Betriebsärzte eingesetzt werden. In einem Unternehmen sollte es Ziel sein alle elektrotechnisch tätigen Mitarbeiter als Ersthelfer auszubilden.

Die Erreichbarkeit ist auf Aushängen angegeben. Diese enthalten oft auch zusätzliche Informationen, wie z. B. die zuständigen Ärzte sowie betriebsinterne Verfahrensanweisungen für den Notfall. Die Notrufnummer 112 ist ebenfalls auf den Aushängen verzeichnet.

Auch auf der Baustelle ist dafür Sorge zu tragen, dass genügend ausgebildete Ersthelfer bereitstehen, um Erste Hilfe zu leisten.

4.2 Vorgehen bei Unfällen mit elektrischem Strom

Bei Hilfeleistungen ist unbedingt auf Eigenschutz zu achten. Es ist wichtig Ruhe zu bewahren, denn bei „Stromunfällen" muss an erster Stelle festgestellt werden, ob der Unglücksort oder der Verletze unter Spannung steht.

Ist das der Fall, ist die Anlage oder der Anlagenteil freizuschalten. Dazu dienen bevorzugt Not-Aus-Schalter oder Hauptschalter. Das Abschalten der Stromversorgung gestaltet sich manchmal schwierig.

In einer Verteilung ist immer ein Hauptschalter vorhanden. In Laborräumen und an Maschinen sind immer Notschalter vorhanden. Manche Betriebsmittel sind über Stecker an das Netz angeschlossen.

Ein Eingreifen ohne vorheriges Abschalten führt zu eigener Gefährdung und kann die Hilfeleistung vereiteln.

Besondere Gefahr besteht bei Anlagen mit Spannungen über 1.000 V. Hier kann nur eine ausgebildete Fachkraft für eine Unterbrechung der Stromversorgung sorgen, wenn nicht ein Notschalter erreichbar ist, mit dem die Stromversorgung unterbrochen werden kann. Bei unbekannten Spannungen muss immer ein Sicherheitsabstand von 5 m eingehalten werden. Im Niederspannungsbereich kann auch Hilfe geleistet werden, wenn der Verletzte von einer isolierenden Unterlage aus vom Stromkreis getrennt wird. Der Verletzte kann, solange die Stromeinwirkung besteht, unter Muskelverkrampfung leiden. An den Strom-Ein-, und Austrittstellen zeigen sich meist Verbrennungen (Strommarken).

Kann eine Freischaltung nicht zeitnah erfolgen, muss der Verunglückte unter Zuhilfenahme von isolierenden Hilfsmitteln aus dem Gefahrenbereich gebracht werden. Das könnte zum Beispiel durch Ziehen an der isolierenden PSA geschehen, ohne den Körper des Verunfallten direkt zu berühren. Auch wenn diese Maßnahmen sehr abstrakt erscheinen, sind dies die einzigen

Möglichkeiten, sich selbst, den Verunfallten und andere Helfer nicht zusätzlich zu gefährden. Werden die Schutzmaßnahmen nicht eingehalten, besteht für die Helfer absolute Lebensgefahr.

4.2.1 Der Notruf

Damit die Leitstelle schnell und effizient reagieren kann, ist die Durchgabe folgender Informationen beim Absetzen des Notrufs wichtig:

WO geschah etwas?
WAS geschah?
WIEVIELE Personen sind betroffen?
WELCHER Art sind Verletzungen oder Erkrankungen?
WARTEN auf Rückfragen!

4.2.2 Notmaßnahmen – Bewertung der Notsituation und Handlungsempfehlungen

Bei Stromunfällen besteht immer die Gefahr des Herzstillstands oder Herzkammerflimmerns. Deshalb sind die sofortige Überprüfung der Vitalfunktionen (Atmung und Kreislauf) und bei Bedarf Atemspende und äußere Herzdruckmassage wichtig.

Sind Atmung und Kreislauf vorhanden, kann der Verunfallte in die stabile Seitenlage gebracht werden. Ist der Verunfallte nicht ansprechbar und sind Atmung und Kreislauffunktion nicht erkennbar, ist unverzüglich mit der Herz-Lungen-Wiederbelebung zu beginnen.

Geschultes Rettungspersonal führt bei Kammerflimmern eine Defibrillation durch. Falls verfügbar, kommt ein öffentlich zugänglicher Laiendefibrillator, wie in **Bild 4.1** gezeigt, zur Anwendung. Dieser sollte im Sinne der DGUV-Vorschrift 1 bei jeder gefahrbringenden Tätigkeit in unmittelbarer Nähe aufbewahrt werden oder zur Standardausrüstung der Mitarbeiter für diese Fälle gehören.

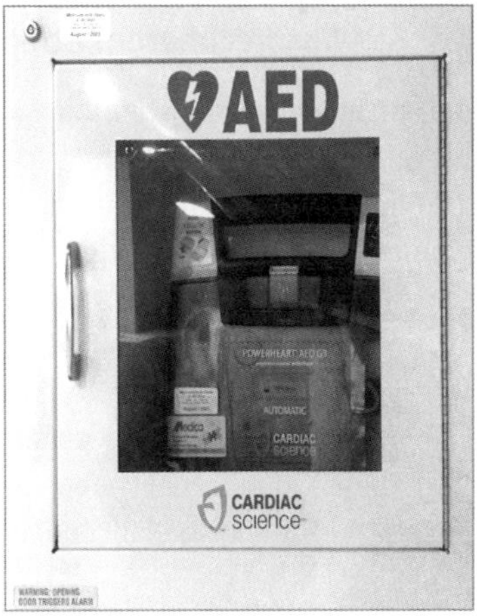

Bild 4.1 Automatisierter externer Defibrillator (AED)

Bild 4.2 zeigt die notwendigen Handlungsschritte nach Auffinden eines Notfallbetroffenen.

Grundsätzlich ist bei einem Kreislaufstillstand zu berücksichtigen, dass in kürzester Zeit irreversible Schäden am Gehirn auftreten können. Deshalb ist in diesem Fall äußerste Eile geboten.

Die weitere Versorgung ist die gleiche wie nach jedem anderen Unfall.

Nach erfolgreicher Reanimation wird der Verunfallte in die seit 2007 geltenden ERC-Variante der Seitenlagerung gebracht.

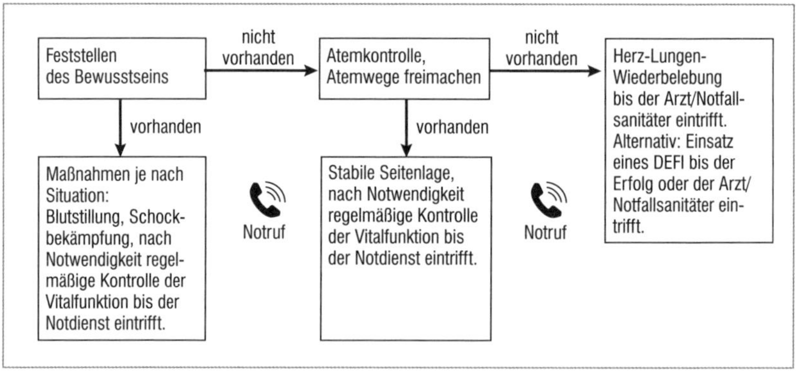

Bild 4.2 Auffinden eines Notfallpatienten

4.2.3 Ansprechbarer Patient

Bei ansprechbaren Patienten sind eventuell vorhandene bedrohliche Blutungen oder Brandverletzungen zu versorgen. Brandverletzungen müssen gekühlt und mit einer keimarmen, nicht flusenden Wundauflage abgedeckt werden. Es ist ganz wichtig zu erkennen, dass aufgrund eines Schocks, dessen Anzeichen für den Ersthelfer manchmal schwer zu erkennen sind, sich auch nach dem Unfall noch lebensbedrohliche Zustände einstellen können. Der Patient sollte auch bei völligem Wohlbefinden bis zum Ausschluss einer Herzschädigung nicht unbeaufsichtigt bleiben. Der Transport durch den Rettungsdienst zum nächstgelegenen Krankenhaus ist zwingend erforderlich, um alle Gesundheitsgefährdungen auszuschließen.

4.2.4 Transport

Der Transport erfolgt ausschließlich mit einem Rettungswagen, der von geschultem Personal (Rettungssanitätern) begleitet wird.

Der Abtransport in das Krankenhaus darf auf keinen Fall mit dem privaten PKW erfolgen. Fällt der Verunfallte später in den Schockzustand, so ist sein Zustand absolut lebensbedrohlich. Der Autofahrer kann nicht schnell genug und richtig eingreifen. Er setzt das Leben des Verunfallten leichtsinnig und fahrlässig aufs Spiel.

Die weitere Versorgung geschieht dann durch einen Arzt im Krankenhaus. In einigen Gegenden wird nach der Schilderung des Unfallgeschehens ein Notarzt zur Unfallstelle geschickt. Die Entscheidung hierzu trifft die Leitstelle nach den Schilderungen der Verletzung durch den Ersthelfer und den geschilderten Unfallumständen.

4.3 Übungsaufgaben

(Die Lösungen zu den Aufgaben finden Sie im Anhang.)

Aufgabe 4.1

Welche besondere Gefahr besteht für den Helfer bei einem Stromunfall?

Aufgabe 4.2

Welche besonders gefährlichen Situationen können für den Verunfallten nach einem Stromschlag entstehen?

Aufgabe 4.3

Welche Maßnahmen sind unverzüglich einzuleiten, wenn ein Kreislaufversagen nach einem Stromunfall eingetreten ist?

Aufgabe 4.4

Welches Gerät kann bei der Wiederbelebung eines Verunfallten nach einem Stromunfall wirksam unterstützen?

Aufgabe 4.5

Wer führt den Transport zu einem Durchgangsarzt nach einem Stromunfall durch?

5 Zulässige Tätigkeiten und fachliche Verantwortung der EuP

Die Elektrotechnisch unterwiesene Person (EuP) ist eine Person, die durch eine Elektrofachkraft (EFK) über die ihr übertragenen Aufgaben und die möglichen Gefahren bei unsachgemäßem Verhalten unterrichtet und erforderlichenfalls angelernt sowie hinsichtlich der notwendigen Schutzeinrichtungen, persönlichen Schutzausrüstungen und Schutzmaßnahmen unterwiesen sowie angelernt wurde.

Eine EuP kann somit elektrotechnische Arbeiten fach- und sachgerecht unter Anleitung ausführen.

Die EuP arbeitet unter Leitung und Aufsicht einer Elektrofachkraft.

Die Elektrofachkraft (EFK) trägt dabei die Fachverantwortung für die EuP.

Die Leitung und Aufsicht durch eine Elektrofachkraft ist erforderlich, damit Arbeiten an elektrischen Anlagen und Betriebsmitteln von Personen, die nicht die Kenntnisse und Erfahrungen einer Elektrofachkraft haben, sachgerecht und sicher durchgeführt werden können.

Eine ständige Anwesenheit der Leitenden und Aufsicht Führenden ist nicht zwingend.

Die Anwesenheit ist abhängig von den Erfahrungen, dem Schwierigkeitsgrad und den Umgebungsbedingungen.

Im Unterschied dazu ist Beaufsichtigen eine Tätigkeit, die eine ständige Anwesenheit erfordert und für den Beaufsichtigenden keine Nebentätigkeiten neben der Beaufsichtigung zulässt.

Das Beaufsichtigen einer Person, die keine Elektrofachkraft ist, ist zum Beispiel dann notwendig, wenn sie Arbeiten in der Nähe Spannung führender Teile durchführen soll.

Im Fall einer Leitung und Aufsicht muss die Zuordnung geklärt sein:

- Die EFK muss wissen, welche EuP sie zu leiten und zu beaufsichtigen hat.
- Die EuP muss wissen, welche EFK für sie die Leitung und Aufsicht hat.

Die Zuordnung kann durchaus wechseln, muss aber immer beiden Beteiligten bekannt sein.

5.1 Übungsaufgaben

(Die Lösungen zu den Aufgaben finden Sie im Anhang.)

Aufgabe 5.1

Wann darf ein Laie auf einer elektrischen Anlage arbeiten?

Aufgabe 5.2

Wer trägt die Fachverantwortung für die Tätigkeiten einer EuP?

Aufgabe 5.3

Welche zwei wichtigen Fragen müssen beim Einsatz einer EuP beachtet werden?

II Elektrofachkraft für festgelegte Tätigkeiten

6 Ausbildung zur Elektrofachkraft für festgelegte Tätigkeiten

Die Definition der Elektrofachkraft für festgelegte Tätigkeiten (EFKffT) folgt den Vorschriften der Berufsgenossenschaften (DGUV Vorschrift 3). Festgelegte Tätigkeiten sind darin definiert als *„gleichartige, sich wiederholende elektrotechnische Arbeiten an Betriebsmitteln, die vom Unternehmer in einer Arbeitsanweisung festgelegt sind.“*

Der Begriff *Elektrofachkraft für festgelegte Tätigkeiten* wird aufgrund einer Änderung der Handwerksordnung in den Durchführungsanweisungen zu § 2 Abs. 3 der Unfallverhütungsvorschrift „Elektrische Anlagen und Betriebsmittel“ in die DGUV Vorschrift 3 (Nachfolger der VBG 4) eingefügt. Der Unternehmer kann danach für spezielle Tätigkeiten einen Elektrolaien ausbilden lassen, der an Betriebsmitteln arbeiten darf, um diese beispielsweise zu montieren und an das Netz anzuschließen. Betriebsmittel sind zum Beispiel PV-Module oder Wechselrichter.

6.1 Tätigkeitsfeld

Festgelegte Tätigkeiten sind gleichartige, sich wiederholende Arbeiten an Betriebsmitteln, die vom Unternehmer in einer Arbeitsanweisung beschrieben sind. In eigener Fachverantwortung dürfen nur festgelegte Tätigkeiten ausgeführt werden, für die die Ausbildung nachgewiesen ist.

Diese festgelegten Tätigkeiten dürfen nur in Anlagen mit Nennspannungen bis 1.000 V AC bzw. 1.500 V DC und grundsätzlich nur im freigeschalteten Zustand durchgeführt werden. Unter Spannung sind die Fehlersuche und das Feststellen der Spannungsfreiheit sowie die Prüfungen der elektrischen Sicherheit erlaubt.

Die Ausbildung zur Elektrofachkraft für festgelegte Tätigkeiten muss Theorie und Praxis umfassen. Die theoretische Ausbildung kann innerbetrieblich oder außerbetrieblich in Absprache mit dem Unternehmer erfolgen. In der theoretischen Ausbildung müssen, zugeschnitten auf die festgelegten Tätigkeiten, die Kenntnisse der Elektrotechnik, die für das sichere und fachgerechte Durchführen dieser Tätigkeiten erforderlich sind, vermittelt werden.

Die praktische Ausbildung muss an den in Frage kommenden Betriebsmitteln durchgeführt werden. Sie muss die Fertigkeiten vermitteln, mit denen die in der theoretischen Ausbildung erworbenen Kenntnisse für die festgelegten Tätigkeiten sicher angewendet werden können.

Teil der Ausbildung der EFKffT ist die Arbeit nach einer Arbeitsanweisung. Diese sollte genau beschreiben, wie diese Arbeit durchgeführt werden soll und welche Materialien, Werkzeuge, Hilfsmittel und Arbeitsschritte bis zur Prüfung der fertigen Arbeit erforderlich sind. Die Arbeitsanweisung ist schriftlich aufzustellen. Für gleichartige Arbeiten, die sich nur unwesentlich im Ablauf und Material unterscheiden, kann eine gemeinsame Arbeitsanweisung erstellt werden.

Vor der Bestellung ist eine Prüfung durch eine verantwortliche Elektrofachkraft erforderlich, die die Einhaltung der in der Arbeitsanweisung beschriebenen Tätigkeiten prüft und feststellt, ob die Arbeiten nach den einschlägigen Regeln der Technik und den Unfallverhütungsvorschriften ausgeführt werden können. Auf Basis dieser Prüfung und der schriftlichen Arbeitsanweisung kann der Unternehmer den Mitarbeiter zur Elektrofachkraft für festgelegte Tätigkeiten bestellen.

6.2 Arbeitsanweisung

Grundlage für eine Bestellung einer Elektrofachkraft für festgelegte Tätigkeiten ist eine Arbeitsanweisung. Sie wird im DGUV Grundsatz 303-001 gefordert. Auf Basis der Arbeitsanweisung ist die Elektrofachkraft für festgelegte Tätigkeiten von einer verantwortlichen Fachkraft zu prüfen und auf Grundlage der Prüfung zu bestellen.

Arbeitsanweisungen werden in der Arbeitsplanung verwendet. Betriebe mit einer ISO-9000-Zertifizierung besitzen Arbeitsanweisungen für alle relevanten Fertigungsprozesse. Dabei werden alle Arbeitsabläufe detailliert in einzelnen Schritten beschrieben, um zu gewährleisten, dass jeder Mitarbeiter diese Arbeit nach dem gleichen Schema ausführt und so das Ergebnis immer die gleiche Qualität besitzt. Arbeitsanweisungen sind somit Vorgaben an die Mitarbeiter, in welcher Reihenfolge die Tätigkeit zu erledigen ist. Darüber hinaus sind Hinweise zur Fehlervermeidung in einer Arbeitsanweisung sinnvoll. Arbeitsanweisungen werden als Formular meist in einer Checkliste oder einem Flussdiagramm erstellt.

Inhalt und Aufbau von Arbeitsanweisungen sind von der Art der Tätigkeit und den Kenntnissen der Mitarbeiter abhängig. In naher Verwandtschaft zur Arbeitsanweisung steht die Montageanleitung. Darin werden vom Hersteller exakte Vorgaben gemacht, wie mit einem Produkt zu verfahren ist. So kann eine Arbeitsanweisung zur Montage eines Betriebsmittels direkt aus der Montageanleitung des Herstellers sicher abgeleitet werden.

Ziel der Arbeitsanweisung ist es, dass die Elektrofachkraft für festgelegte Tätigkeiten eine Arbeit eigenverantwortlich nach den Regeln der Arbeitssicherheit und nach den Regeln der Technik sowie den Regeln der Handwerkskunst ausführen kann. Dazu gehören auch die Bedingungen der Arbeitsumgebung, wie die Anwendung der fünf Sicherheitsregeln und der sachgerechte Umgang mit den Werkzeugen.

Da die Leistungsfähigkeit der Elektrofachkräfte für festgelegte Tätigkeiten unterschiedlich ist, müssen auch die Arbeitsanweisungen eventuell individuell auf den jeweiligen Mitarbeiter zugeschnitten sein. Es kommt dabei darauf an, aus welchem Beruf der Mitarbeiter stammt und welche Tätigkeiten im Einzelnen ausgeführt werden sollen.

Grundlegende Fertigkeiten, wie sie in einem metallverarbeitenden Beruf notwendig sind, werden in diesem Buch vorausgesetzt. Dieser Themenbereich würde den Rahmen des Werkes sprengen. Hierzu wird auf existierende Grundlagenwerke verwiesen.

Eine Arbeitsanweisung kann einem Aufbauprinzip folgen. Dieses ist eng angelehnt an den Aufbau einer Betriebsanweisung:

- Auftrag,
- Werkzeuge,
- Material und Hilfsstoffe,
- Sicherheitsregeln,
- Arbeitsschritte – bitte beachten,
- Prüfschritte (Prüfprotokoll mit Min/Max-Werten und Hinweisen auf Sachverhalte, die besonders zu beachten sind),
- Abnahme (wer ist für die Abnahme verantwortlich und kann sie durchführen?).

6.3 Bestellung

In der Ausbildungsrichtlinie ist eine Musterbestellung abgedruckt. Die wesentlichen Inhalte sind:

- Name des Bestellten und Name des Betriebs, der bestellt,
- Liste der Arbeiten, für die eine Arbeitsanweisung vorliegt, nach der bestellt wird,
- bei Bedarf Abgrenzung der Arbeiten,
- Datum der Prüfung, die als Grundlage der Bestellung dient,
- Unterschrift des für die Bestellung Verantwortlichen.

Von der Elektrofachkraft für festgelegte Tätigkeiten dürfen nur die Arbeiten in eigener Fachverantwortung ausgeführt werden, für die sie ausgebildet und vom Unternehmer bestellt wurde.

Grundsätzlich darf eine Elektrofachkraft für festgelegte Tätigkeiten aber alle elektrotechnischen Arbeiten ausführen, wenn sie vorher unterwiesen wurde (Elektrotechnisch unterwiesene Person) und unter Leitung und Aufsicht einer Elektrofachkraft arbeitet.

Die Ausbildung und Prüfung entbindet den Unternehmer nicht von seiner Führungsverantwortung. In jedem Fall hat der Unternehmer zu prüfen, ob die in der vorstehend genannten Ausbildung erworbenen Kenntnisse und Fertigkeiten für die festgelegten Tätigkeiten in der Praxis ausreichend sind. Dies wiederum kann er an eine verantwortliche Elektrofachkraft delegieren.

Um die Qualifikation auch in Zukunft zu erhalten, muss sich die Elektrofachkraft für festgelegte Tätigkeiten weiterbilden. Dies kann durch Schulungen der Hersteller der Betriebsmittel geschehen, mit denen er arbeitet. Vorausgesetzt wird aber, dass es sich um technische Schulungen und nicht um Verkaufsfördermaßnahmen handelt. Neutrale Weiterbildungsmaßnahmen sind nach Ansicht des Autors ergänzend zu den Herstellerveranstaltungen sinnvoll.

Damit sieht eine Ausbildung zur EFKffT für PV-Anlagen wie in **Bild 6.1** dargestellt aus.

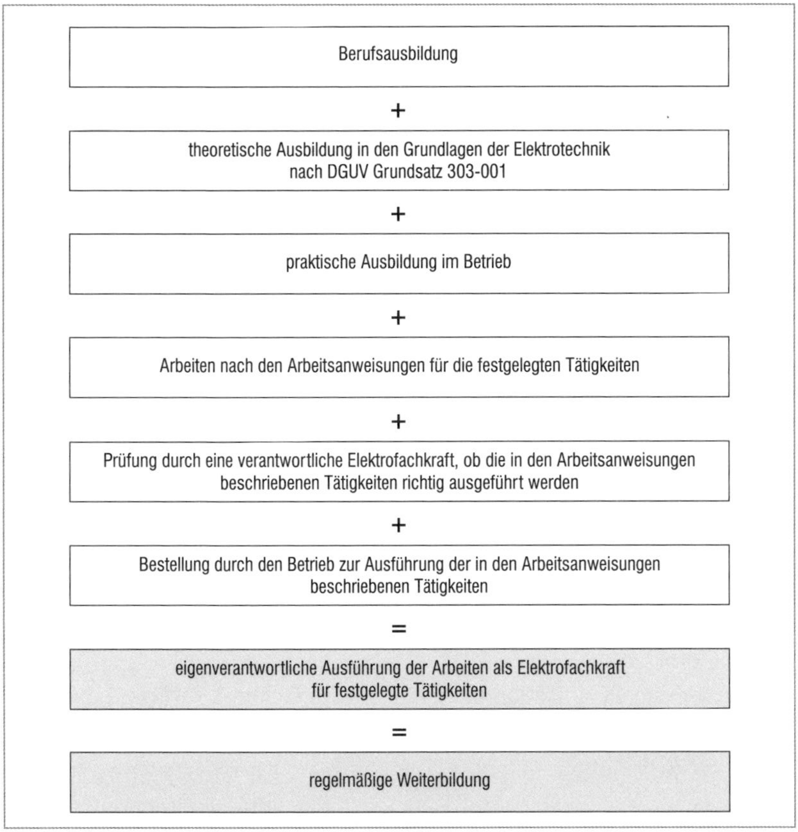

Bild 6.1 Ausbildungsgang einer EFKffT für PV-Anlagen

6.4 Abgrenzung zu elektrotechnischen Installationen

Die Abgrenzung zu elektrotechnischen Installationen ist dabei meist etwas problematisch. Grundsätzlich sind Installationsarbeiten zur Erstellung der elektrotechnischen Versorgung in Gebäuden ausschließlicher Arbeitsbereich der in ein Installateurverzeichnis eines Verteilungsnetzbetreibers (VNB) eingetragenen Elektrofachkraft. Diese ist entweder ein Elektrotechniker-Meister oder ein Meister beispielsweise aus dem SHK-Handwerk mit erfolgreich abgelegtem TREI-Lehrgang.

6.5 Übungsaufgaben

(Die Lösungen zu den Aufgaben finden Sie im Anhang.)

Aufgabe 6.1

Welche Arbeiten darf eine Elektrofachkraft für festgelegte Tätigkeiten ausführen?

Aufgabe 6.2

Welche Arbeiten darf eine Elektrofachkraft für festgelegte Tätigkeiten eigenverantwortlich ausführen?

Aufgabe 6.3

Welchen Inhalt hat eine Bestellung einer Elektrofachkraft für festgelegte Tätigkeiten?

Aufgabe 6.4

Nennen Sie einige Beispiele für elektrotechnische Arbeiten, für die eine EFKffT bestellt werden könnte.

Aufgabe 6.5

Wer darf Arbeiten an elektrischen Anlagen ausführen?

Aufgabe 6.6

Über welche Qualifikation muss eine Elektrofachkraft verfügen, die eigenverantwortlich an einer elektrotechnischen Anlage Erweiterungen ausführen möchte?

Aufgabe 6.7

Erläutern Sie den Inhalt einer Arbeitsanweisung für eine Elektrofachkraft für festgelegte Tätigkeiten.

7 Grundlagen der Elektrotechnik II

7.1 Reihen- und Parallelschaltung von Widerständen

Widerstände lassen sich auf verschiedene Arten miteinander verschalten (**Bild 7.1**). Die beiden Grundschaltungen sind dabei die Reihenschaltung und die Parallelschaltung. Darüber hinaus existieren Kombinationen aus beiden Schaltungen, die gemischten Schaltungen.

Der Physiker *Kirchhoff* hat mit seinen Kirchhoffschen Sätzen dazu beigetragen, die Schaltungen zu berechnen. Er entwickelte für die Reihenschaltung die Maschenregel (in einer Masche ist die Summe der Spannungen gleich Null) und für die Parallelschaltung die Knotenpunktregel (die Summe aller Ströme in einem Knotenpunkt ist gleich Null).

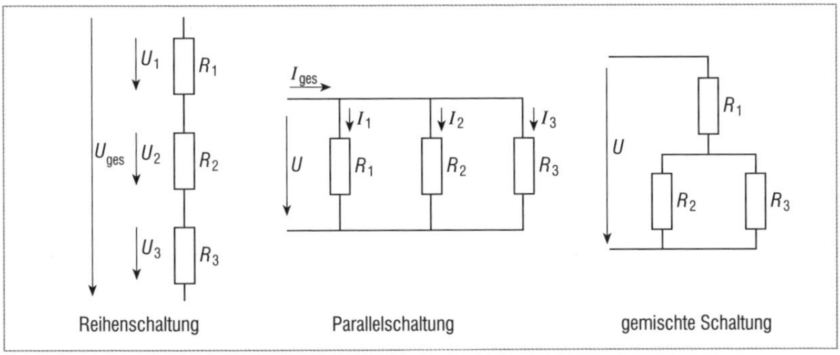

Bild 7.1 Widerstandsschaltungen

7.1.1 Die Reihenschaltung

In vielen Fällen ist es wichtig zu erkennen, welcher Widerstandswert sich einstellt, wenn Widerstände zusammengeschaltet werden. Dazu existieren zwei Grundformen, die Reihenschaltung (**Bild 7.2**) und die Parallelschaltung (**Bild 7.3**).

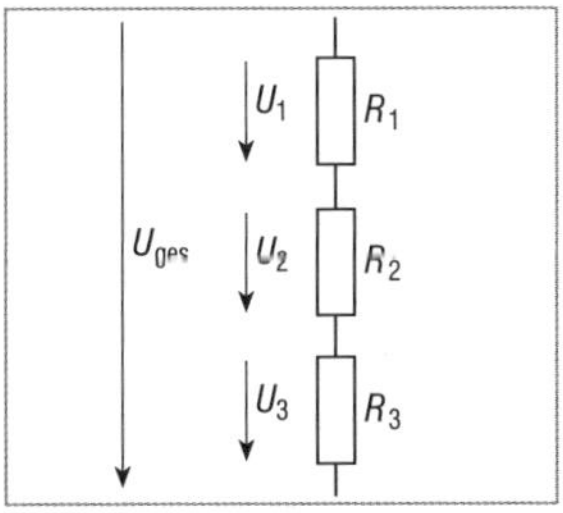

Bild 7.2 Reihenschaltung von drei Widerständen

Werden Widerstände in Reihe zusammengeschaltet, so kann für die im Beispiel gezeigten Widerstände ein einziger Widerstand als Ersatz für alle drei dienen. Der Ersatzwiderstand ist dann so groß wie die Summe der Einzelwiderstände.

Gleichung 7.1: Ersatzwiderstand der Reihenschaltung

$$R_E = R_1 + R_2 + R_3$$

Folgende Grundsätze gelten für die Reihenschaltung von Widerständen:

- Bei der Reihenschaltung von Widerständen ist der Gesamtwiderstand die Summe der Einzelwiderstände.
- Der Strom in allen Widerständen ist gleich groß.
- In der Reihenschaltung liegt an den einzelnen Widerständen jeweils ein Teil der Versorgungsspannung an.
- Am kleinen Widerstand liegt eine kleine Spannung, am großen Widerstand eine große Spannung an.

Wenn der Gesamtwiderstand bekannt ist, kann mithilfe des Ohmschen Gesetzes auch der Strom berechnet werden, der durch die Widerstände fließt.

Vgl. Gleichung 1.3: Umstellung des ohmschen Gesetzes

$$I = \frac{U}{R}$$

Die Teilspannungen lassen sich danach mithilfe der Einzelwiderstände und dem Strom durch die Schaltung ermitteln.

Ein Beispiel soll die Zusammenhänge zeigen:

Es werden drei Widerstände jeweils mit einem Widerstandswert von $R_1 = 3\ \Omega$, $R_2 = 5\ \Omega$ und $R_3 = 7\ \Omega$ an eine Versorgungsspannung von $U = 30$ V angeschlossen. Es sollen die Einzelwerte berechnet werden.

Die Berechnungen im Einzelnen:

Vgl. Gleichung 7.1: Ersatzwiderstand der Reihenschaltung

$$R_E = R_1 + R_2 + R_3 = 3\ \Omega + 5\ \Omega + 7\ \Omega = 15\ \Omega$$

Für den Strom folgt mit Gleichung 1.2:

$$I = \frac{U}{R} = \frac{30\ \text{V}}{15\ \Omega} = 2\ \text{A}$$

Für die Einzelspannungen folgt:

$$U_1 = I \cdot R_1 = 2\ \text{A} \cdot 3\ \Omega = 6\ \text{V}$$

$$U_2 = I \cdot R_2 = 2\ \text{A} \cdot 5\ \Omega = 10\ \text{V}$$

$$U_3 = I \cdot R_3 = 2\ \text{A} \cdot 7\ \Omega = 14\ \text{V}$$

Zusammen sind die Einzelspannungen so groß wie die Gesamtspannung:

$$U = U_1 + U_2 + U_3 = 6\ \text{V} + 10\ \text{V} + 14\ \text{V} = 30\text{V}$$

7.1.2 Die Parallelschaltung

Die zweite Grundschaltung ist die Parallelschaltung (**Bild 7.3**). Da alle Ströme von einer gemeinsamen Quelle ausgehen, ist die Summe der Ströme in den einzelnen Zweigen so groß wie der Strom, der in die Schaltung hinein fließt.

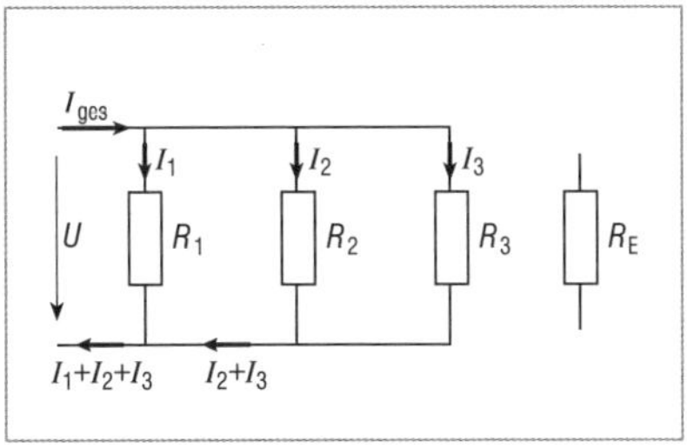

Bild 7.3 Parallelschaltung von drei Widerständen

Alle Ströme, die in einen Knotenpunkt hinein fließen, erhalten ein positives Vorzeichen, alle Ströme, die aus dem Knoten herausfließen, erhalten ein negatives Vorzeichen.

Folgende Grundsätze gelten für die Parallelschaltung:

- Der Gesamtstrom ist so groß wie die Summe der Einzelströme in den Widerständen.
- An jedem Widerstand liegt die Versorgungsspannung an.
- Durch den kleinsten Widerstand fließt der größte Strom, durch den größten Widerstand fließt der kleinste Strom.
- Der Gesamtwiderstand ist kleiner als der kleinste Einzelwiderstand.
- Der Kehrwert des Gesamtwiderstands (Leitwert) wird aus der Summe der Kehrwerte der Einzelwiderstände (Leitwerte) berechnet.

Gleichung 7.2: Ersatzwiderstand der Parallelschaltung

$$\frac{1}{R_E} = \frac{1}{R_1} + \frac{1}{R_2} + \frac{1}{R_3}$$

Diese Gleichung kann für spezielle Fälle vereinfacht werden. So gilt für die Parallelschaltung von gleichen Widerständen:

Gleichung 7.3: Parallelschaltung gleicher Widerstände

$$R_E = \frac{R}{n}$$

R Widerstandswert der gleichen Widerstände

n Anzahl der gleichen Widerstände mit dem Wert R

Eine weitere Vereinfachung kann erfolgen, wenn nur zwei Widerstände parallel geschaltet werden:

Gleichung 7.4: Parallelschaltung von zwei unterschiedlichen Widerständen

$$R_E = \frac{R_1 \cdot R_2}{R_1 + R_2}$$

R_E der daraus folgende Ersatzwiderstand

R_1 und R_2 die beiden parallel geschalteten Widerstände

Ein Beispiel soll die Zusammenhänge der Parallelschaltung verdeutlichen. *Es werden drei Widerstände jeweils mit einem Widerstandswert von $R_1 = 3\ \Omega$, $R_2 = 5\ \Omega$ und $R_3 = 7\ \Omega$ an eine Versorgungsspannung von $U = 10\ V$ angeschlossen (Bild 7.3). Es sollen die Einzelwerte berechnet werden.*

$$\frac{1}{R_E} = \frac{1}{R_1} + \frac{1}{R_2} + \frac{1}{R_3} = \frac{1}{3\,\Omega} + \frac{1}{5\,\Omega} + \frac{1}{7\,\Omega}$$

$$= 0{,}33\frac{1}{\Omega} + 0{,}20\frac{1}{\Omega} + 0{,}4\frac{1}{\Omega} = 0{,}67\frac{1}{\Omega}$$

$$R_E = \frac{1}{0{,}67}\,\Omega = 1{,}5\ \Omega$$

$$I = \frac{U}{R_E} = \frac{10\ \mathrm{V}}{1{,}5\ \Omega} = 6{,}66\ \mathrm{A}$$

$$I_1 = \frac{U}{R_1} = \frac{10\ \mathrm{V}}{3\ \Omega} = 3{,}33\ \mathrm{A}$$

$$I_2 = \frac{U}{R_2} = \frac{10\ \mathrm{V}}{5\ \Omega} = 2\ \mathrm{A}$$

$$I_3 = \frac{U}{R_3} = \frac{10\ \mathrm{V}}{7\ \Omega} = 1{,}43\ \mathrm{A}$$

Der Gesamtstrom ist die Summe der Einzelströme.

$$I = I_1 + I_2 + I_3 = 3{,}33\,\mathrm{A} + 2\,\mathrm{A} + 1{,}43\,\mathrm{A} = 6{,}76\,\mathrm{A}$$

Bei der Berechnung wurden die Werte auf zwei Dezimalstellen gerundet. Dabei entstehen Fehler, die sich in der Praxis nicht auswirken. Der Messfehler ist in der Praxis selten kleiner als 1,5 %, oftmals sogar wesentlich größer.

7.1.3 Widerstandsnetzwerke

Widerstandsnetzwerke bilden zusammen mehrere Reihen- und Parallelschaltungen (**Bild 7.4**). Sie werden von hinten oder innen aufgelöst, indem die Grundschaltungen, Reihenschaltungen und Parallelschaltungen einzeln aufgelöst und jeweils in einen Ersatzwiderstand überführt werden.

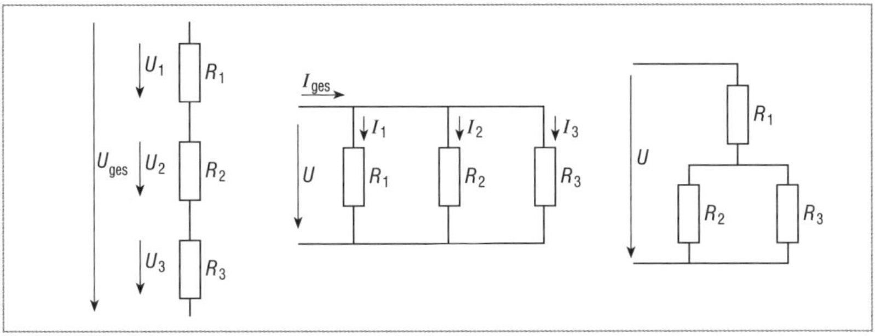

Bild 7.4 Widerstandsnetzwerk

7.2 Zusammenschalten von Spannungsquellen

7.2.1 Reihenschaltung von Spannungsquellen

Die Reihenschaltung ist aus der Funktion der Taschenlampe bekannt. Darin werden Spannungsquellen (Monozellen) in Reihe geschaltet. **Bild 7.5** zeigt diese Anordnung.

In gleicher Weise lassen sich PV-Module zusammen schalten. Eine Reihenschaltung von PV-Modulen wird als Strang (engl. string) bezeichnet. Dabei werden so viele Module in Reihe geschaltet, bis der Eingangsspannungsbereich der Wechselrichter erreicht wird. **Bild 7.6** zeigt diese Anordnung.

Der Strom durch alle Module ist gleich, die Spannung addiert sich wie bei der Reihenschaltung von Widerständen.

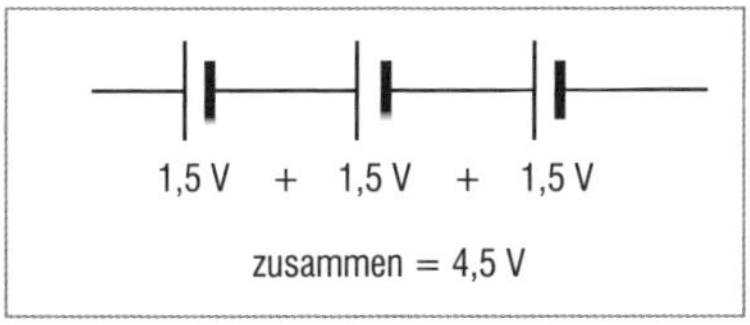

Bild 7.5 Zusammenschaltung von Gleichspannungsquellen

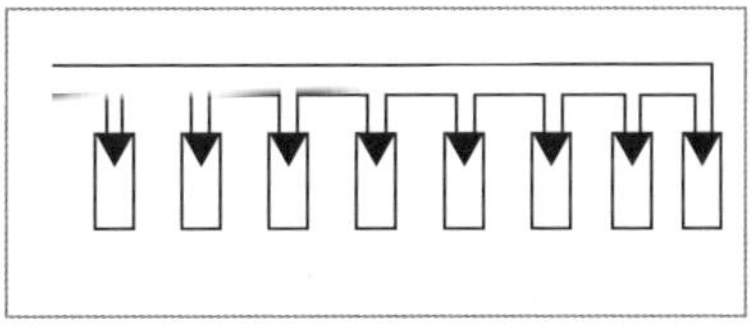

Bild 7.6 Reihenchaltung von PV-Modulen

7.2.2 Parallelschaltung von Spannungsquellen

Spannungsquellen können auch parallel geschaltet werden. In diesem Fall ist die Spannung der zusammengeschalteten Spannungsquellen gleich der Gesamtspannung, der Strom wird größer. Eine in der PV-Technik selten angewendete Schaltung findet für batteriebetriebene Betriebsmittel oft Anwendung, wenn die bereitgestellten Ströme größer werden sollen. Das setzt an allen Spannungsquellen die gleiche Höhe der Spannung voraus. Während bei der Reihenschaltung die Spannung größer wird als bei einer einzelnen Spannungsquelle, bleibt die Spannung bei der Parallelschaltung gleich. Der Strom, der entnommen werden kann, erhöht sich jedoch. **Bild 7.7)** zeigt solch eine Anordnung. Diese Schaltungsart wird bevorzugt verwendet, wenn kleine Anlagen zur Batterieversorgung in Fahrzeugen errichtet werden sollen.

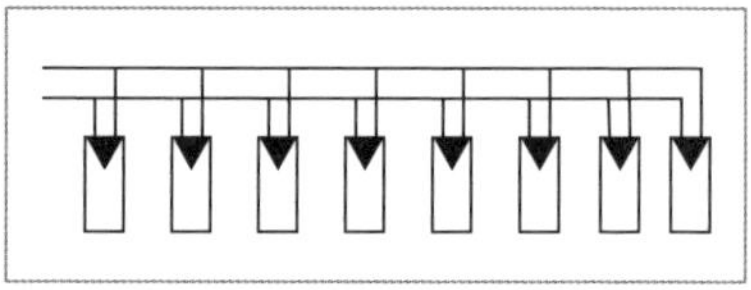

Bild 7.7 Parallelschaltung von PV-Modulen

7.3 Wechselspannung

7.3.1 Erzeugung von Wechselspannungen

Die Erzeugung von Wechselspannungen kann am einfachsten beschrieben werden, wenn der Versuch zur Erzeugung einer Induktionsspannung nachvollzogen wird. Ein Dauermagnet und eine Spule sowie ein angeschlossenes Voltmeter zeigen anschaulich, wie eine Wechselspannung entsteht (**Bild 7.8**).

Wenn der Magnet vor der Spule gedreht wird, ist ebenfalls zu beobachten, dass sich die Stromrichtung abhängig von der Stellung der Magnetpole und der Bewegungsgeschwindigkeit ändert.

Eine Induktionsspannung tritt auf, wenn eine geschlossene Leiterschleife von sich ändernden magnetischen Feldlinien geschnitten wird.

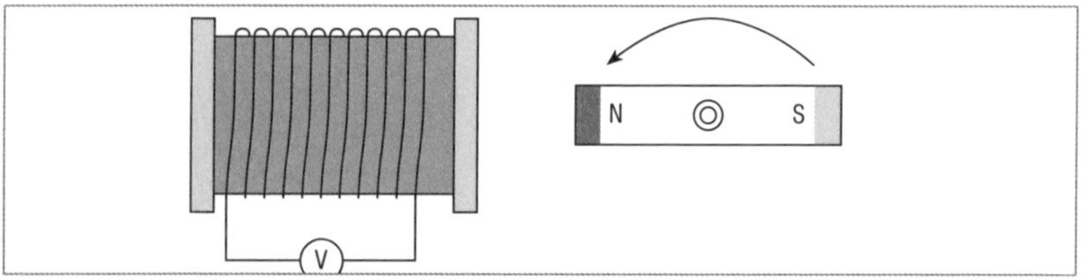

Bild 7.8 Spule mit Magnet: Motorprinzip

7.3.2 Wichtige Kenngrößen einer Wechselspannung

Periodendauer

Eine Wechselspannung wird durch verschiedene Kenngrößen festgelegt. Diese sind in **Bild 7.9** dargestellt. Da ist zunächst einmal die Periodendauer. Sie gibt an, wie lange es dauert, bis sich die Form der Wechselspannung wiederholt. Bei der sinusförmigen Wechselspannung ist es also die Zeit vom ersten Nulldurchgang ins Positive über den Nulldurchgang ins Negative bis zum nächsten Nulldurchgang, der wieder in den positiven Spannungsbereich führt.

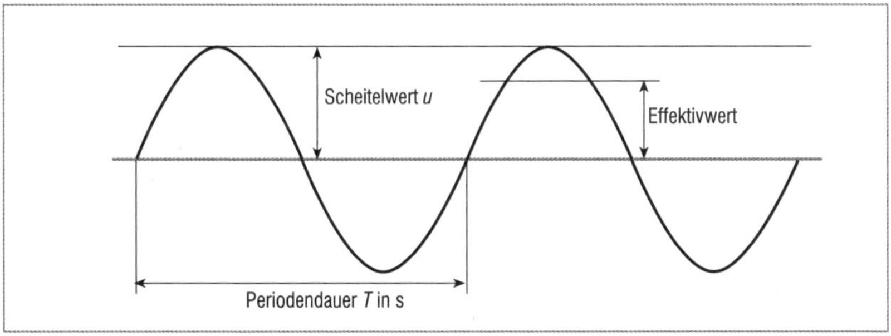

Bild 7.9 Kennwerte einer sinusförmigen Wechselspannung

Frequenz

Aus der Periodendauer resultiert die Frequenz. Sie beschreibt die Anzahl der Perioden in einer Sekunde. Die Frequenz wird gemessen in Hertz, Kurzzeichen Hz, oder auch 1/s.

Scheitelwert

Der Scheitelwert ist der höchste vorkommende Wert in einer Wechselspannung. Er wird für alle elektrischen Kenngrößen wie Spannung, Strom und Leistung angegeben. Damit sind seine Einheit und sein Formelzeichen ebenfalls festgelegt. Im Gegensatz zu den Gleichstromwerten werden die wechselnden Größen einer Wechselspannung allerdings mit kleinen Buchstaben gekennzeichnet.

Das Formelzeichen für den Scheitelwert der Spannung ist $\hat{u}$ (ausgesprochen u Dach).

Das Formelzeichen für den Scheitelwert des Stromes ist $\hat{\imath}$ (ausgesprochen i Dach).

Effektivwert

Der Effektivwert ist der quadratische Mittelwert einer elektrischen Größe (Strom, Spannung oder Leistung). Man sagt gelegentlich umgangssprachlich auch Gleichstrommittelwert dazu.

Der Effektivwert der veränderlichen Größe (Strom, Spannung oder Leistung) ist so groß wie derjenige Wert der elektrischen Größe, der an einem ohmschen Verbraucher in einer repräsentativen Zeitspanne dieselbe elektrische Energie umsetzt wie die zeitlich veränderliche Größe. Das resultiert aus der Tatsache, dass über die Zeit gesehen bei einer Wechselspannung mal eine große Leistung, nämlich zum Zeitpunkt der Scheitelwerte, und mal eine kleine Leistung, und zwar zum Zeitpunkt der Nulldurchgänge, umgesetzt wird. Im Mittel folgt bei einer sinusförmigen Wechselspannung von 230 V, wie sie in unseren Netzen vorhanden ist, ein Faktor von $\sqrt{2} = 1{,}414$.

Der Scheitelwert einer sinusförmigen Wechselspannung kann aus nachfolgender Gleichung berechnet werden:

Gleichung 7.9: Scheitelwert einer Sinusspannung

$$\hat{u} = \sqrt{2} \cdot U$$

$\hat{u}$ Scheitelwert der Spannung
U Effektivwert der Spannung

Für unsere Wechselspannung im Netz bedeutet dies:

$$\hat{u} = \sqrt{2} \cdot U = 1{,}414 \cdot 230\ \text{V} = 325\ \text{V}$$

Damit beträgt die Scheitelspannung in unseren 230-V-Netzen 325 V.

7.4 Drehstrom

Wenn wir von Drehstromerzeugung sprechen, so ist das fachtechnisch nicht ganz richtig. Die korrekte Bezeichnung lautet dreiphasig verkettete Wechselspannung. Die Umgangssprache hat sich jedoch auch fachlich festgesetzt.

7.4.1 Erzeugung von Drehstrom

Die Erzeugung einer dreiphasigen Wechselspannung geschieht in gleicher Weise wie bei der einphasigen Wechselspannung: durch Drehbewegung eines Magnetfelds und Induktion in einer Spule. Im Gegensatz zur Wechselspannung sind hier allerdings drei Spulen beteiligt (**Bild 7.10**).

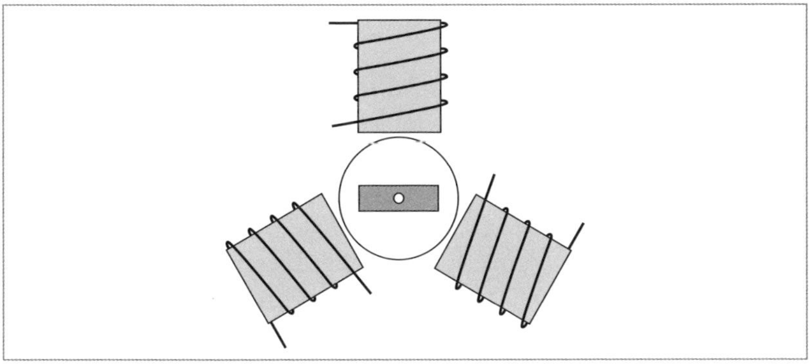

Bild 7.10 Drei Spulen eines Drehstromgenerators

Diese Spulen sind bei der Drehstromerzeugung im Winkel von 120° gleichmäßig über den Umfang verteilt. Daraus entstehen auch drei Wechselspannungen, die zu verschiedenen Zeiten ihren Scheitelwert und ihre Nulldurchgänge erreichen. Die zeitliche Verschiebung entspricht den genannten 120° (**Bild 7.11**).

Auffällig ist dabei, dass während eines Zeitpunkts die Summe der positiven Spannungen gleich der Größe der negativen Spannungen ist (Bild 7.11 Lupe). Für die Ströme bedeutet das, dass zum Beispiel ein auf dem Außenleiter L1 zum Motor fließender Strom über die übrigen Leiter zurück fließt.

In Bild 7.11 ist die Summe der Spannungen im Drehstromsystem zu jeder Zeit Null. Die negativen Spannungen sind genauso groß wie die positiven Spannungen.

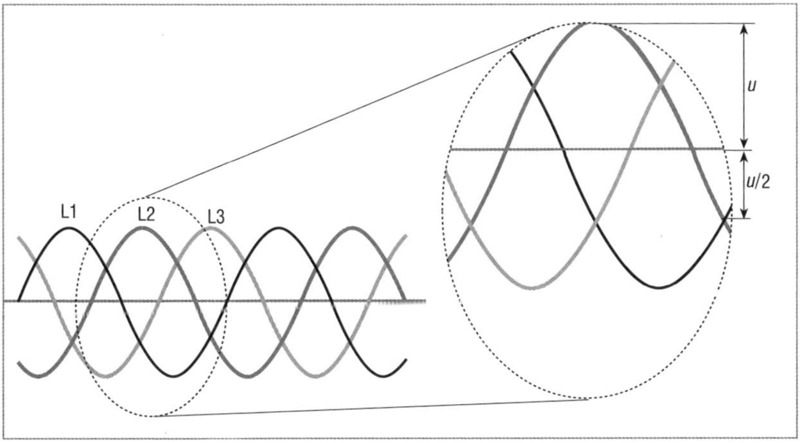

Bild 7.11 Sinuskurven um 120° verschoben

7.4.2 Kennzeichnungen im Drehstromsystem

Ein Drehstromsystem in unserem Netz wird üblicherweise nicht direkt aus einem Generator, sondern aus Transformatoren gespeist. Deshalb finden wir in den üblichen Darstellungen auch nur die vereinfachte Kennzeichnung der Spannungsquelle mit drei Spulen. Diese werden an den Enden üblicherweise miteinander verbunden. So entsteht der Sternpunkt des Systems. In diesem Sternpunkt beginnt dann auch der Neutralleiter. Dieser Neutralleiter gestattet uns den Abgriff der Spannung an einer Spule. Sie wird mit Strangspannung bezeichnet, während die Spannung zwischen den Leitern mit Leiterspannung bezeichnet wird. Beide Spannungen haben unterschiedliche Werte. In unserem Drehstromsystem ist das der Wert von 230 V für die Strangspannung und 400 V für die Leiterspannung (**Bild 7.12**). Entsprechend den Bezeichnungen für die Spannung werden diese auch für die Ströme verwendet.

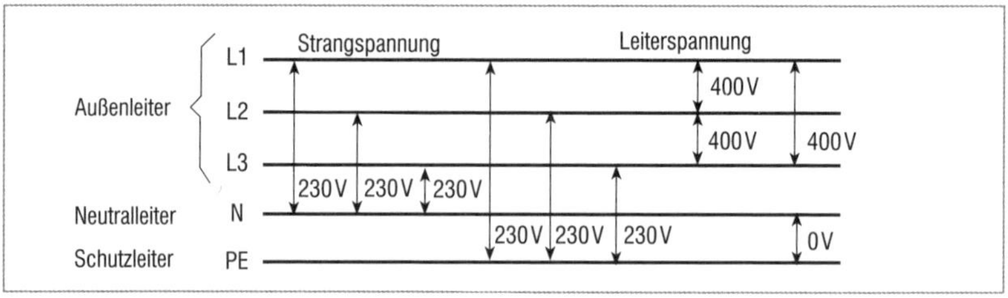

Bild 7.12 Spannungen und Kennzeichnungen im Drehstromsystem

7.4.3 Drehfeld

Wird ein Drehstromsystem angeschlossen, so können drei Außenleiter in verschiedener Reihenfolge angeschlossen werden. Dabei ist an den Anschlussstellen immer ein rechtes Drehfeld anzuschließen. Das bedeutet, dass die Außenleiter in der Reihenfolge L1–L2–L3 angeschlossen werden müssen. Die Lage der Außenleiter auf den Anschlussklemmen muss dabei aber nicht zwangsläufig in der gesamten Anlage gleich sein. Es kommt nur auf die Reihenfolge der Leiter an.

Wird ein Motor mit den Klemmen in dieser Phasenlage L1–L2–L3 angeschlossen, dreht er rechts, sonst dreht er links. Die Berücksichtigung des Drehfeldes ist wichtig, wenn ein Netz an einen Zähler angeschlossen werden soll.

Eine Kontrolle des Drehfeldes erfolgt mit einem Drehfeldprüfgerät. Manche zweipoligen Spannungsprüfer besitzen ebenfalls eine Prüfmöglichkeit des Drehfeldes.

Sinnvoll ist es, eine Installation vom Hausanschluss beginnend so auszuführen, dass die Phasenlage durchgängig gleich ist.

7.4.4 Verkettungsfaktor

Häufig fällt der Begriff des Verkettungsfaktors. Immer dann, wenn die Enden der Spulen, in denen eine Spannung von 230 V erzeugt wird, miteinander verbunden werden, entsteht eine Leiterspannung zwischen den Außenleitern. Diese ist um den Faktor Quadratwurzel 3 = 1,73 größer als die Strangspannung. Gleiches gilt auch für den Strom. Mit diesem Faktor lässt sich die Verknüpfung zwischen den Leitergrößen und den Stranggrößen herstellen. Eine einfache Berechnung bestätigt dies:

Gleichung 7.10: Verkettungsfaktor

$$U_L = U_{Str} \cdot 1{,}73 \text{ (Verkettungsfaktor)}$$

U_L Leiterspannung

U_{Str} Strangspannung

Eine Berechnung der Leiterspannung bei einer Strangspannung ergibt:

$$U_L = U_{Str} \cdot 1{,}73 = 230\ \text{V} \cdot 1{,}73 = 397{,}9\ \text{V} \approx 400\ \text{V}$$

Zwischen den Leitern wird eine Spannung von 400 V gemessen, wenn zwischen Außenleiter und Neutralleiter eine Spannung von 230 V anliegt.

7.4.5 Schaltungen im Drehstromsystem

Im Drehstromsystem sind zwei Schaltungsarten möglich:

- Sternschaltung und
- Dreieckschaltung.

Beide Schaltungen bestehen aus jeweils drei Widerständen. Diese Schaltungsarten können z. B. bei der Schaltung von Heizwiderständen oder Transformatoren Verwendung finden.

7.4.5.1 Sternschaltung

Bild 7.13 zeigt die Anschlüsse der Außenleiter L1 bis L3 und die gemeinsame Verknüpfung der Enden der drei Widerstände mit dem Anschluss des Neutralleiters. Jeder der drei Widerstände liegt an der Strangspannung von 230 V.

Der Strom ist in allen Außenleitern gleich. Da diese drei Widerstände alle an der gleichen Spannung liegen und der Strom durch alle gleichermaßen hindurchfließt, ist auch die Leistung der drei Widerstände gleich groß.

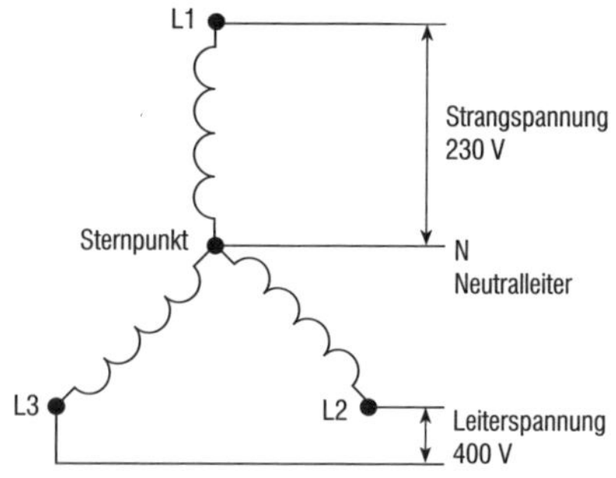

Bild 7.13 Sternschaltung von drei Widerständen

7.4.5.2 Dreieckschaltung

Die drei Widerstände des Beispiels in **Bild 7.14** liegen jeweils zwischen den Außenleitern, also an 400 V.

Da diese drei Widerstände alle an der gleichen Spannung liegen und der Strom durch alle gleichermaßen hindurchfließt, ist auch die Leistung der drei Widerstände gleich groß.

Der Strom in den Außenleitern ist in dieser Schaltung jedoch um den Verkettungsfaktor 1,73 größer.

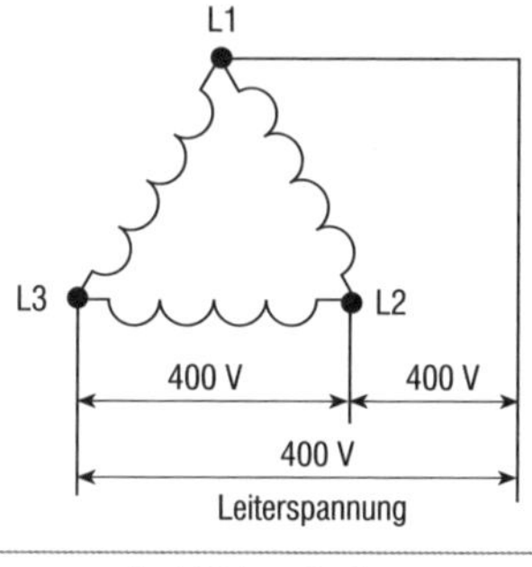

Bild 7.14 Dreieckschaltung von drei Widerständen

7.5 Elektrische Leistung und Wirkungsgrad

7.5.1 Leistung im Gleichstromkreis

Die Leistung ist das Produkt aus Strom und Spannung. Leistung wird zum Beispiel in einem Widerstand in Wärme umgesetzt. Das Ergebnis ist eine leuchtende Glühlampe.

Das Formelzeichen lautet *P*.

Die Leistung wird in Watt gemessen, Kurzzeichen W.

Für die Berechnung der Leistung existieren unterschiedliche Gleichungen, abhängig davon, ob es sich dabei um Leistungen im Gleichstromkreis, im Wechselstromkreis oder im Drehstromkreis handelt. Die Gleichung für die Berechnung der Leistung im Gleichstromkreis lautet:

Gleichung 7.11: Leistung im Gleichstromkreis

$$P = U \cdot I$$

Diese Formel kann auch dann verwendet werden, wenn sich im Wechselstromkreis keine induktiven oder kapazitiven Verbraucher befinden. In diesem Fall handelt es sich um einen Stromkreis mit rein ohmschen Verbrauchern, bei denen die gesamte Leistung in Wärme umgesetzt wird (z.B. der Heizstab eines Warmwasserspeichers).

Beispiel:

Die Spannung einer Autobatterie an der Lampe beträgt 12 V. Dabei fließt ein Gleichstrom durch die Lampe, der 3 A beträgt. Wie groß ist die Leistung der Lampe?

Aus Gleichung 7.11, Leistung im Gleichstromkreis, folgt:

$$P = U \cdot I = 12\,\text{V} \cdot 3\,\text{A} = 36\,\text{A}$$

Die Leistung der Lampe beträgt also 36 W.

7.5.2 Leistung im Wechselstromkreis

Bei der Leistung im Wechselstromkreis ist die Sache schon etwas problematischer. Hier haben wir es mit verschiedenen Situationen zu tun, von denen wir uns aber die leichteren aussuchen. Nehmen wir zunächst einmal an, es handelt sich wieder um eine Glühlampe (als ohmscher Verbraucher wirkendes Betriebsmittel), die wir betrachten wollen. Die übliche Netzspannung für Glühlampen beträgt 230 V. Im Vergleich zu den Berechnungen bei der Gleichspannung bleibt alles beim Alten.

$$P = U \cdot I$$

P Leistung des Gerätes
U Spannung am Gerät
I Stromaufnahme des Gerätes

Die Gleichung kann umgestellt werden und so kann für eine 60-W-Glühlampe auch der Strom ausgerechnet werden, der zum Betrieb bei 230 V benötigt wird.

$$I = \frac{P}{U} = \frac{60\ \text{W}}{230\ \text{V}} = 0{,}26\ \text{A}$$

Damit benötigt die Lampe zum Betrieb einen Strom von 0,26 A. Problematischer wird die Berechnung, wenn nicht ein ohmsches Betriebsmittel, sondern ein induktives Betriebsmittel versorgt werden soll. Induktive Betriebsmittel sind zum Beispiel Motoren und Transformatoren, wie auch die Vorschaltgeräte von Leuchtstofflampen. Hier ist in die Berechnung der Leistungsfaktor mit einzubeziehen. Auf den Leistungsschildern von Motoren finden wir diesen Leistungsfaktor mit dem Wert cos φ. Dieser Wert entsteht durch den Umstand, dass bei einem Motor die Spannung und der Strom nicht „in Phase" sind, wie der Elektrotechniker sagt.

Die Gleichung für die Berechnung der Leistung ändert sich also in:

Gleichung 7.12: Leistung im Wechselstromkreis

$$P = U \cdot I \cdot \cos\varphi$$

$\cos\varphi$ Leistungsfaktor

Der Wert cos φ, gesprochen „Cosinus phi", ist der Wert der Cosinus-Winkelfunktion mit dem Phasenverschiebungswinkel φ (phi).

Betrachten wir die Anwendung dieser Gleichung, dann lässt sich mit ihrer Hilfe der Strom berechnen, der von einem Motor aufgenommen wird, wenn er die auf dem Typenschild aufgedruckte mechanische Leistung abgibt.

Beispiel:
Die Stromaufnahme des Motors beträgt 2,5 A und der Leistungsfaktor cos φ beträgt 0,75. Er wird an einer Spannung von 230 V betrieben.
Aus Gleichung 3.12, Leistung im Wechselstromkreis, folgt:

$$P = U \cdot I \cdot \cos\varphi = 230\ \text{V} \cdot 2{,}5\ \text{A} \cdot 0{,}75 = 431{,}25\ \text{W}$$

7.5.3 Leistung im Drehstromkreis

Die Leistungsgleichung im Drehstromkreis ist eine weitere Steigerung. Wir haben es nicht nur mit einer, sondern gleich mit drei Spannungen zu tun. Da sie jedoch nicht alle zeitgleich verlaufen, sondern um 120° verschoben sind, stellt sich die Leistungsgleichung wie folgt dar:

Gleichung 7.13: Leistung im Drehstromkreis

$$P = \sqrt{3} \cdot U \cdot I \cdot \cos\varphi$$

Der Faktor $\sqrt{3}$ resultiert aus der Verkettung der drei Wechselspannungen.

P	Leistung des Verbrauchers, Spannung am Verbraucher, Stromaufnahme des Gerätes
U	Betriebsspannung
I	Betriebssstrom
$\cos\varphi$	Leistungsfaktor

Ein Beispiel soll die Berechnung verdeutlichen.

Ein Drehstrommotor für einen Lüfter wird mit einem Bemessungsstrom von 8,5 A bei einer Spannung von 400 V angegeben. Der Leistungsfaktor cos φ beträgt 0,85. Welche elektrische Leistung gibt der Motor ab?

Aus Gleichung 7.13 (Leistung im Drehstromkreis) folgt:

$$P = \sqrt{3} \cdot U \cdot I \cdot \cos\varphi = 1{,}73 \cdot 400\ \text{V} \cdot 8{,}5\ \text{A} \cdot 0{,}85 = 5.000\ \text{W} = 5\ \text{kW}$$

Das ist, wie wir ganz schnell feststellen werden, aber nicht die Leistung, die auf dem Leistungsschild unseres Motors steht. Hier haben wir die Rechnung ohne den Wirt, nämlich den Wirkungsgrad, gemacht.

7.5.4 Wirkungsgrad

Grundsätzlich wird der elektrische Strom zu 100 % in z.B. Wärme umgesetzt. Wird elektrischer Strom in andere Energieformen umgewandelt, wie z.B. in Licht oder mechanische Energie, geschieht das nicht zu 100 %. Ein Teil der Leistung führt z.B. zur Erwärmung, wie bei einem Motor oder einer Lampe leicht nachzuvollziehen ist (**Bild 7.15**).

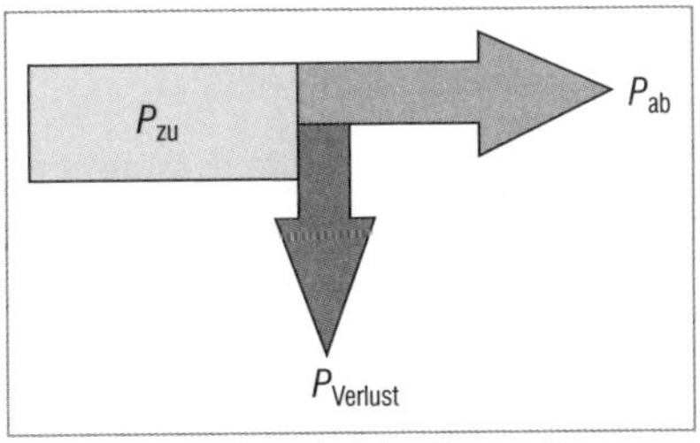

Bild 7.15 Verluste bei der Umwandlung

Während wir einem Motor elektrische Leistung zuführen, ist dieser nicht in der Lage, diese Leistung auch komplett in eine Drehbewegung umzusetzen. Die Lager, aber auch die Wicklungen mit den Ohmschen Widerständen, sind unter anderem der Grund für diese Verluste.

Diese Verluste werden durch die Anwendung des Wirkungsgrads berücksichtigt, dem das Formelzeichen η (eta, griechischer Buchstabe) zugeordnet ist. Der Wirkungsgrad besitzt als Faktor keine Einheit.

Die Leistungen lassen sich mit der folgenden Gleichung umrechnen:

Gleichung 7.14: Leistung mit Wirkungsgrad

$$P_{ab} = \eta \cdot P_{zu}$$

P_{ab} abgegebene Leistung
P_{zu} zugeführte Leistung
η Wirkungsgrad

Für die Berechnung der Bemessungsleistung des Motors mit einem Wirkungsgrad von 80 % bedeutet das:

$$P_{ab} = \eta \cdot P_{zu} = 0{,}8 \cdot 5.000\ \text{W} = 4.000\ \text{W}$$

Die zugeführte Leistung wird um den Wirkungsgrad der Maschine reduziert. Daraus ergibt sich die abgegebene Leistung.

Der Vergleich der zugeführten elektrischen Leistung und der abgegebenen mechanischen Leistung ist in Bild 7.15 zusammengefasst.

So wie an dem Motor gezeigt, ist die Umwandlung der Gleichspannung in eine Wechselspannung auch nicht verlustfrei möglich. Die Verluste in den Wechselrichtern betragen in der Regel 3 % bis 4 %. Das sind jedoch nicht die einzigen Verluste, die zu berücksichtigen sind. Auch der Transport der im Modul erzeugten elektrischen Energie vom Modul zum Wechselrichter und von dort zum Übergabepunkt am Stromzähler ist mit Verlusten verbunden. Auf die Berechnung dieser Verluste wird zu einem späteren Zeitpunkt noch eingegangen.

7.5.5 Elektrische Arbeit

Wird elektrische Energie in andere Energieformen umgewandelt, so bezeichnet man dies als elektrische Arbeit. In der Energiewirtschaft wird die übertragene und beim Verbraucher umgewandelte elektrische Energie auch als Stromverbrauch bezeichnet. Dies dient der besseren Verständlichkeit für den Kunden (elektrotechnischer Laie).

Die Arbeit ist das Produkt aus Leistung und Zeit oder in einer Formel ausgedrückt:

Gleichung 7.15: Elektrische Arbeit

$$W = P \cdot t$$

W erbrachte Arbeit in kWh

P Leistung des Gerätes in kW

t Betriebszeit in h

Damit kann natürlich auf umgekehrtem Weg mit $P = W/t$ die Leistung ermittelt werden als elektrische Arbeit in einer bestimmten Zeit.

Wird nun auch noch der Arbeitspreis der elektrischen Energie hinzugefügt, dann lassen sich sogar die Kosten, beispielsweise für die Erwärmung des Brauchwassers in einem Untertischgerät, ermitteln.

Gleichung 7.16: Kosten

$$K = P \cdot t \cdot Arbeitspreis$$

Bei der Berechnung der Kosten sind zu dem allgemein veröffentlichten Arbeitspreis, der sich auf die Kilowattstunde bezieht, die Nebenkosten, wie Bereitstellungspreis und Grundgebühr zu berücksichtigen. Da werden aus dem Arbeitspreis von 0,35 EUR/kWh schnell Kosten von 0,40 EUR/kWh.

Für den Motor mit einer Leistung von 5 kW, der als Abluftmotor täglich zwölf Stunden in Betrieb ist, betragen die Kosten für den Betrieb, ausgenommen der Wartung, Instandhaltung und Abschreibung:

$$K = P \cdot t \cdot Arbeitspreis = 5\ \mathrm{kW} \cdot 260\,\frac{\mathrm{h}}{\mathrm{a}} \cdot 0{,}4\,\frac{\mathrm{EUR}}{\mathrm{h}} = 3.120{,}00\,\frac{\mathrm{EUR}}{\mathrm{a}}$$

P Leistung des Systems in kW

t Betriebszeit in h

h Stunden

a Jahr

7.6 Spannungsquellen

So wie Widerstände können auch Spannungsquellen zusammen geschaltet werden. Dazu wird eine Spannungsquelle zunächst mithilfe einer Ersatzschaltung untersucht.

7.6.1 Leerlaufspannung und Innenwiderstand

Die Erfahrung zeigt, dass bei Anschluss eines Verbrauchers die Spannung an der Spannungsquelle kleiner wird als ohne Verbraucher. Wir sprechen von einer Spannungsquelle im Leerlauf und von einer belasteten Spannungsquelle. Die **Bilder 7.16** und **7.17** zeigen die beiden Situationen.

Während im Leerlauf kein Strom durch den Innenwiderstand der Spannungsquelle fließt und somit an ihm auch keine Spannung abfällt, entspricht die Klemmspannung einer unbelasteten Spannungsquelle der Spannung der inneren idealen Spannungsquelle (Bild 7.16).

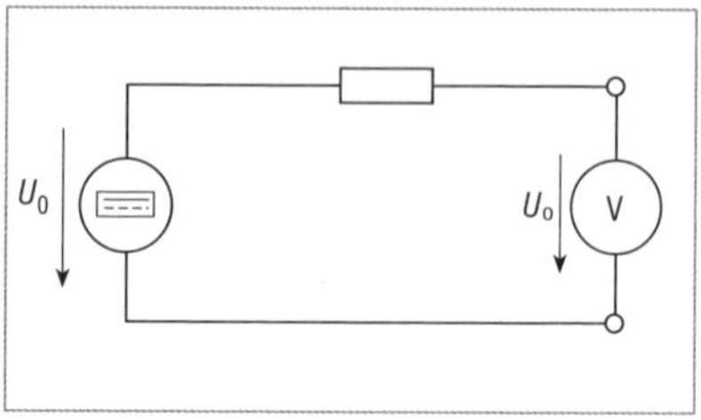

Bild 7.16 Spannungen im Leerlauf

Wird an diese Spannungsquelle jedoch eine Last angeschlossen, wird an dem Innenwiderstand der realen Spannungsquelle ein Spannungsfall entstehen. Die Klemmspannung sinkt um den Spannungsfall am Innenwiderstand (Bild 7.17).

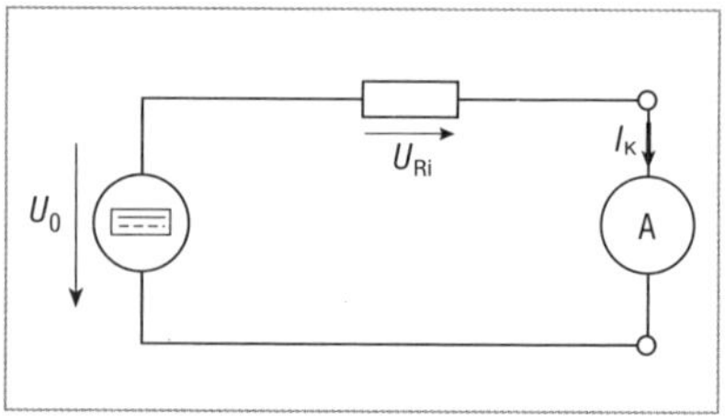

Bild 7.17 Spannungen und Ströme bei Kurzschluss

Die Berechnung des Innenwiderstands der Spannungsquelle erfolgt mit zwei Messungen.

Zuerst wird die Leerlaufspannung gemessen, danach der Kurzschlussstrom. Die Leerlaufspannung treibt den Kurzschlussstrom durch den Stromkreis. Am Innenwiderstand liegt die Leerlaufspannung. Die Klemmspannung ergibt sich bei der jeweiligen Last aus der Differenz zwischen Leerlaufspannung und dem Spannungsfall durch den Innenwiderstand.

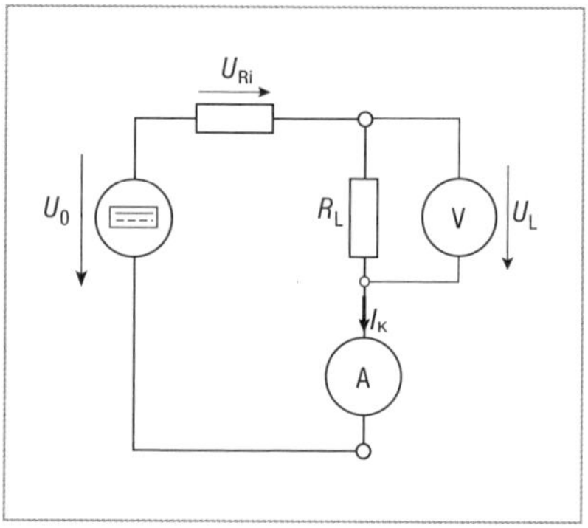

Bild 7.18 Reale Spannungsquelle mit Last

7.6.2 Leistungsanpassung

Wichtig ist bei dieser Betrachtung die im Lastwiderstand umgesetzte Leistung. Diese ist zwischen der kurzgeschlossenen Spannungsquelle bis zum Leerlauf unterschiedlich. Es zeigt sich eine Kurve in Abhängigkeit vom Verhältnis des Innenwiderstands zum Lastwiderstand.

Ein einfaches Rechenbeispiel soll die in **Bild 7.18** dargestellte Situation erklären.

Angenommen der Lastwiderstand und der Innenwiderstand sind gleich groß: Es wird in beiden Widerständen der gleiche Strom fließen. Die Spannung am Lastwiderstand ist 1/2 der Leerlaufspannung. Bei einer Leerlaufspannung von 12 V sind das 6 V. Bei 10 Ω Innenwiderstand und 10 Ω Lastwiderstand folgt ein Strom in Höhe von:

$$I = \frac{U}{R_{\text{innen}} + R_{\text{Last}}} = \frac{12\ \text{V}}{20\ \Omega} = 0{,}6\ \text{A}$$

Die Leistung am Lastwiderstand ergibt sich aus:

$$P = U \cdot I = 6\ \text{V} \cdot 0{,}6\ \text{A} = 3{,}6\ \text{W}$$

Der Lastwiderstand soll doppelt so groß werden wie der Innenwiderstand, also 20 Ω:

$$I = \frac{U}{R_{\text{innen}} + R_{\text{Last}}} = \frac{12\ \text{V}}{30\ \Omega} = 0{,}4\ \text{A}$$

Der Spannungsteiler ergibt für den Lastwiderstand jetzt

$$U_{\text{Last}} = I \cdot P_{\text{Last}} = 0{,}4\ \text{A} \cdot 20\ \Omega = 8\ \text{V}$$

$$P = U \cdot I = 8\ \text{V} \cdot 0{,}4\ \text{A} = 3{,}2\ \text{W}$$

Der Lastwiderstand soll ½ so groß sein wie der Innenwiderstand:

$$I = \frac{U}{R_{\text{innen}} + R_{\text{Last}}} = \frac{12\ \text{V}}{15\ \Omega} = 0{,}8\ \text{A}$$

$$U_{\text{Last}} = I \cdot P_{\text{Last}} = 0{,}8\ \text{A} \cdot 5\ \Omega = 4\ \text{W}$$

$$P = U \cdot I = 4\ \text{V} \cdot 0{,}8\ \text{A} = 3{,}2\ \text{W}$$

Die maximale Leistung kann aus einer Spannungsquelle entnommen werden, wenn diese mit einem Widerstand belastet wird, der dem Innenwiderstand der Spannungsquelle entspricht.

Bezug zur PV-Anlage:
Die erzeugte Spannung eines Moduls und der entnehmbare Strom hängt von der Einstrahlung ab. Damit muss der angeschlossene Wechselrichter auf die unterschiedlichen Bedingungen der Module reagieren, um die optimale Leistung zu entnehmen. Dies geschieht mit einem MPP-Tracker. Dabei steht MPP für den maximalen Last-Punkt (Maximum Power Point). Der Wechselrichter stellt diesen Punkt selbstständig für einen DC-Eingang ein.

7.7 Übungsaufgaben

(Die Lösungen zu den Aufgaben finden Sie im Anhang.)

Aufgabe 7.1

Wie verhalten sich bei einer Parallelschaltung die Ströme zu den Widerständen?

Aufgabe 7.2

Wie verhalten sich bei einer Reihenschaltung von Widerständen die Spannungen zu den Widerständen?

Aufgabe 7.3

Welche Aussage ist richtig? Bei der a) Reihenschaltung oder b) Parallelschaltung ist die Spannung an allen Widerständen gleich.

Aufgabe 7.4

Welche der folgenden Aussagen ist richtig?

Bei der a) Reihenschaltung oder b) Parallelschaltung von Widerständen ist der Strom in allen Widerständen gleich.

Aufgabe 7.5

Wie lautet die vereinfachte Gleichung zur Berechnung des Ersatzwiderstandes von drei parallel geschalteten gleichen Widerständen?

Aufgabe 7.6

Wie lautet die Gleichung zur Berechnung des Ersatzwiderstandes von drei Widerständen in Reihenschaltung?

Aufgabe 7.7

Wie lautet die Gleichung zur Berechnung des Ersatzwiderstandes von drei ungleich großen Widerständen in Parallelschaltung?

Aufgabe 7.8

Eine Reihenschaltung aus zwei gleichen Widerständen von 100 Ω wird an 12 V angelegt. Wie groß ist der Strom durch die Schaltung?

Aufgabe 7.9

Eine Widerstandsschaltung besteht aus den beiden Widerständen $R_1 = 15\ \Omega$ und $R_2 = 30\ \Omega$. Wie hoch ist der Gesamtwiderstand R_E und wie hoch sind die Spannungen an den Widerständen, wenn eine Versorgungsspannung von 90 V anliegt? Wie groß ist der Strom durch beide Widerstände?

Aufgabe 7.10

Bekannt sind aus einer Reihenschaltung von Widerständen folgende Daten: $R_1 = 10\ \Omega$, $R_2 = 30\ \Omega$, $U_3 = 66$ V, $I = 4$ A. Wie groß sind der Widerstand R_3, die Einzelspannungen U_1 und U_2 und die Gesamtspannung U?

Aufgabe 7.11

Am Anfang einer Leitung liegen $U_0 = 230$ V. Welche Spannung U_E stellt sich am Ende ein, wenn ein Strom von 6,5 A durch das Kabel fließt und der Widerstand der Hin- und Rückleitung zusammen 1,5 Ω beträgt?

Aufgabe 7.12

Eine Parallelschaltung besteht aus zwei Widerständen mit $R_1 = 470\ \Omega$ und $R_2 = 680\ \Omega$. Berechnen Sie den Ersatzwiderstand R_E, den Gesamtstrom I und die beiden Einzelströme I_1 und I_2, wenn eine Versorgungsspannung von $U = 12$ V an der Schaltung anliegt.

Aufgabe 7.13

Eine Reihenschaltung aus zwei gleichen Widerständen wird an 12 V angelegt. Wie verändert sich die Spannung an den Widerständen, wenn einem der beiden Widerstände ein Widerstand parallel hinzugeschaltet wird?

Aufgabe 7.14

Welchen Strom nimmt ein Heizlüfter auf, der bei 230 V eine Leistung von 2.000 W hat?

Aufgabe 7.15

Welche Spannung darf an einem Widerstand mit den Kennwerten 68 Ω/0,5 W höchstens anliegen?

Aufgabe 7.16

Berechnen Sie den Scheitelwert einer sinusförmigen Wechselspannung mit einen Effektivwert von 230 V.

Aufgabe 7.17

Eine elektrische Drehstrom-Maschine hat eine Bemessungsleistung von 4 kW bei einer Leiterspannung von 400 V; der Leistungsfaktor cos φ beträgt 0,85 und der Wirkungsgrad 75 %. Mit welcher Stromaufnahme müssen Sie im Normalbetrieb rechnen?

Aufgabe 7.18

Eine PV-Anlage erzeugt nominal über die Module im Sommer zur Mittagszeit eine Leistung von 20 kW. Die elektrische Leistung soll eingespeist werden. Welche Einspeiseleistung kommt zustande, wenn das gesamte System einen Wirkungsgrad von 94 % hat?

8 Schutz gegen elektrischen Schlag

Der Schutz gegen elektrischen Schlag ist nur ein Teil der Schutzmaßnahmen, die in elektrischen Anlagen und bei Betriebsmitteln anzuwenden sind (**Tabelle 8.1**). Schutzmaßnahmen ausschließlich darauf zu reduzieren, ist sehr gefährlich, weil damit alle anderen Gefährdungen übersehen werden.

Schutz der Betriebsmittel gegen Umgebungseinflüsse	Schutz der Umgebung gegen die Wirkungen elektrischer Energie	Schutz der Betriebsmittel gegen Zerstörung
Schutz gegen eindringendes Wasser	Schutz der Benutzer elektrischer Betriebsmittel gegen elektrischen Schlag	Schutz von Kabeln und Leitungen gegen Überlast
Schutz gegen eindringende Fremdkörper	Schutz gegen thermische Einflüsse	Schutz gegen Überspannungen
Schutz gegen zu hohe Temperaturen	Schutz beim Abschalten (Trennen) der elektrischen Energie	Schutz gegen Unterspannungen
	Schutz gegen elektromagnetische Störungen	Schutz gegen elektromagnetische Störungen
		Schutz gegen Blitzeinwirkungen

Tabelle 8.1 Schutzmaßnahmen in elektrischen Anlagen

8.1 Fehler in Anlagen und Betriebsmitteln

Die wichtigsten Fehlerarten in Anlagen und Betriebsmitteln sind in **Tabelle 8.2** dargestellt.

Fehler	Beschreibung	Erklärung
Überlast	Zu hoher Stromfluss, für den das Betriebsmittel (meist die Leitung) nicht ausgelegt ist und bei dem es Schaden nehmen kann.	Dauert die Überlast zu lange an, besteht die Möglichkeit der zu hohen Erwärmung und einer damit verbundenen Brandgefahr. Die vorgeschaltete Überstrom-Schutzeinrichtung (Sicherung, Leitungsschutzschalter, Motorschutzschalter) unterbricht die Spannungsversorgung.
Kurzschluss	Eine Verbindung zwischen zwei aktiven Teilen.	Es entsteht ein hoher Strom, der wie eine Überlast gewertet wird. Die vorgeschaltete Überstrom-Schutzeinrichtung (Sicherung, Leitungsschutzschalter) schaltet und unterbricht die Spannungsversorgung.
Erdschluss	Eine Verbindung eines aktiven Teils mit einem geerdeten Teil.	Es entsteht ein hoher Strom, der, abhängig von dem Widerstand der Erdverbindung, wie eine Überlast oder wie ein Kurzschluss auftritt. Die Sicherung oder die Fehlerstrom-Schutzeinrichtung unterbrechen die Spannungsversorgung.

Tabelle 8.2 Fehlerarten (Teil 1/2)

Fehler	Beschreibung	Erklärung
Körperschluss	Eine Verbindung eines aktiven Teils mit dem leitfähigen Gehäuse eines Betriebsmittels.	Da der Körper mit dem PE-Leiter verbunden ist, entsteht im TN-System ein hoher Strom, der die Größe des Kurzschlussstromes annimmt. Damit unterbricht die Sicherung die Spannungsversorgung. Im TT-System ist die Höhe des Stromes abhängig von dem Widerstand der Erdverbindung. Eine Überstrom-Schutzeinrichtung löst üblicherweise nicht aus. Eine Fehlerstrom-Schutzeinrichtung kann die Spannungsversorgung unterbrechen.
Leiterschluss	Eine Verbindung zwischen zwei aktiven Teilen, die kein Kurzschluss ist.	Die Verbindung führt zu keiner Überlast, da sich ein Lastwiderstand im Stromkreis befindet. Die Last schaltet jedoch unkontrolliert ein.

Tabelle 8.2 Fehlerarten (Teil 2/2)

8.1.1 Aktive Teile

In diesem Zusammenhang findet der Begriff aktive Teile häufig Anwendung. Als aktive Teile werden all die Teile bezeichnet, die gegenüber der Erde oder gegenüber anderen Teilen eine Spannung führen. Das sind die Außenleiter und der Neutralleiter und alle mit diesen Leitern in Verbindung stehende Leiter. Der Schutzleiter und alle damit verbundene Teile sowie ein PEN-Leiter, der die Funktion des Neutralleiters und des Schutzleiters vereint, sind keine aktiven Teile.

8.1.2 Fehlerarten

Gefährliche Situationen für den Menschen können durch die in Tabelle 8.2 genannten Fehler in der elektrischen Anlage entstehen. Dabei wirken manche Fehler direkt auf den Menschen, andere auf die Umgebung zum Beispiel durch entstehende Brände oder Fehlfunktionen.

Die möglichen Gefährdungen beim Berühren aktiver Teile sind in **Tabelle 8.3** aufgeführt.

8.2 Maßnahmen zum Schutz gegen elektrischen Schlag

Der Schutz gegen elektrischen Schlag ist in zwei grundsätzlich verschiedenen Situationen wichtig:

- bei der Benutzung von Betriebsmitteln,
- bei der Durchführung von Arbeiten an der elektrischen Anlage.

Gefährdung	Beschreibung	Erklärung
Berühren eines aktiven Teiles bei geerdetem Körper	Der menschliche Körper wirkt als Last mit einem Widerstand von 1.000 Ω. Eine Sicherung löst dabei nicht aus.	Diese Situation ist tödlich. Schutzmaßnahmen gegen direktes Berühren verhindern diese Situation. Vorbeugung ist ausschließlich durch Arbeiten im spannungsfreien Zustand möglich.
gleichzeitiges Berühren von zwei aktiven Teilen	In diesem Fall wirkt der Körper des Menschen als Last mit einem Widerstand von 1.000 Ω. Diese Last führt nicht zur Abschaltung der vorgeschalteten Sicherung.	Diese Situation ist tödlich. Schutzmaßnahmen gegen direktes Berühren verhindern diese Situation. Vorbeugung ist ausschließlich durch Arbeiten im spannungsfreien Zustand möglich.
Berühren eines Betriebsmittelkörpers bei einem Körperschluss	Wenn der Körper des Betriebsmittels fachgerecht mit dem Schutzleiter verbunden ist, entsteht ein Kurzschluss oder ein Erdschluss. In beiden Fällen wirken die Schutzmaßnahmen gegen elektrischen Schlag. Bei Ausfall des Schutzleiters besteht nur dann ein Schutz, wenn eine Fehlerstrom-Schutzeinrichtung mit einem Auslösestrom kleiner als 30 mA eingesetzt ist. Der Körper wirkt als Last mit einem Widerstand von 1.000 Ω. Die Fehlerstrom-Schutzeinrichtung unterbricht bei dieser Last den Stromkreis innerhalb von wenigen Millisekunden.	Diese Situation ist kontrollierbar. Wenn die notwendigen Schutzmaßnahmen gegen elektrischen Schlag funktionieren, entsteht kein Personenschaden.

Tabelle 8.3 Gefährdungen beim Berühren aktiver Teile

Für beide Situationen sind unterschiedliche Maßnahmen erforderlich. Bei Arbeiten an elektrischen Anlagen sind die Maßnahmen des Arbeitsschutzes umzusetzen, bei der Benutzung von Betriebsmitteln die Schutzmaßnahmen gegen elektrischen Schlag.

Der Schutz gegen elektrischen Schlag in elektrischen Anlagen und bei Betriebsmitteln ist mindestens zweistufig (**Tabelle 8.4**). Grundsätzlich kann in Anlagen und bei Betriebsmitteln immer ein Zusatzschutz gewählt werden, der die Sicherheit erhöht. Dieser darf jedoch niemals als einziger Schutz angewendet werden.

Der Schutz gegen elektrischen Schlag im Fehlerfall ist allerdings nur begrenzt möglich. Der elektrische Schlag ist in seiner Wirkung zu begrenzen, wenn ein Körperschluss im Gerät auftritt. Ein Schutz gegen elektrischen Schlag, wie er bei Arbeiten an elektrischen Anlagen und Betriebsmitteln zwischen den Außenleitern oder zwischen den Außenleitern und dem

Stufe	Bezeichnung	Schutz in Anlagen	Schutz bei ortsveränderlichen Betriebsmitteln
1. Stufe	Basisschutz	Maßnahmen zum Schutz gegen direktes Berühren aktiver Teile	Schutzart für den Berührungs- und Fremdkörperschutz
2. Stufe	Fehlerschutz	Maßnahmen zum Schutz durch automatische Abschaltung der Stromversorgung	Schutzklasse für den Fehlerschutz
3. Stufe	Zusatzschutz	Maßnahmen zum Schutz bei direktem Berühren aktiver Teile, z. B. Fehlerstrom-Schutzeinrichtung mit Nennfehlerstrom ≤ 30 mA	

Tabelle 8.4 Stufen von Schutzmaßnahmen

Neutralleiter auftreten kann, ist nur durch Arbeiten im spannungsfreien Zustand sowie mithilfe ausreichender Isolierung durch Abdeckung möglich. Auch der Zusatzschutz hilft hier nicht. Aus diesem Grund ist trotz der Schutzmöglichkeiten im Fehlerfall ein Arbeiten unter Spannung oder ein Verzicht auf die Isolierung oder Abdeckung und Umhüllung nur bei besonderen Systemen möglich, in denen keine Spannung auftritt, die größer ist als die maximale Berührungsspannung.

8.3 Einteilung der Schutzmaßnahmen

Allgemein zugelassene Schutzmaßnahmen gegen elektrischen Schlag im Fehlerfall, also bei Verwendung von Geräten, werden in DIN VDE 0100-410 beschrieben:

- Schutz durch Abschaltung mit Basisschutz,
- doppelte oder verstärkte Isolierung,
- Schutztrennung,
- Schutz durch Kleinspannung SELV/PELV
  und ergänzend dazu
- Maßnahmen des zusätzlichen Schutzes.

Diese Maßnahmen werden im Folgenden beschrieben.

8.4 Schutz durch Abschaltung

Bei der Anwendung des Schutzes durch Abschaltung sind zwei Maßnahmen erforderlich. Zum einen sind die aktiven Leiter gegen direktes Berühren zu schützen, dies geschieht meist durch eine Isolierung, den Basisschutz, und zum anderen muss in einem Fehlerfall die Spannungsversorgung automatisch abgeschaltet werden.

8.4.1 Basisschutz

Basisschutz bedeutet, dass alle aktiven Teile im Normalzustand des Betriebsmittels oder des Anlagenteils nicht direkt berührt werden können.

Aktive Teile sind alle Außenleiter und der Neutralleiter sowie alle Teile, die mit den Außenleitern und dem Neutralleiter verbunden sind.

Anforderungen an die Art und Qualität des Berührungsschutzes werden in den jeweiligen Produktnormen gestellt, nach denen sich der Hersteller eines

Produktes richten muss, wenn er sein Produkt in den Verkehr bringt. Das CE-Zeichen zeigt dem Anwender in Verbindung mit der Konformitätserklärung, dass dieses Produkt den Richtlinien der Europäischen Union zugeordneten Regeln entsprechend hergestellt wurde. Alternativ zum Isolieren der aktiven Teile kann auch durch eine entsprechend gestaltete Abdeckung oder Umhüllung dafür gesorgt werden, dass ein direktes Berühren aktiver Teile ausgeschlossen ist. Auch eine Kombination mehrerer Verfahren ist möglich und in manchen Fällen sinnvoll.

8.4.2 Schutz durch Isolierung aktiver Teile

Die Isolierung aktiver Teile ist die hauptsächlich angewendete Methode (**Bild 8.1**). Dabei wird entsprechend der Produktnorm eine Anforderung an die Isolierung gestellt. Maßnahmen wie beispielsweise das Anstreichen eines Leiters mit Farbe oder das Umwickeln eines Leiters mit Isolierband sind keine Maßnahmen, die eine normgerechte Isolierung darstellen. Sie sind allenfalls Hilfsmittel zur Kennzeichnung von Leitern. Eine Isolierung eines Kabels oder einer Leitung, die beschädigt ist, darf ausschließlich mit dafür vorgesehenen Mitteln, wie zum Beispiel Schrumpfmuffen, instand gesetzt werden. Diese Produkte müssen für den Einsatzfall hergestellt und nach den Herstellervorschriften verwendet werden.

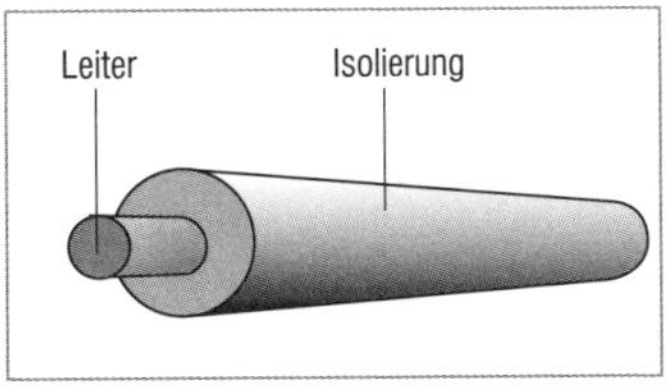

Bild 8.1 Leiter-Isolierung

8.4.3 Schutz durch Abdeckung oder Umhüllung

Abdeckungen oder Umhüllungen müssen das Berühren aktiver Teile verhindern (**Bild 8.2**).

Um die Berührung auch durch Eingreifen sicherzustellen, ist die Schutzart IPXXB oder IP2X für Umhüllungen gefordert. Ausgenommen sind die Fälle,

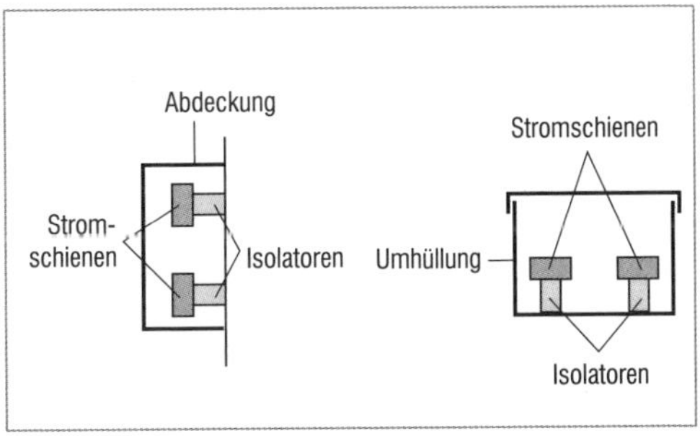

Bild 8.2 Abdeckung und Stromschienen-Umhüllung

bei denen während des Auswechselns größere Öffnungen entstehen, wie das z. B. bei Lampenfassungen oder Sicherungen der Fall ist. Der Hersteller der Geräte muss durch entsprechende Hinweise auf die notwendigen Schutzmaßnahmen hinweisen. Es muss, so weit wie es praktisch möglich ist, sichergestellt werden, dass aktive Teile durch notwendige Öffnungen nicht berührt werden können. Abdeckungen und Umhüllungen müssen fest gesichert sein und ausreichende Stabilität und Dauerhaftigkeit haben. Eine Verwendung von Werkzeug zum Lösen der Abdeckungen ist eine veraltete Forderung.

8.4.4 Berührungsschutz

Heute ist es üblich, dass auch hinter einer Abdeckung und Umhüllung aktive Teile berührungssicher angeordnet sind (**Bild 8.3**). Diese Maßnahme dient dem Schutz des Elektrotechnikers, der an diesen Betriebsmitteln arbeitet. Wichtig ist der Berührungsschutz in Verteilungen und Schaltanlagen, da hier oftmals in der Nähe unter Spannung stehender Teile gearbeitet werden muss. Dieser Berührungsschutz darf aber keineswegs dazu verleiten, leichtfertig unter Spannung zu arbeiten. Ältere Steckdosen besitzen keinen Berührungsschutz (**Bild 8.4**).

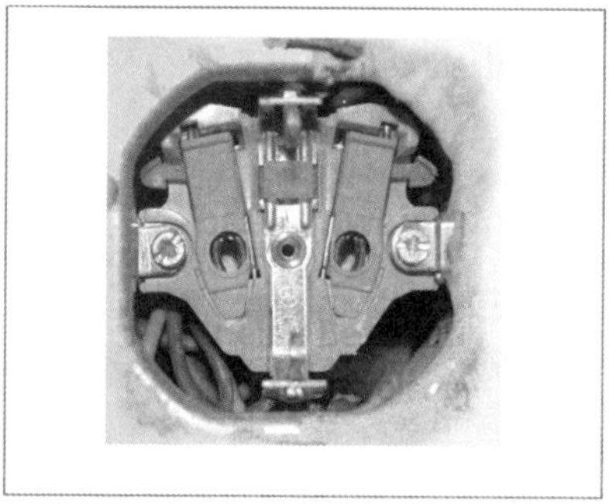

Bild 8.3 Schutzkontakt-Steckdose mit Berührungsschutz

Bild 8.4 „Alte“ Steckdose ohne Berührungsschutz. Hinter der Abdeckung einer Steckdose befinden sich aktive Teile.

8.4.5 Schutz durch Abschtung der Stromversorgung

Die Funktion der automatischen Abschaltung der Stromversorgung hängt von verschiedenen Faktoren ab. Zunächst sind dies die Netzsysteme, die zur

Versorgung verwendet werden. Daran anschließend sind die Funktionen der Schutzeinrichtungen, die die Abschaltung bewirken sollen, wichtig. Nur in dieser Verbindung kann der Schutz durch Abschaltung im Fehlerfall gewährleistet werden.

Ziel muss es dabei sein, eine bei einem auftretenden Fehler entstehende Berührungsspannung entweder in der Höhe zu begrenzen oder sie so schnell abzuschalten, dass keine körperlichen Schäden entstehen.

8.5 Netzsysteme in PV-Anlagen

Netzsysteme beschreiben die Behandlung aktiver Leiter der Versorgungsanlagen und der Verbraucheranlagen hinsichtlich der Erdung. Die Netzsysteme unterscheiden sich in den DC-Bereichen und AC-Bereichen der PV-Anlage.

8.5.1 DC-Netzsysteme

Die Kennzeichnung der Netzsysteme gemäß **Tabelle 8.5** erfolgt mittels Buchstaben.

1. Buchstabe	Erklärung
Verbindung des Gleichstromsystems der PV-Generatoren mit Erde	
E	Direkte Verbindung eines Punktes der stromführenden Leiter mit Erde.
F	Alle aktiven Teile sind gegen Erde isoliert oder ein Punkt der stromführenden Leiter ist hochohmig mit Erde verbunden
R	Alle aktiven Teile sind nicht direkt mit Erde verbunden; sie sind aber über einen Stromrichter auf Erde bezogen.
2. Buchstabe	**Erklärung**
Verbindung der Körper der Anlage mit Erde	
T	Direkte elektrische Verbindung der Körper mit Erde unabhängig von der Erdung eines beliebigen Punktes des Anwendungsstromkreises; E DIN IEC 62548 (VDE 0126-42):2010-07.
D	Drekte elektrische Verbindung der Körper mit dem geerdeten Punkt des Anwendungsstromkreises. Eine Art des Anwendungsstromkreises kann das elektrische Versorgungsnetz sein. In diesen Wechselstromnetzen ist der geerdete Punkt gewöhnlich der Neutralpunkt oder, falls kein Neutralpunkt zur Verfügung steht, ein Außenleiter. Es gelten hier die Bezeichnungen der DIN VDE 0100.
U	keine Verbindung der Körper mit Erde

Tabelle 8.5 Kennzeichnung der Netzsysteme (Teil 1/2)

zusätzlicher Buchstabe	Erklärung
soweit im System vorhanden und der Anwendungsstromkreis, mit dem die PV-Anlage verbunden ist, die folgenden Eigenschaften aufweist	
D	Gleichstromlasten
I	Wechselstromlast über einen Umrichter mit Potentialtrennung
X	Wechselstromlast über einen Umrichter ohne Potentialtrennung (ein Wechselrichter, der keine galvanische Trennung zwischen der Gleichstrom- und der Wechselstromverbindung bietet).
B	Der Anwendungsstromkreis enthält eine Batterie, die einen Fehlerstrom zurück in die PV-Anlage einspeisen kann.

Tabelle 8.5 Kennzeichnung der Netzsysteme (Teil 2/2)

8.5.2 AC-Netzsysteme

Elektrische Versorgungsanlagen werden, wie **Tabelle 8.6** zeigt, mit unterschiedlichen Netzsystemen errichtet. Die Wahl des Netzsystems hängt dabei von der Entscheidung des Verteilungsnetzbetreibers ab. In Deutschland finden drei Netzsysteme Anwendung:

- das TN-System,
- das TT-System und
- das IT-System.

1. Buchstabe	Erklärung
Beschreibung der Erdungssituation der Spannungsquelle	
T	Direkte Erdung eines Punktes über den Betriebserder, meist der Sternpunkt des Transformators.
I	Isolierung aktiver Teile von der Erde
2. Buchstabe	**Erklärung**
Erdungsverhältnisse an den Körpern der elektrischen Anlage	
T	direkte Erdung der Betriebsmittelkörper
N	direkte Verbindung der Körper von Betriebsmitteln mit dem geerdeten Sternpunkt des Versorgungsnetzes
3. Buchstabe	**Erklärung**
Beschreibung der Anordnung von PE- und Neutralleiter im TN-System	
C	Neutralleiter und Schutzleiter zum PEN-Leiter vereint
S	Schutzleiter und Neutralleiter getrennt

Tabelle 8.6 Kennzeichnung der AC-Netzsysteme

Die Unterschiede dieser Systeme beziehen sich auf die Erdung der Spannungsquelle, üblicherweise also des Transformators, der das Netz versorgt, und die Erdung der Betriebsmittelgehäuse in den Anlagen. Den Kennbuchstaben kommt dabei die in Tabelle 8.6 aufgeführte Bedeutung zu. Das Prinzip der Versorgung aus dem öffentlichen Netz zeigt **Bild 8.5.**

Die **Bilder 8.6** bis **8.10** zeigen den Aufbau der Versorgung wie sie in einem Haus vorgefunden werden kann.

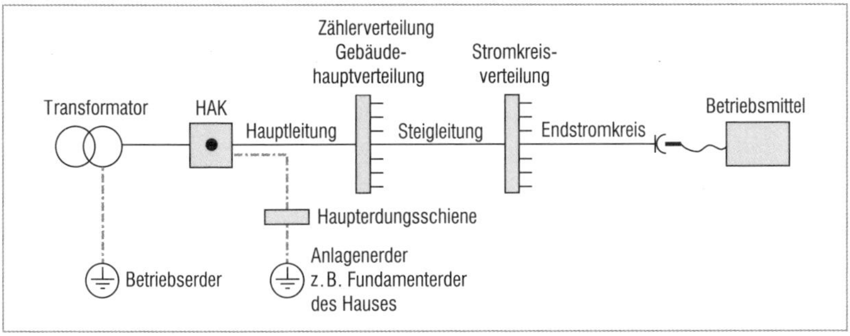

Bild 8.5 Prinzipieller Aufbau und wesentliche Elemente der Versorgung aus dem öffentlichen Netz bis zum Betriebsmittel im Endstromkreis

Bild 8.6 Transformatorstation

Bild 8.7 Hausanschlusskasten

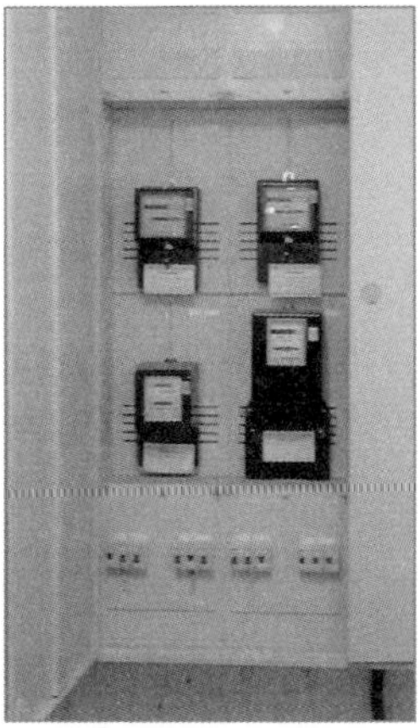

Bild 8.8 Zählerverteilung

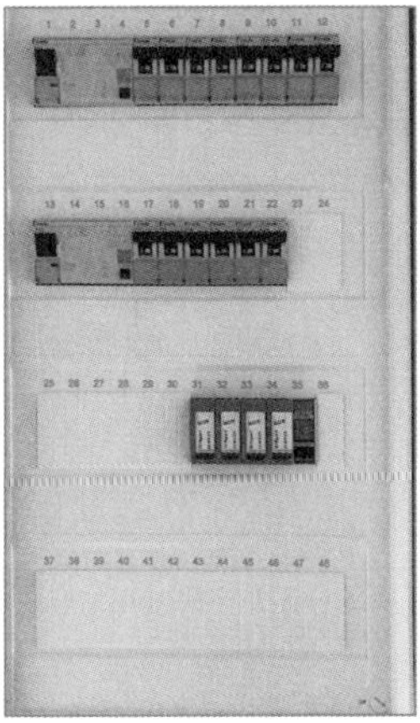

Bild 8.9 Stromkreisverteilung

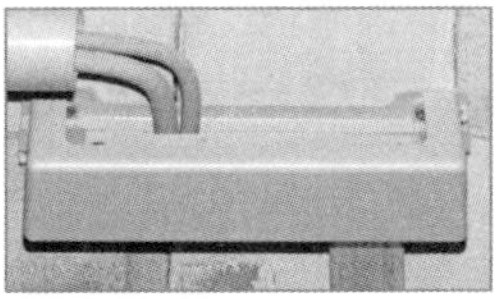

Bild 8.10 Haupterdungsklemme (Potentialausgleichschiene)

Der Übersichtsplan zeigt auch die Erdungssituation. Es ist zu erkennen, dass bei den Netzsystemen, in denen der Erzeuger/Transformator geerdet ist, eine Verbindung zwischen dem Netz und dem Gehäuse eines Betriebsmittels über den Erder besteht und so im Fehlerfall auch ein Strom über den Benutzer zurück zum Transformator fließen kann. Diese Situation führt bei einem Fehler im Betriebsmittel zu einem elektrischen Schlag.

8.6 Schutzmaßnahmen im TN-System

Bei einem Körperschluss entsteht eine Spannung zwischen dem leitfähigen Teil des leitfähigen Gehäuses und der Erde (**Bild 8.11**). Der Benutzer überbrückt diese Spannung. Es muss dafür gesorgt werden, dass diese Spannung schnellstens abgeschaltet wird. Da das nicht unendlich schnell geschehen kann, sind in den Normen (**Tabelle 8.7**) Grenzwerte festgelegt.

Die direkte Leitungsverbindung zwischen der Fehlerstelle und dem Sternpunkt des Transformators sorgt für einen Kurzschluss. Diese Verbindung hat die gleiche Auswirkung wie die Verbindung zwischen dem Außenleiter und

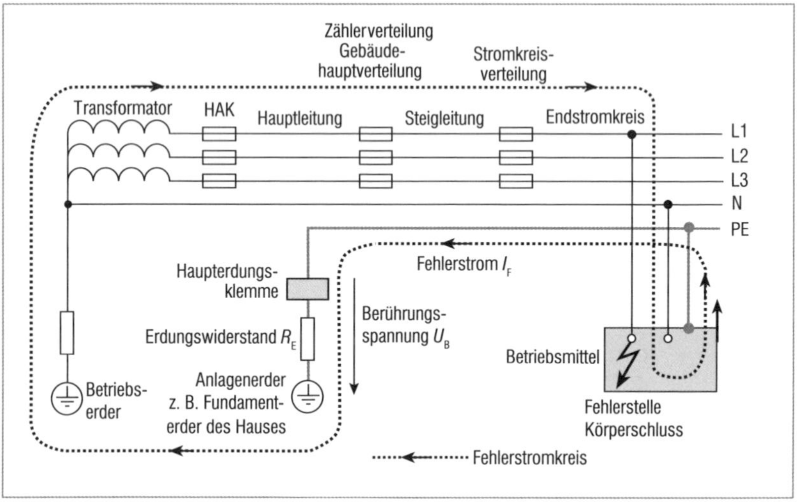

Bild 8.11 Fehlerstromkreis im TN-System

Stromkreise	Abschaltzeit in s	Nennspannung in V
Steckdosenstromkreise ≤ 32 A und bewegliche Betriebsmittel	≤ 0,4	≥ 230
Verteilerstromkreise	≤ 5	≥ 230

Tabelle 8.7 Abschaltzeiten von Berührungsspannungen

dem Neutralleiter. Durch diesen Kurzschluss kann die vorgeschaltete Sicherung auslösen. Die Zeit, in der eine Sicherung auslöst, ist abhängig von der Höhe des Kurzschlussstromes. Dieser wird durch die Widerstände zwischen der Fehlerstelle und dem Transformator begrenzt.

Je kürzer die Leitungen werden und je größer der Leiterquerschnitt wird, umso größer wird der Kurzschlussstrom und umso schneller schaltet die Überstrom-Schutzeinrichtung ab.

Die Summe der Widerstände in der Fehlerschleife wird als Schleifenimpedanz oder Schleifenwiderstand bezeichnet. Um vorherzusagen, ob ein Schutzorgan rechtzeitig auslöst, muss dieser Schleifenwiderstand bekannt sein. Aus ihm kann der Kurzschlussstrom ermittelt werden, der das Schutzorgan auslöst. Dieser Kurzschlussstrom muss größer als der Auslösestrom der Schutzeinrichtung sein.

Die zur Abschaltung notwendigen Kurzschlussströme und die dabei entstehenden Abschaltzeiten sind in den Tabellen der DIN VDE 0100-600 (VDE 0100 Teil 600):2004 abgedruckt. Grundsätzlich gilt für die Berechnung der folgende Zusammenhang:

Gleichung 8.1: Schleifenimpedanz

$$Z_S = \frac{2}{3} \cdot \frac{U_0}{I_a}$$

Z_S Schleifenimpedanz, die durch Berechnung mit dem spezifischen Widerstand des Leitermaterials Kupfer = 0,018 Ω mm²/m auf Basis der Temperatur von 30 °C ermittelt wurde oder direkt mit dem Schleifenimpedanzmessgerät gemessen wurde.

U_0 Spannung des Netzes gegen Erde, in unserem Fall 230 V

I_a Abschaltstrom der Schutzeinrichtung, der diese in der vorgesehenen Zeit auslöst

$\frac{2}{3}$ Korrekturfaktor unter anderem zur Berücksichtigung der Leitungserwärmung

Berechnungsbeispiel 1:

Es soll überprüft werden, ob die gemessene Schleifenimpedanz von 0,50 Ω ausreicht, um den vorgeschalteten 25 A Leitungsschutzschalter Typ C innerhalb von 0,4 s bei einem Körperschluss auszulösen.

Es ist zunächst die Berechnung des Abschaltstromes I_a erforderlich.

Nach Tabelle x.xx löst ein 25 A LS-Schalter Typ C beim 10-fachen des Bemessungsstromes aus. Damit gilt

$$I_a = 10 \cdot I_N = 10 \cdot 25\ \text{A} = 250\ \text{A}$$

Die Berechnung der notwendigen Schleifenimpedanz für I_a bei der Netzspannung von 230 V folgt aus Gleichung 8.1 (Schleifenimpedanz).

$$Z_S = \frac{2}{3} \cdot \frac{U_0}{I_a} = \frac{2}{3} \cdot \frac{230\ \text{V}}{250\ \text{A}} = 0{,}61\ \Omega$$

Ergebnis:
Der gemessene oder berechnete Wert der Schleifenimpedanz darf maximal 0,61 Ω betragen. Die gemessene Schleifenimpedanz beträgt 0,50 Ω. Unter Berücksichtigung des Messfehlers von 5 % liegt der tatsächliche Wert der Schleifenimpedanz zwischen
0,5 Ω – 0,025 Ω = 0,475 Ω und 0,5 Ω + 0,025 Ω = 0,525 Ω.
Der LS-Schalter löst damit bei Verwendung des schlechtesten Messwertes mit 0,525 Ω innerhalb der vorgegebenen Zeit aus.

Berechnungsbeispiel 2:
Es soll festgestellt werden, welchen maximalen Wert ein Leitungsschutzschalter vom Typ B besitzen darf, wenn eine Schleifenimpedanz von 1,4 Ω gemessen wurde.
Dazu ist der auftretende Kurzschlussstrom mit dem Auslösestrom der in Frage kommenden Schutzeinrichtung zu vergleichen.
Der Strom, der im Kurzschlussfall zur Auslösung führt beträgt:
Aus Gleichung 8.1 (Schleifenimpedanz) folgt nach Umstellung der maximal auftretende Kurzschlussstrom I_k:

***Gleichung 8.2:** Maximaler Kurzschlussstrom bei einer Schleifenimpedanz*

$$I_K = \frac{2}{3} \cdot \frac{U_0}{Z_S} = \frac{2}{3} \cdot \frac{230\ \text{V}}{1{,}4\ \Omega} = 110\ \text{A}$$

Der Abschaltstrom eines LS-Schalters Typ B beträgt nach

***Gleichung 8.3:** Abschaltstrom eines LS-Schalters Typ B in < 0,1 s*

$$I_a = 5 \cdot I_N$$

Der Abschaltstrom des LS-Schalters Typ B beträgt das 5fache des Bemessungsstromes. Der auftretende Kurzschlußstrom muss größer sein als dieser Abschaltstrom:

$$I_k : 5 > I_N$$

$$110\,\text{A} : 5 = 22\,\text{A}.$$

Daraus folgt:
Der diesem Wert nächstliegende kleinere Leitungsschutzschalter ist zu wählen. Damit darf in diesem Fall ein Leitungsschutzschalter von maximal 20 A für den Schutz gegen elektrischen Schlag im Fehlerfall eingesetzt werden. Bei der Dimensionierung sind jedoch auch die Belastbarkeit der Leiter und der Spannungsfall auf der Leitung zu berücksichtigen.

8.7 Schutzmaßnahmen im TT-System

Im TT-System hat der Fehlerstromkreis über die Erder einen sehr großen Widerstand (**Bild 8.12**). Aus diesem Grund ist die Abschaltung durch das Auslösen der vorgeschalteten Überstrom-Schutzeinrichtung nur sehr selten möglich. Deshalb verwendet man in der Regel eine Fehlerstrom-Schutzeinrichtung (RCD), umgangssprachlich auch als FI-Schalter bezeichnet. Da die Berührungsspannung an einem mit Körperschluss fehlerhaften Betriebsmittel an dem Anlagenerder, üblich dem Fundamenterder, anliegt, kann mithilfe des Stromes durch den PE-Leiter die Höhe der Fehlerspannung bestimmt werden.

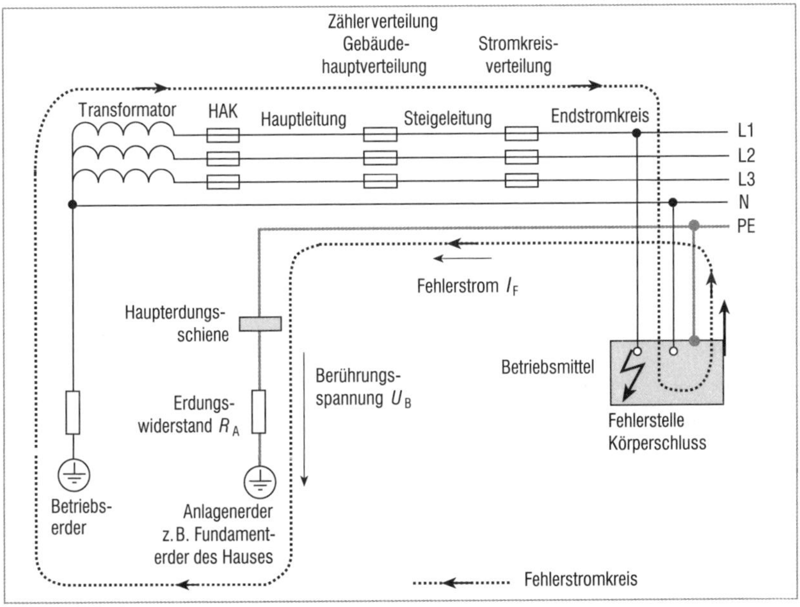

Bild 8.12 Fehlerstromkreis im TT-System

Die Höhe der Berührungsspannung ist bei dieser Schutzmaßnahme abhängig von dem Erdungswiderstand des Anlagenerders. Über diesen fällt die Berührungsspannung ab. Sie darf bei Erreichen des Bemessungsdifferenzstromes nicht größer als die vereinbarte maximale Berührungsspannung von 50 V sein. Die folgende Gleichung dient zur Berechnung des Anlagenerders.

Gleichung 8.4: Abschaltbedingung im TT-System

$$R \leq \frac{U_0}{I_{\Delta N}}$$

R_A Widerstand des Anlagenerders

U_L maximal zugelassene Berührungsspannung, üblicherweise 50V

$I_{\Delta N}$ Bemessungsdifferenzstrom des Fehlerstrom-Schutzschalters

Eine Berechnung soll die Zusammenhänge verdeutlichen:

Wie hoch darf der maximale Erdungswiderstand einer Anlage sein, wenn der Bemessungsdifferenzstrom des Fehlerstrom-Schutzschalters $I_{\Delta N} = 30$ mA beträgt?

$$R \leq \frac{U_0}{I_{\Delta N}} = \frac{230\ \text{V}}{30\ \text{mA}} = 1.666\ \Omega$$

Damit reicht der Widerstand des Anlagenerders von kleiner als 1.666 Ω aus, um die Berührungsspannung bis zu einem Fehlerstrom von 30 mA auf eine Berührungsspannung von 50 V zu begrenzen.

Die Frage, welchen Widerstand das Anlagenerdungssystem besitzt, entsteht immer dann, wenn mit einem Installationstester die Auslösung der Fehlerstrom-Schutzeinrichtung geprüft wurde und bei Erreichen des Bemessungsdifferenzstromes die Anlage abgeschaltet wird. Dabei zeigt das Prüfgerät die bei Auslösung anstehende Berührungsspannung an. Wird eine Berührungsspannung $U_L = 5$ V gemessen und beträgt der Auslösestrom 30 mA, folgt aus Gleichung 8.4 (Abschaltbedingung im TT-System):

$$R \leq \frac{U_0}{I_{\Delta N}} = \frac{5\ \text{V}}{30\ \text{mA}} = 167\ \Omega$$

In diesem Fall ist zu überprüfen, ob das Ergebnis plausibel ist und somit tatsächlich zutreffen kann.

Die Plausibilität kann zum Beispiel durch einen Vergleich geprüft werden. Dazu werden die Messwerte in der Dokumentation des Erders, die zum Errichtungszeitpunkt gemessen wurden, mit den errechneten Werten verglichen.

8.8 Schutz im IT-System

Beim ersten Körperschluss tritt noch keine gefährliche Berührungsspannung auf, beim zweiten Körperschluss müssen die Abschaltbedingungen und Abschaltzeiten des TT-Systems eingehalten werden.

Abschalteinrichtungen können Überstrom-Schutzeinrichtungen oder Fehlerstrom-Schutzeinrichtungen sein. Überstrom-Schutzeinrichtungen müssen in allen Leitern vorhanden sein (bei vorhandenem Sternpunktleiter auch für diesen). Fehlerstrom-Schutzeinrichtungen müssen, damit sie wirksam sind, für jeden einzelnen Verbraucher eingesetzt werden. Eine Isolationsüberwachung ist im IT-Netz immer erforderlich, auch beim Einsatz von Fehlerstrom-Schutzeinrichtungen. **Bild 8.13** zeigt das Schutzprinzip eines isolierten Systems.

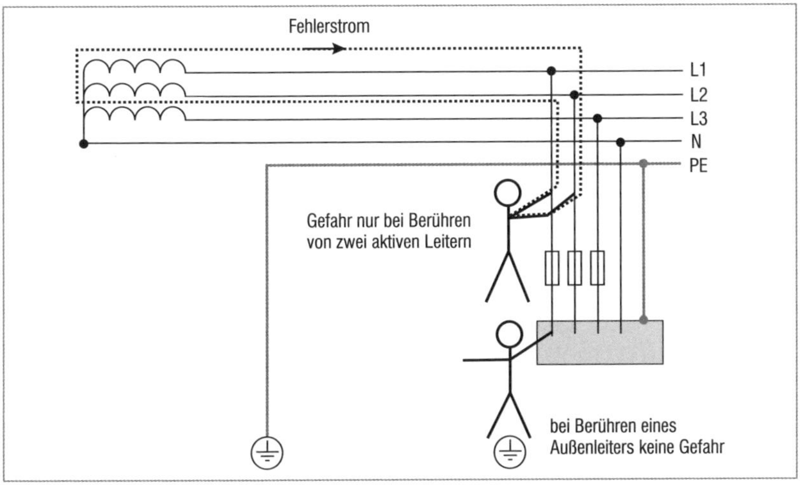

Bild 8.13 Gefährdungen bei einem System mit nicht geerdeten Leitern

8.9 Doppelte oder verstärkte Isolierung (Schutzisolierung)

Die Schutzisolierung kann in zwei Varianten ausgeführt werden:

- Basisschutz (Schutz gegen direktes Berühren) durch Basisisolierung und Fehlerschutz durch eine zusätzliche Isolierung oder
- verstärkte oder doppelte Isolierung.

Das Betriebsmittel besitzt also zwei Isolationsebenen.

Daraus resultiert auch das Symbol für Betriebsmittel mit der Schutzklasse II (**Bild 8.14**).

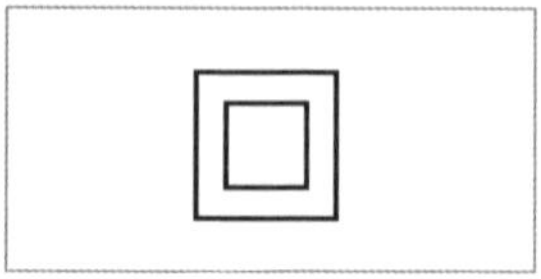

Bild 8.14 Symbol der Schutzmaßnahme „doppelte oder verstärkte Isolierung"

Durch die zwei Isolationsebenen kann bei einem Fehler an der äußeren Isolierung das Auftreten einer gefährlichen Spannung an den berührbaren Teilen der elektrischen Betriebsmittel verhindert werden.

In Versorgungsanlagen ist die Schutzmaßnahme nur in Verbindung mit der Abschaltung im Fehlerfall erlaubt. Sie darf als alleinige Maßnahme nur angewendet werden, wenn die Anlage durch Elektrofachkräfte ständig überwacht wird.

Grundsätzlich kennzeichnet der Hersteller die so hergestellten Betriebsmittel. Wenn Kabel- und Leitungsanlagen fachgerecht erstellt werden, erfüllen sie die Anforderungen.

Werden Leitungen in Gehäuse mit einer doppelten oder verstärkten Isolierung eingeführt, so dürfen dort keine leitfähigen Teile vorhanden sein, die ein Potential von außen annehmen. Dies könnten z. B. berührbare Schutzleiter oder Befestigungsschrauben sein, die in dem Gehäuse durch Berühren zugänglich sind. Diese Teile sind genauso wie aktive Teile zu behandeln und zu isolieren. Auch dürfen metallische Teile der Gehäuse z. B. von Schaltanlagen nicht an den Schutzleiter angeschlossen werden.

8.10 Schutztrennung

Die Schutztrennung ist eine Schutzmaßnahme, bei der der Basisschutz (Schutz gegen direktes Berühren) durch Basisisolierung der aktiven Teile oder durch Abdeckungen oder Umhüllungen gewährleistet wird. Der Fehlerschutz wird durch eine einfache Trennung des Stromkreises mit Schutztrennung von anderen Stromkreisen und von der Erde ausgeführt. Das geschieht in der Regel durch einen Trenntransformator. Andere sichere Stromquellen wie Batterien oder Generatoren sind auch verwendbar.

Wie im IT-System beschrieben, kann bei einem Körperschluss nur dann ein Strom über eine Person fließen, wenn ein Leiter des Versorgungssystems geerdet ist. Bei der Schutztrennung ist kein Leiter geerdet. **Bild 8.15** zeigt diese Situation.

Eine Schutztrennung kann dort eingesetzt werden, wo erhöhte Gefahr durch elektrischen Schlag besteht, wenn die Betriebsmittel beschädigt wer-

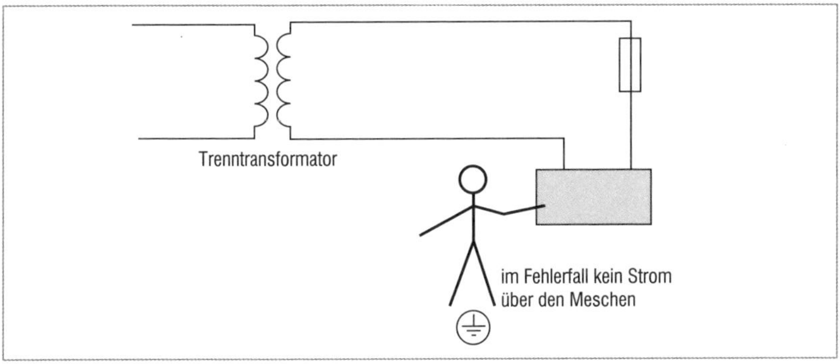

Bild 8.15 Schutz eines einzelnen Verbrauchers durch einen Trenntransformator

den. Im Umfeld von Laien dürfen nur einzelne Geräte an einen Trenntransformator angeschlossen werden, um einen besonders hohen Schutz zu erreichen.

Für die Schutztrennung bei Verwendung von Arbeitsmitteln sind folgende Details zu berücksichtigen:

- sie ist allgemein nur noch zugelassen für einen Verbraucher,
- die Leitungslänge ist nicht begrenzt,
- die Betriebsspannung beträgt maximal 500 V,
- es ist eine Spannungsquelle mit mindestens einfacher Trennung erforderlich,
- aktive Teile des Stromkreises dürfen nicht mit anderen Stromkreisen oder mit Erde oder einem Schutzleiter verbunden sein,
- die Körper des Stromkreises dürfen nicht mit dem Schutzleiter, Körpern anderer Stromkreise oder mit Erde verbunden sein.

Das bedeutet, dass die Geräte isoliert aufgestellt werden müssen. Sie dürfen mit leitfähigen Teilen der Gebäudekonstruktion keinen Kontakt haben, es sind eigene, getrennt verlegte Leitungen (z. B. im Schutzrohr) erforderlich. Flexible Leitungen müssen auf der gesamten Länge sichtbar sein.

8.11 Schutz durch Schutzkleinspannung

Werden Spannungen kleiner als 50 V Wechselspannung oder 120 V Gleichspannung in einem Netz verwendet, tritt bei Berühren der aktiven Leiter keine tödliche Gefährdung ein. Bei Spannungen bis zu 25 V Wechselspannung und 60 V Gleichspannung ist keine Gefährdung vorhanden. So entsteht eine sichere Schutzmaßnahme, wenn die genannten Spannungen in dem Netz nicht überschritten werden. Wichtig ist dabei die Erzeugung der Spannung. Hier finden Sicherheitstransformatoren Anwendung, die eine sichere Trennung von anderen Stromkreisen gewährleisten.

Beim Schutz durch Schutzkleinspannung werden zwei Systeme unterschieden:

- SELV-Stromkreise und
- PELV-Stromkreise.

Bild 8.16 zeigt das Symbol der Schutzmaßnahme.

Bild 8.16 Symbol der Schutzmaßnahme SELV und PELV zur Kennzeichnung der Betriebsmittel

Der Hauptunterschied besteht in der Erdverbindung. SELV-Systeme dürfen keine Verbindung zu einem Erdpotential und keine Verbindung zu anderen Stromkreisen haben. Eine Spannungsverschleppung mit dem Entstehen einer gefährlichen Berührungsspannung könnte im Fehlerfall die Folge sein. PELV-Systeme hingegen dürfen an einem Punkt geerdet werden, und auch die Betriebsmittelkörper dürfen mit einem Schutzleiter mit dem Erdsystem verbunden werden.

Schutzkleinspannungssysteme müssen eine Basisisolierung zwischen aktiven Teilen und Erde haben. Auch die Kabel- und Leitungsanlagen von SELV- und PELV-Stromkreisen müssen von aktiven Teilen anderer Stromkreise mindestens mit einer Basisisolierung getrennt sein. Werden Leiter von SELV- oder PELV-Stromkreisen in einem mehradrigen Kabel geführt, so muss die Isolierung für die höchste vorkommende Spannung ausgelegt sein.

Stecker und Steckdosen dürfen nicht in Steckdosen für andere Spannungssysteme passen. Sie dürfen im SELV-System auch nicht mit einem Schutzleiter ausgestattet sein. Die Körper von Betriebsmitteln in SELV-Stromkreisen dürfen nicht mit Erde oder mit Schutzleitern oder mit Körpern eines anderen Stromkreises verbunden werden.

Wenn die Nennspannung 25 V Wechselspannung oder 60 V Gleichspannung überschreitet oder wenn Betriebsmittel in Wasser eingetaucht sind, muss ein Basisschutz (Schutz gegen direktes Berühren) für SELV- und PELV-Stromkreise vorgesehen werden. Das kann durch Isolierung oder Umhüllung geschehen. In anderen Fällen kann auf eine Basisisolierung verzichtet werden. Insbesondere 12-V-Beleuchtungssysteme, bei denen die Leiter nicht isoliert sind, wenden diese Ausnahmen an. Aber auch bei Kinderspielzeug gilt dies.

8.12 Zusätzlicher Schutz

Sollte der Schutzleiter einmal defekt sein (**Bild 8.17**), so kann bei einem Körperschluss zwischen dem Körper des Betriebsmittels und der Erde eine Spannung von 230 V auftreten. Sollte das Betriebsmittel von einer Person berührt werden, so fließen bei einem Körperwiderstand von 1.000 Ω im Extremfall 230 mA im Fehlerstromkreis über den menschlichen Körper. Diese Situation ist lebensbedrohlich. Die Fehlerstrom-Schutzeinrichtung ist bauartbedingt in der Lage, bei Erreichen des Bemessungsdifferenzstromes in spätestens 0,2 s den Stromkreis allpolig zu unterbrechen. Fließt das Fünffache des Bemessungsdifferenzstromes im Fehlerstromkreis, so wird die Fehlerstrom-Schutzeinrichtung innerhalb von höchstens 40 ms allpolig abgeschaltet.

Nach der Gefährdungskennlinie aus Bild 4.2 liegt diese Abschaltzeit bei einem Strom von 230 mA unterhalb der Gefährdung durch Herzkammerflimmern. Damit erreicht dieses Verfahren einen sehr hohen Sicherheitsstand.

Fehlerstrom-Schutzeinrichtungen ≤ 30 mA führen im Gegensatz zu Überstrom-Schutzgeräten auch zur Abschaltung bei unvollständigen (widerstandsbehafteten) Körperschlüssen. Sie verhindern aber im Fehlerfall nicht das Entstehen einer kurzzeitigen gefährlichen Berührungsspannung.

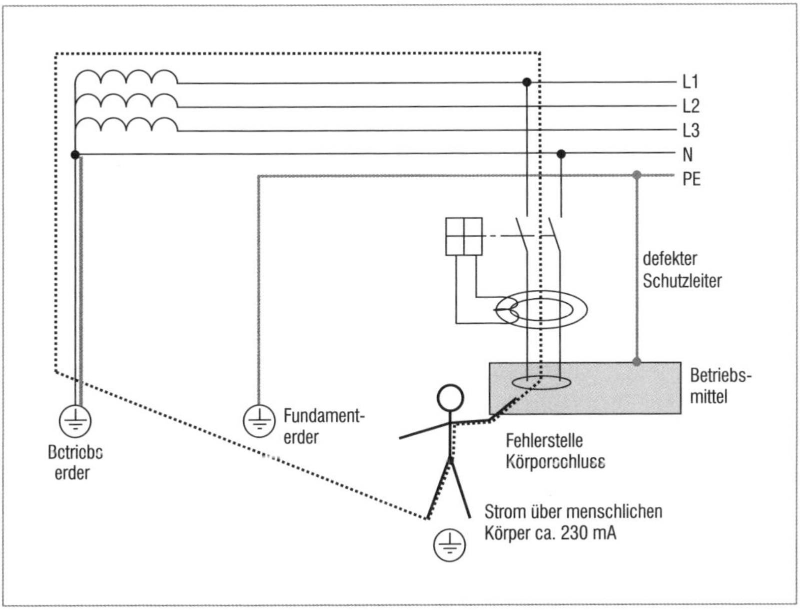

Bild 8.17 Fehlerstrom bei defektem Schutzleiter über den menschlichen Körper

Unterstützend wirkt dabei der Schutzpotentialausgleich. Er begrenzt die Höhe der Berührungsspannung, indem der wirksame Schutzleiterquerschnitt größer ist als der Außenleiterquerschnitt. Er ist damit eine Maßnahme, die das Entstehen einer unzulässigen Berührungsspannung verhindern kann. Gleichzeitig kann bei den geringen, vom Fehlerstrom-Schutzschalter erkannten, Fehlerströmen im Fall eines Erdschlusses auch ein Entstehungsbrand verhindert werden.

8.13 Zusätzlicher Schutz in besonderen Fällen

Bei direktem Berühren eines aktiven Teils durch den geerdeten Menschen mit seinen 1.000 Ω Körperwiderstand löst ein Fehlerstrom-Schutzschalter mit einem Bemessungsdifferenzstrom von 30 mA innerhalb so kurzer Zeit aus, dass kein relevanter Körperschaden entsteht. Die Sicherheit einer elektrischen Anlage kann dadurch erhöht werden.

Deshalb ist der zusätzliche Schutz durch Fehlerstrom-Schutzschalter ≤ 30 mA für viele Sonderfälle der elektrischen Anlagen vorgeschrieben. Er ist insbesondere erforderlich für:

- Stromkreise mit Beleuchtungskörpern in Wohnungen,
- Steckdosen bis 20 A zur Benutzung durch Laien und zur allgemeinen Verwendung,
- Endstromkreise für im Außenbereich verwendete tragbare Betriebsmittel bis 32 A.

Ausnahmen gelten für Steckdosen, die

- durch Elektrofachkräfte oder elektrotechnisch unterwiesene Personen überwacht werden (z. B. Industriebetrieb).
- nur für den Anschluss eines bestimmten Gerätes vorgesehen sind (denkbare Beispiele: Spülmaschine oder Kühlschrank/Gefrierschrank einer Einbauküche).

> **Achtung!** Auch ein fest angeschlossenes, tragbares Betriebsmittel braucht den Zusatzschutz (z. B. ein fest angeschlossener Hochdruckreiniger).

Hier wird also nicht mehr unterschieden, ob Steckdose oder nicht, sondern ob tragbar oder nicht.

Bild 8.18 zeigt beispielhaft den Einsatz eines zusätzlichen Schutzes durch einen Fehlerstrom-Schutzschalter, der in Kombination mit einer Schutzkontakt-Steckdose in einem Badezimmer installiert worden ist.

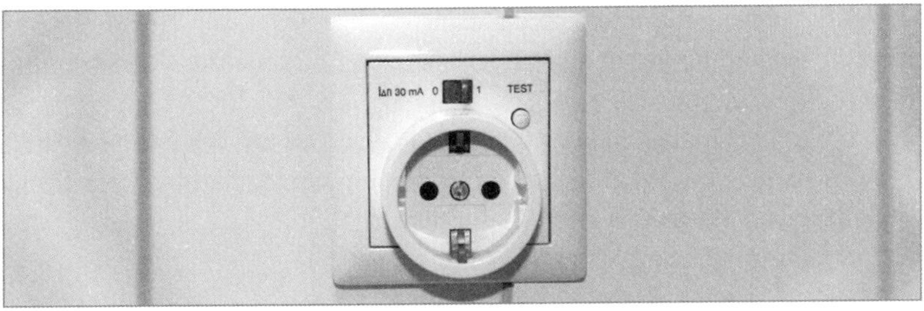

Bild 8.18 Schutzkontakt-Steckdose mit Fehlerstrom-Schutzschalter in einem Badezimmer

8.14 Schutzpotentialausgleich

Um ein einheitliches Potential aller berührbaren Metallteile in einem Gebäude zu gewährleisten, wird ein Potentialausgleich hergestellt. Er soll im Zusammenhang mit dem Schutz gegen elektrischen Schlag verhindern, dass in einem Fehlerfall an einem Betriebsmittel eine Spannung gegenüber einem Bauteil des Gebäudes, zum Beispiel einem Heizkörper oder einer Wasserleitung oder der Tragkonstruktion der PV-Module, entsteht.

Der Potentialausgleich in einem Gebäude wird in den Schutzpotentialausgleich mit dem zusätzlichen Schutzpotentialausgleich und den Funktionspotentialausgleich unterteilt.

Ergänzend dazu gehört auch der Blitzschutzpotentialausgleich zu diesem System.

Ein gemeinsamer Potentialausgleich aller Systeme ist möglich. Es gilt die Regel, dass eine geerdete Potentialausgleichsanlage Teil der Erdungsanlage ist. **Bild 8.19** zeigt eine Klemmstelle, an der die Leitungen des Potentialausgleichs mit der Erdungsanlage verbunden werden.

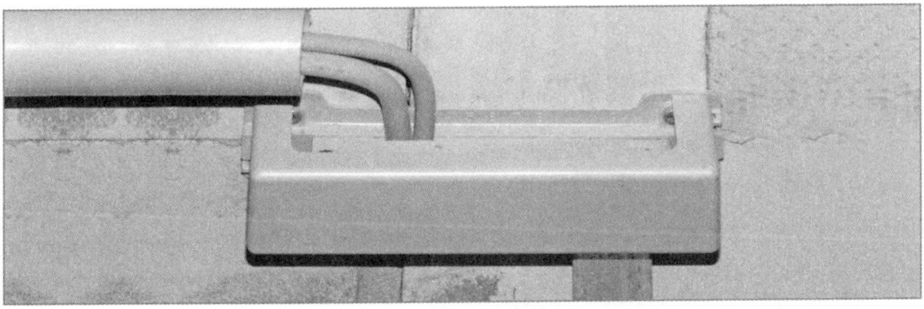

Bild 8.19 Haupterdungsschiene (mit isolierender Abdeckung), früher Potentialausgleichschiene genannt

Der Schutzpotentialausgleich umfasst:

- den Haupterdungsleiter als Verbindung zum Anlagenerder/Fundamenterder,
- den Hauptschutzleiter als Verbindung zu den Körpern der Betriebsmittel,
- die metallenen Rohrleitungen von Versorgungssystemen innerhalb des Gebäudes, z. B. für Gas und Wasser, Lüftung,
- Zentralheizungs- und Klimaanlagen,
- die Metallteile der Gebäudekonstruktion,
- wesentliche metallene Verstärkungen von Gebäudekonstruktionen aus bewehrtem Beton und soweit möglich,
- von außen in das Gebäude kommende Systeme einschließlich der elektrischen- und Kommunikationsversorgung.

Diese System müssen so nahe wie möglich an ihrem Eintrittspunkt in das Gebäude mit dem Schutzpotentialausgleich verbunden werden.

Der Querschnitt für den Schutzpotentialausgleichsleiter richtet sich nach den Schutzleitern der Anlage. Er beträgt mindestens 6 mm^2 bei Kupferleitern und darf auf 25 mm^2 begrenzt werden. Sonst hat der Schutzpotentialausgleichsleiter den halben Querschnitt des größten Schutzleiters der Stromversorgungsanlage. Der Blitzschutzpotentialausgleich beträgt mindestens 16 mm^2.

Bei der Verbindung ist darauf zu achten, dass die Leitungen entweder sternförmig zu den einzelnen Anschlusspunkten führen oder, wenn die Leitungen geschleift werden, ungeschnitten durch die Anschlussstelle geführt werden. **Bild 8.20** zeigt einen Anschluss an ein Rohr.

Bild 8.20 Schutzpotentialausgleich an einem Rohr mit einer ungeschnittenen Leitung

8.14.1 Zusätzlicher Schutzpotentialausgleich

Der zusätzliche Schutzpotentialausgleich wird in Räumen besonderer Art ausgeführt. Die Forderungen folgen unter anderem aus den Teilen 7xx der VDE 0100. Beispiel ist hier der zusätzliche Schutzpotentialausgleich in

- Räumen mit Badewanne oder Dusche,
- Becken von Schwimmbädern,
- landwirtschaftlichen Betriebsstätten,
- leitfähigen Bereichen mit begrenzter Bewegungsfreiheit und
- vorübergehend errichteten elektrischen Anlagen.

Der zusätzliche Schutzpotentialausgleich (früher: örtlicher Potentialausgleich) ist eine Ergänzung zum Fehlerschutz zur Anwendung in besonderen Bereichen.

Alle gleichzeitig berührbaren Körper der fest angebrachten Betriebsmittel, die fremden leitfähigen Teile, bei denen eine Spannungsverschleppung aus anderen Bereichen möglich ist, und die Schutzleiter der Betriebsmittel und Steckdosen werden miteinander verbunden. Damit wird das Auftreten von unzulässigen Potentialdifferenzen zwischen den verbundenen Anlagenteilen und Betriebsmitteln verhindert.

Der zusätzliche Schutzpotentialausgleich soll dafür sorgen, dass örtlich auftretende Potentialdifferenzen vermieden werden. Das gilt insbesondere in den Bereichen, in denen der Körper oder die Umgebung besonders leitfähig sind. Der zusätzliche Schutzpotentialausgleich dient also dem zusätzlichen Schutz gegen elektrischen Schlag. Der Mindestquerschnitt der Schutzpotentialausgleichsleiter ist anlagenabhängig.

8.14.2 Blitzschutzpotentialausgleich

Besitzt das Gebäude eine Blitzschutzanlage, sind die Querschnitte des Schutzpotentialausgleichs an die Anforderungen des Blitzschutzpotentialausgleichs nach DIN VDE 0185 anzupassen. Der jeweils größere Querschnitt ist dann maßgebend. Der Blitzschutzpotentialausgleich beträgt mindestens 16 mm². Er verbindet wie der Schutzpotentialausgleich alle metallischen Systeme des Gebäudes mit der Haupterdungsschiene und den Ableitern der Blitzschutzanlage.

8.14.3 Funktionspotentialausgleich

Der Funktionspotentialausgleich dient nicht primär der Sicherheit, sondern der Gewährleistung des Betriebs von Geräten und Anlagen.

Bei Gebäuden ohne äußeres Blitzschutzsystem müssen die metallenen Montagesysteme der PV-Anlage gemäß DIN VDE 0100-712 in den Funktionspotentialausgleich einbezogen werden. Die Verbindung ist mit mindestens 6 mm^2 Cu auszuführen.

Der Leiter ist beliebig mit Ausnahme der Farbkombination grün-gelb zu kennzeichnen. Vorzugsweise ist die Farbe „pink" (rosa) zu wählen, um Verwechslungen zu vermeiden.

8.15 Schutz von Betriebsmitteln und deren Benutzer

8.15.1 Schutzarten (IP-Code)

Schutzarten dienen der Kennzeichnung eines Betriebsmittels gegen Eindringen von Fremdkörpern und Staub und gegen Eindringen von Wasser sowie gegen direktes Berühren aktiver Teile. Die Kennzeichnung besteht aus

- der Buchstabengruppe IP,
- der Kennziffer für den Fremdkörperschutz,
- der Kennziffer für den Wasserschutz sowie
- den zusätzlichen Kennbuchstaben für den Berührungsschutz und für besondere Betriebsbedingungen.

Die Kennziffern und Kennbuchstaben haben die in den **Tabellen 8.8** bis **8.11** dargestellte Bedeutung. Darüber hinaus existieren noch weitere Ergänzungsbuchstaben. In elektrischen Anlagen werden Schutzarten in den Installationsnormen verlangt. Die Mindestschutzart bei der Installation von Betriebsmitteln beträgt IP20 B.

erste Kennziffer	Kurzbeschreibung	Definition
1	geschützt gegen feste Fremdkörper mit 50 mm Durchmesser und größer	Die Objektsonde, Kugel 50 mm Durchmesser, darf nicht voll eindringen.
2	geschützt gegen feste Fremdkörper mit 12,5 mm Durchmesser und größer	Die Objektsonde, Kugel 12,5 mm Durch-messer, darf nicht voll eindringen.
3	geschützt gegen feste Fremdkörper mit 2,5 mm Durchmesser und größer	Die Objektsonde, Kugel 2,5 mm Durch-messer, darf nicht voll eindringen.
4	geschützt gegen feste Fremdkörper mit 1,0 mm Durchmesser und größer	Die Objektsonde, Kugel 1,0 mm Durch-messer, darf nicht voll eindringen.
5	staubgeschützt	Eindringen von Staub ist nicht vollständig verhindert, aber Staub darf nicht in einer solchen Menge eindringen, dass das zufriedenstellende Arbeiten des Gerätes oder die Sicherheit beeinträchtigt wird.
6	staubdicht	kein Eindringen von Staub

Tabelle 8.8 Schutzgrad gegen feste Fremdkörper

zweite Kennziffer	Kurzbeschreibung	Definition
0	nicht geschützt	
1	geschützt gegen Tropfwasser	Senkrecht fallende Tropfen dürfen keine schädlichen Wirkungen haben.
2	geschützt gegen Tropfwasser, wenn das Gehäuse bis 15° geneigt ist	Senkrecht fallende Tropfen dürfen keine schädlichen Wirkungen haben, wenn das Gehäuse um einen Winkel bis zu 15° beiderseits der Senkrechten geneigt ist.
3	geschützt gegen Sprühwasser	Wasser, das in einem Winkel bis zu 60° beiderseits der Senkrechten gesprüht wird, darf keine schädlichen Wirkungen haben.
4	geschützt gegen Spritzwasser	Wasser, das aus jeder Richtung gegen das Gehäuse spritzt, darf keine schädlichen Wirkungen haben.
5	geschützt gegen Strahlwasser	Wasser, das aus jeder Richtung als Strahl gegen das Gehäuse spritzt, darf keine schädlichen Wirkungen haben.
6	geschützt gegen starkes Strahlwasser	Wasser, das aus jeder Richtung als starker Strahl gegen das Gehäuse spritzt, darf keine schädlichen Wirkungen haben.
7	geschützt gegen die Wirkungen beim zeitweiligen Untertauchen in Wasser	Wasser darf nicht in einer Menge eintreten, die schädliche Wirkungen verursacht, wenn das Gehäuse unter genormten Druck- und Zeitbedingungen zeitweilig in Wasser untergetaucht ist.
8	geschützt gegen die Wirkungen beim dauernden Untertauchen in Wasser	Wasser darf nicht in einer Menge eintreten, die schädliche Wirkungen verursacht, wenn das Gehäuse dauernd unter Wasser getaucht ist. Diese Bedingungen müssen zwischen Hersteller und Anwender vereinbart werden. Die Bedingungen müssen jedoch schwieriger sein als die für Kennziffer 7.

Tabelle 8.9 Schutzgrad gegen Wasser

zusätzlicher Buchstabe	Kurzbeschreibung	Definition
A	geschützt gegen Zugang mit dem Handrücken	Die Zugangssonde, Kugel 50 mm Durchmesser, muss ausreichenden Abstand von gefährlichen Teilen haben.
B	geschützt gegen den Zugang mit dem Finger	Der gegliederte Prüffinger mit 12 mm Durchmesser und 80 mm Länge muss ausreichenden Abstand von gefährlichen Teilen haben.
C	geschützt gegen den Zugang mit Werkzeug	Die Zugangssonde mit 2,5 mm Durchmesser und 100 mm Länge muss ausreichenden Abstand von gefährlichen Teilen haben.
D	geschützt gegen Zugang mit Draht	Die Zugangssonde mit 1,0 mm Durchmesser und 100 mm Länge muss ausreichenden Abstand von gefährlichen Teilen haben.

Tabelle 8.10 Schutzgrade gegen Zugang zu gefährlichen Teilen

Buchstabe	Bedeutung
H	Hochspannungs-Betriebsmittel
M	Geprüft auf schädliche Wirkungen durch den Eintritt von Wasser, wenn die beweglichen Teile des Betriebsmittels (z. B. der Rotor einer umlaufenden Maschine) in Betrieb sind.
S	Geprüft auf schädliche Wirkungen durch den Eintritt von Wasser, wenn die beweglichen Teile des Betriebsmittels (z. B. der Rotor einer umlaufenden Maschine) im Stillstand sind.
W	Geeignet zur Verwendung unter festgelegten Wetterbedingungen und ausgestattet mit zusätzlichen schützenden Maßnahmen oder Verfahren.

Tabelle 8.11 Ergänzungsbuchstaben zu der IP-Klassifikation 5.11.2 Schutzklassen

8.16 Schutzklassen – Schutz von Betriebsmitteln gegen elektrischen Schlag

Um zu zeigen, in welcher Art die Betriebsmittel gegen die Gefährdung durch elektrischen Schlag geschützt werden können, werden diese in drei Gruppen eingeteilt und mithilfe von Symbolen gekennzeichnet (**Bild 8.21**).

Die Betriebsmittel der Schutzklasse I besitzen an den metallischen, leitfähigen Gehäuseteilen (Körper) einen Schutzleiteranschluss, Betriebsmittel der Schutzklasse II besitzen keinen Schutzleiteranschluss. Sie sind so isoliert, dass keine Berührungsspannung am Gehäuse (Körper) auftreten kann. Betriebsmittel der Schutzklasse III werden mit einer Spannung betrieben, die kleiner ist als 50 V AC oder 120 V DC.

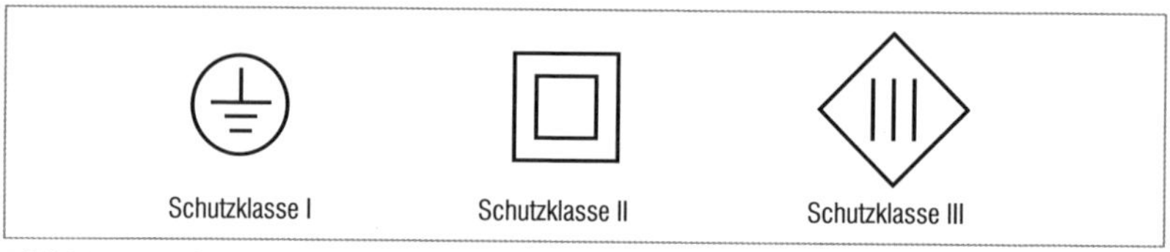

Bild 8.21 Symbole der Schutzklassen

Grundsätzlich finden sich die Kennzeichnungen auf den Betriebsmitteln. Dabei ist es nicht immer so, dass in Betriebsmitteln der Schutzklasse II auch kein Schutzleiter vorhanden ist. Dieser muss in den Zuleitungen mitgeführt und im Betriebsmittel gegen direktes Berühren geschützt werden. Das ist meist bei Schaltgeräten der Fall, die in der Schutzklasse II hergestellt sind.

Sollte, wie im obigen Fall geschildert, weder eine Kennzeichnung der Schutzklasse I noch eine der Schutzklasse II vorhanden sein, so ist das Betriebsmittel wie ein Betriebsmittel der Schutzklasse I zu betrachten.

8.17 Übungsaufgaben

(Die Lösungen zu den Aufgaben finden Sie im Anhang.)

Aufgabe 8.1

Welche Gefährdung kann von einem isolierten Standort bei Arbeiten an elektrischen Anlagen ausgehen, wenn diese nicht nach den fünf Sicherheitsregeln freigeschaltet wurden?

Aufgabe 8.2

Welche Schutzmaßnahmen sind anzuwenden, wenn eine NH-Sicherung entfernt werden soll?

Aufgabe 8.3

Wie hoch sind die maximal zugelassenen Berührungsspannungen in AC- und DC-Anlagen?

Aufgabe 8.4

Wann muss in einem Endstromkreis eines TN-Systems und in einem TT-System die Spannung bei Übersteigen der maximal zugelassenen Berührungsspannung abgeschaltet werden?

Aufgabe 8.5

Welche Bereiche umfassen die Schutzmaßnahmen an elektrischen Anlagen?

Aufgabe 8.6

Nennen Sie eine Maßnahme zum Schutz gegen Zerstörung der Betriebs mittel durch elektrische Energie.

Aufgabe 8.7

Nennen Sie fünf Fehler, die in einer elektrischen Anlage vorkommen können.

Aufgabe 8.8

Die Maßnahmen zum Schutz gegen elektrischen Schlag werden in zwei grundsätzlich verschiedenen Bereichen betrachtet. Welche sind das?

Aufgabe 8.9

Welche Maßnahmen schützen den Mitarbeiter, der elektrotechnische Arbeiten ausführt, gegen den elektrischen Schlag?

Aufgabe 8.10

Welche Maßnahmen werden angewendet, um den Benutzer von elektrischen Anlagen und Betriebsmitteln gegen einen lebensgefährlichen elektrischen Schlag zu schützen?

Aufgabe 8.11

Welche Maßnahmen bilden den Basisschutz?

Aufgabe 8.12

Was bedeutet der Begriff Netzsysteme?

Aufgabe 8.13

Welche Eigenschaften hinsichtlich der Erdung hat ein DC-System mit der Bezeichnung FU-System?

Aufgabe 8.14

Nennen Sie die häufigsten Netzsysteme in unseren Versorgungsanlagen.

Aufgabe 8.15

Was bedeuten in den Netzsystembezeichnungen nach der harmonisierten Neufassung a) erster Buchstabe, b) zweiter Buchstabe, c) dritter Buchstabe?

Aufgabe 8.16

Wie wird ein geerdeter, stromführender Leiter mit Schutzleiteranschluss, bezeichnet und welche Fabkennzeichnung trägt er?

Aufgabe 8.17

Mit welcher Farbe ist ein Leiter gekennzeichnet, der die Stromquellen mit dem Verbrauchsmittel verbindet und nicht vom Sternpunkt ausgeht?

Aufgabe 8.18

Wie wird ein leitfähiges Gehäuse eines Verbrauchsmittels bezeichnet?

Aufgabe 8.19

Wie wird ein stromführender Leiter eines Drehstromnetzes bezeichnet, der am Sternpunkt beginnt und nicht mit dem Körper der Betriebsmittel verbunden wird? Mit welcher Farbe wird er gekennzeichnet?

Aufgabe 8.20

Welche Folge muss ein vollständiger Körperschluss in einem TN-System haben?

Aufgabe 8.21

Was bedeutet der Begriff Schleifenwiderstand oder Schleifenimpedanz?

Aufgabe 8.22

In einem TN-System löst eine Sicherung aus. Welche Ursache könnte vorliegen?

Aufgabe 8.23

In einer Hausinstallation löst eine Fehlerstrom-Schutzeinrichtung aus. Welcher Fehler könnte vorliegen? Geben Sie zwei Möglichkeiten an.

Aufgabe 8.24

In welcher Zeit muss in Stromkreisen bis 32 A Nennstrom und in Stromkreisen mit ortsveränderlichen Betriebsmitteln der Schutzklasse I im TN-Netz die Abschaltung erfolgen?

Aufgabe 8.25

Welchen besonderen Schutz bieten Fehlerstrom-Schutzeinrichtungen mit einem Bemessungsdifferenzstrom kleiner gleich 30 mA?

Aufgabe 8.26

Welcher Isolationswiderstand ist vorhanden, wenn eine Fehlerstrom-Schutzeinrichtung an $U = 230$ V bei einem Fehlerstrom $I_F = 30$ mA auslöst?

Aufgabe 8.27

Warum dürfen die aktiven Teile von Schutzkleinspannungs-Stromkreisen weder mit Schutzleitern noch mit Erde oder mit aktiven Teilen anderer Stromkreise verbunden werden?

Aufgabe 8.28

Welche Maßnahmen erfüllen den Schutz gegen elektrischen Schlag im Fehlerfall vollständig, ohne dass ein Schutzleiter erforderlich ist?

Aufgabe 8.29

Wie müssen Steckvorrichtungen für Schutzkleinspannung beschaffen sein?

Aufgabe 8.30

Erklären Sie, warum beim ersten Körperschluss eines Betriebsmittels in einem IT-System keine gefährliche Berührungsspannung entsteht.

Aufgabe 8.31

Unterscheiden Sie die beiden Begriffe Schutzklasse und Schutzart.

Aufgabe 8.32

Durch welche Maßnahmen wird der Zusatzschutz erreicht?

Aufgabe 8.33

Welche Teile sind an den Schutzpotentialausgleich anzuschließen?

9 Arbeitsschutz II

Um Arbeiten sicher ausführen zu können, müssen die Gefährdungen bekannt sein, die während der Arbeiten auftreten können. Die elektrischen Gefährdungen sind von der Elektrofachkraft auf Grundlage der Betriebssicherheitsverordnung zu beurteilen. Dabei können Gefährdungen unterteilt werden in

- Gefährdungen deren Ursache in der elektrischen Energie begründet sind und
- sonstige Gefährdungen.

Zur Beurteilung von Gefährdungen ist Fachkunde erforderlich, weswegen der Elektrofachkraft nur die Bewertung der elektrotechnischen Gefährdungen obliegen. Allerdings werden elektrotechnische Arbeiten auch in einem Gefährdungsumfeld ausgeführt, sodass es Arbeitssituationen geben kann, in denen die Elektrofachkraft nicht alle Gefährdungen selbst beurteilen kann und auf eine Gefährdungsbeurteilung durch eine spezielle Fachkraft zurückgreifen muss.

Betrachten wir zunächst die elektrotechnischen Gefährdungen ganz allgemein, so finden wir folgende Gefährdungen:

- Gefährdung durch Körperdurchströmung,
- Gefährdung durch Störlichtbögen,
- Gefährdung durch elektrische Felder,
- Gefährdung durch magnetische Felder,
- Gefährdung durch statische Ladungen.

Wann treten diese Gefährdungen auf? Dazu einige Beispiele:

Gefährdung durch Körperdurchströmung

- Wenn an elektrischen Systemen gearbeitet wird und der Berührungsschutz nicht gewährleistet ist.
- Wenn an elektrischen Systemen gearbeitet wird und kein funktionsfähiger Schutz gegen elektrischen Schlag im Fehlerfall existiert. (Das kann zum Beispiel bei Arbeiten an PV-Anschlussleitungen, die mit den Modulen verbunden sind, der Fall sein.)

- **Gefährdung durch Störlichtbögen:**
- Wenn Strangleitungsstromkreise getrennt oder verbunden werden.
- Wenn an Strangleitungsverteilern gearbeitet wird.

- Wenn an einem Stromkreisverteiler (Zählerverteilung) gearbeitet wird und dieser geöffnet ist.
- Wenn Arbeiten in der Nähe von Freileitungen ausgeführt werden (Dachständer).

- **Gefährdung durch elektrische Felder:**
- Bei Dacharbeiten in der Nähe von Sendeantennen.

- **Gefährdungen durch magnetische Felder:**
- Bei Arbeiten in der Nähe von Transformatoren der Energieversorgung.

- **Gefährdungen durch statische Ladung:**
- Grundsätzlich keine direkte Gefährdung der Gesundheit, jedoch Gefahr eines Schrecks und damit verbunden unkontrollierter Reaktionen. Im normalen Arbeitsumfeld eher eine seltene Gefährdung.

Ergänzend dazu kann die Elektrofachkraft, die sich mit der Installation von PV-Systemen beschäftigt, einer Reihe weiterer Gefährdungen ausgesetzt sein. Das sind zum Beispiel:

- Gefährdung durch die elektrische Stromversorgung des Gebäudes,
- Gefährdung durch Hand- oder Elektrowerkzeuge,
- Gefährdung durch Absturz,
- Gefährdung durch Sonnenstrahlung,
- Gefährdung durch Regen,
- Gefährdung durch Kälte,
- Gefährdung durch Verwendung von Leitern und Tritten,
- Gefährdung durch Asbest,
- Gefährdung durch herabfallende Teile.

Dazu sollte beachtet werden, dass es nicht nur um die eigene Gefährdung geht, sondern auch um die Gefährdung der übrigen, an der Arbeit Beteiligten sowie auch um die Sicherheit der nicht an der Arbeit Beteiligten und der Laien.

Alle an der Arbeit Beteiligten müssen darüber unterrichtet und unterwiesen werden, welche Maßnahmen zur Verhinderung von Unfällen aus den vorhandenen Gefährdungen notwendig sind. Sie müssen verpflichtet werden, die Maßnahmen auch einzuhalten. Dies geschieht vor der Arbeitsaufnahme und in Abhängigkeit von der Dauer der Arbeit und der Gefährdung auch in bestimmten Zeitintervallen während der Durchführung der Arbeiten.

Die Berufsgenossenschaften veröffentlichen im Zusammenhang mit der Unfallvermeidung eine Vielzahl von Informationen, auf die im Folgenden eingegangen werden soll. Die Maßnahmen zur Vermeidung des elektrischen Schlags bei der Durchführung der Arbeiten wurde bereits im Abschnitt 3.6 im Zusammenhang mit der DGUV-Vorschrift 3 und den darin beschriebenen 5-Sicherheitsregeln behandelt.

In diesem Kapitel sollen nun weitere Gefährdungen betrachtet werden, die für eine EFKffT im Arbeitsbereich PV-Anlagen wirksam werden können.

9.1 Gefahr durch Störlichtbögen

Störlichtbögen sind gefährliche Vorfälle, mit denen in elektrischen Anlagen gerechnet werden muss. Sie können auftreten:

- bei Arbeiten innerhalb der Annäherungszone vor Schaltanlagen,
- beim Trennen eines Stromkreises (besondere Gefahr bei Gleichstromkreisen),
- bei Kurzschlüssen,
- bei mangelhafter oder beschädigter Isolation.

Das Auftreten eines Störlichtbogens vorherzusagen, ist faktisch unmöglich. Deshalb muss ein vorbeugender Schutz auf Basis einer Gefährdungsbeurteilung erfolgen.

Eine Hilfestellung zur Auswahl von Schutzkleidung gibt DGUV Information 203-077 (**Bild 9.1**). In manchen Fällen ist ein Schutz gegen Störlichtbogen mittels persönlicher Schutzausrüstung gegen Störlichtbögen (PSAgS) nicht erforderlich.

Keine PSAgS ist erforderlich, wenn Arbeitskleidung (lang) mit Baumwollanteil > 250 g/m^2 getragen wird und

- die Absicherung des Wechsel-Stromkreises 63 A nicht überschreitet,
- bei Arbeiten an Mess-, Steuer- und Regelsystemen (MSR),
- bei einem Kurzschlussstrom ≤ 1 kA in Wechselstromkreisen.

In allen anderen Fällen ist die PSAgS nach den Vorgaben der DGUV Information 203-077 zu dimensionieren. Das trifft in der Regel immer für eine Arbeit an der AC-Installation für PV-Anlagen im Bereich der

Bild 9.1 Deckblatt der DGUV Information 203-077 Thermische Gefährdung durch Störlichtbögen

Zählerverteilung oder Hauptverteilung sowie bei größeren Wechselrichtern zu, sofern die Abdeckungen der Betriebsmittel entfernt wurden.

Zu den Arbeiten, bei denen Lichtbogen entstehen können, zählen:

- Das Öffnen von Klemm- oder Verteilergehäusen, wenn dahinter frei zugängliche Spannung führende Teile liegen, auch wenn diese gegen direktes Berühren geschützt sind,
- Messen von Spannungen,
- Messen von Strömen mit Auftrennen der Strombahn ohne geeignete Lastschaltgeräte,
- Auswechseln von Sicherungen in offenen Haltern, z. B. NH-Sicherungen, offenen Rohrsicherungen in Wechselrichtern oder Strangverteilern,
- Auftrennen von Spannung führenden Leitungen,
- Arbeiten an offenen Strangleiterenden, wenn diese am Modul angeschlossen sind, z. B. um Stecker zu montieren.

Neben den Maßnahmen zum Schutz gegen die Wirkung von Störlichtbögen ist in den meisten Fällen ergänzend ein Schutz gegen Körperdurchströmung notwendig. Die PSAgS ermöglicht diesen Schutz in vielen Fällen. Dabei ist besonders auf die richtigen Handschuhe zu achten. Standardhandschuhe sind hergestellt bis 1.000 V AC und 1.500 V DC in der Lichtbogenschutzklasse 2 (Klasse 0, APC 2). Die einfache Isolier-Klasse 00 reicht nur bis 750 V DC und ist bei größeren PV-Anlagen nicht immer geeignet.

9.2 Gefahr durch Absturz (Bild 9.2)

Die Berufsgenossenschaft stellt fest, dass die Gefahr durch Absturz bei Montagearbeiten ab 2 m besteht. Für Arbeitshöhen ab 2 m sind also Maßnahmen zum Absturz vorzusehen.

- Ab 1,00 m Höhe ist zu beachten, dass Absturzsicherungen an freiliegenden Treppenläufen und -absätzen, Wandöffnungen und Bedienungsständen von Maschinen und deren Zugängen benötigt werden.
- Ab 2,00 m Höhe werden an allen übrigen Arbeitsplätzen und Verkehrswegen Absturzsicherungen benötigt.

Bild 9.2 Deckblatt DGUV-Information 201-057

Eine Absturzsicherung ist also nicht nur auf dem Dach selbst erforderlich. Auch auf dem Weg zum Dach, insbesondere beim Materialtransport, besteht Absturzgefahr. Das bedeutet, dass alle Arbeiten zur Errichtung einer PV-Anlage zu organisieren sind. Die Aufstellung einer Gefährdungsanalyse, die auf die die tatsächlichen Gegebenheiten der Baustelle abgestimmt ist (BetrSichV § 3) ist notwendig.

Folgende Maßnahmen sind erforderlich, um die Gefährdung zu minimieren und die Mitarbeiter sachgerecht zu unterweisen:

- Beurteilung der Tragfähigkeit der zu benutzenden Arbeitswege,
- Erstellung einer Montageanweisung,
- Unterweisung der Mitarbeiter über alle mit der Arbeit verbundenen Gefahren auf Grundlage der Gefährdungsbeurteilung.

Bei diesen Arbeiten zur Errichtung eine PV-Anlage können Gefahren auftreten:

- bei Arbeiten zum Entladen,
- beim Transport der Module auf das Dach,
- bei der Montage der Module,
- bei der Verlegung der Leitungen auf dem Dach,
- bei der Verlegung von Leitungen innerhalb des Gebäudes,
- bei der Verwendung von Werkzeugen auf dem Dach und im Gebäude.

Zusätzlich ist zu beachten:
Regelkonforme Baustromversorgung (DIN VDE 0100-704, DGUV Vorschrift 3, DGUV Information 203-00), Absicherung des öffentlichen Verkehrs und Absturzsicherungen für Verkehrswege und Arbeitsplätze (DGUV Vorschrift 38, DGUV Information 201-008).

Ein Absturzschutz ist in besonderen Fällen nicht gefordert. Das kann zum Beispiel ein Dach mit einer Neigung kleiner als 22,5° sein, das nicht größer ist als 50 m² und dessen Absturzhöhe nicht über 3 m liegt. Dazu müssen aber geeignete und qualifizierte Mitarbeiter beschäftigt werden. Werden die genannten Grenzen überschritten, ist für eine Absturzsicherung zu sorgen.

Ein Anseilschutz nach **Bild 9.3** kommt nur bei kurzzeitigen Dacharbeiten in Betracht, wenn der Gesamtumfang der Arbeiten nicht mehr als zwei Personentage (zwei Personen ein Tag oder eine Person zwei Tage) umfasst oder Absturzsicherungen aus arbeitstechnischen Gründen nicht

Quelle: DGUV

Bild 9.3 Absturzsicherung PSAgA

möglich sind oder Auffangeinrichtungen unzweckmäßig sind. Darüber hinaus müssen aber entsprechende Anschlagpunkte zur Verfügung stehen. Die verwendeten Anschlagpunkte müssen als solche gekennzeichnet sein. Sollte diese nicht vorhanden sein, stehen Hilfskonstruktionen für Türen und Fensterbefestigung zur Verfügung. Deren vorschriftsmäßige Anwendung gestaltet sich jedoch bei der PV-Montage oft schwierig. Zur Beurteilung der Unzweckmäßigkeit der Verwendung von Auffangeinrichtungen gilt:

Der Einsatz von kollektiven, technischen Sicherungsmaßnahmen hat Vorrang vor der Verwendung von persönlichen Schutzausrüstungen gegen Absturz (PSAgA).

Die Ausnahmen sind jedoch bei der Montage von PV-Anlagen selten anwendbar, da meist mehr als zwei Mitarbeiter auf dem Dach mit der Verteilung und Befestigung der Module beschäftigt sind.

Satteldächer mit einer Dachneigung > 20° und ≤ 45° benötigen an der Traufseite ein Fanggerüst. Die Giebelseite erhält einen Seitenschutz. Lässt sich ein Seitenschutz nicht anbringen, ist auch hier ein Fanggerüst erforderlich (**Bild 9.4**).

Quelle: DGUV

Bild 9.4 Absturzsicherung – Fanggerüst

Wird ein Gerüst aufgestellt, um den Arbeitsschutz zu sichern, ist dieses nach Montage durch den Gerüsthersteller und vor der Übergabe an den Gerüstnutzer durch eine befähigte Person im Sinne der TRBS 1203 auf ordnungsgemäßen und sicherheitstechnisch mängelfreien Zustand zu prüfen. Gefordert wird die Prüfung von Arbeits- und Schutzgerüsten durch die Betriebssicherheitsverordnung (BetrSichV), die Technischen Regeln für Betriebssicherheit (TRBS 1116 und TRBS 2121 – Teil 1) sowie die DGUV Information 201-011 geben entsprechende Prüfhinweise.

Die Mitarbeiter sind entsprechend der Gefährdungsbeurteilung für die Nutzung in die Verwendung des Gerüstes einzuweisen.

Vor der Benutzung, also arbeitstäglich, ist das Gerüst von einem qualifizierten Mitarbeiter in Augenschein zu nehmen, um die Gebrauchstauglichkeit und die Wirksamkeit der Schutzeinrichtungen zu bestätigen.

9.3 Gefahr durch Sonneneinstrahlung

9.3.1 Anzuwendende Schutzmaßnahmen

Die direkte Sonneneinstrahlung auf die menschliche Haut birgt erhebliche Gefahren. Die Haut wird geschädigt, manchmal sogar verbrannt. Schäden bei Sonneneinstrahlung können verringert werden, wenn folgende Maßnahmen aus dem Merkblatt der BGETEM (**Bild 9.5**) umgesetzt werden:

Bild 9.5 Merkblatt der Berufsgenossenschaft ETEM

- Sonnencreme: Mindestens LSF 30,
- Kleidung: Lange Ärmel und lange Hosenbeine,
- Augenschutz: Sonnenbrille nicht vergessen,
- Kopfschutz: Mütze oder Helm mit UV-Nackenschutz,
- Schatten: Neben-Arbeit und Pause im Schatten.

Ergänzend muss auch bei höheren Temperaturen der Flüssigkeitshaushalt des Körpers berücksichtigt werden: Trinken nicht vergessen.

9.4 Übungsaufgaben

(Die Lösungen zu den Aufgaben finden Sie im Anhang.)

Aufgabe 9.1

Welche Aufgabe hat ein PRCD auf einer Bau- und Montagestelle, und wie wird er verwendet?

Aufgabe 9.2

Was muss bei der Auswahl des Anschlusspunktes von Betriebsmitteln auf Bau- und Montagestellen beachtet werden?

Aufgabe 9.3

Welcher Bauart müssen Verlängerungsleitungen für die Versorgung auf Baustellen entsprechen?

Aufgabe 9.4

Ab welcher Absturzhöhe sind bei einem höher gelegenen Arbeitsplatz besondere Sicherungsmaßnahmen gegen Absturz vorzunehmen?

Aufgabe 9.5

Unter welchen Bedingungen ist eine Absturzsicherung auf Dächern entbehrlich?

Aufgabe 9.6

Welche Voraussetzungen müssen erfüllt sein, wenn PSAgS eingesetzt werden soll?

Aufgabe 9.7

Welche Maßnahmen sind zum Gesundheitsschutz erforderlich, wenn Arbeiten auf dem Dach bei Sonnenschein ausgeführt werden sollen?

10 Struktur der Arbeitsverantwortung

Wenn an einer elektrischen Anlage gearbeitet werden soll, besteht grundsätzlich die Gefahr eines Unfalls. Der Anlagenbetreiber, also derjenige dem die elektrische Anlage gehört, ist grundsätzlich für den sicheren Betrieb der Anlage verantwortlich. Das gilt auch, wenn daran gearbeitet wird. Da er diese Aufgabe häufig nicht selbst erledigen kann, ist eine Organisation erforderlich, die einen sicheren Arbeitsablauf gewährleistetet. Die Verantwortung ist mit dem Ziel zu übertragen, durch Verantwortliche die Arbeitsabläufe zu sichern. Sicherheit ist erforderlich für:

- die ausführenden Mitarbeiter,
- die Nutzer des errichteten Werks,
- die anderen an der Arbeit Beteiligten und die von der Maßnahme Betroffenen.

Dazu wird die Verantwortung auf die beiden Bereiche der Anlagensicherheit (Organisationsverantwortung) und der Arbeitssicherheit (Garantenverantwortung) aufgeteilt. Die nachfolgenden Beispiele erläutern die Aufgaben zur Wahrnehmung der Verantwortung. **Tabelle 10.1** zeigt die Zusammenhänge der Verantwortlichkeiten.

Unternehmer, der elektrische Anlagen errichtet **Garantenverantwortung**	**Unternehmer, der elektrische Anlagen betreibt** **Organisationsverantwortung, Verkehrssicherungspflicht**
verantwortliche Elektrofachkraft	Auftrag über eine Arbeit
Arbeitsverantwortlicher erteilt nach Erhalt der Durchführungserlaubnis die Arbeitsfreigabe an sein Team	Anlagenverantwortlicher erteilt die Durchführungserlaubnis an den Arbeitsverantwortlichen.
Mitarbeiter im Arbeitsteam	besondere Fachkräfte wie Schaltberechtigte

Tabelle 10.1 Verantwortlichkeiten bei der Durchführung der Arbeiten

10.1 Organisationsverantwortung

Die Verantwortung für die Arbeitsorganisation liegt bei dem

- Anlagenbetreiber und dem
- Anlagenverantwortlichen.

Dem Anlagenbetreiber obliegt der ordnungsgemäße Betrieb der elektrischen Anlage. Er kann einen Anlagenverantwortlichen einsetzen, wenn er nicht selbst Elektrofachkraft ist.

Der für das Betreiben der Anlage Verantwortliche organisiert die Arbeiten und erteilt dem Arbeitsverantwortlichen die Erlaubnis, die geplanten/beauftragten Arbeiten auszuführen. Dazu wird auch der Begriff „Durchführungserlaubnis“ verwendet.

Er hat die Verkehrssicherungspflicht.

10.2 Garantenverantwortung

Der Garant ist eine Person, die aufgrund einer rechtlichen Pflicht (Garantenpflicht) zum Eingreifen, also einem aktiven Handeln verpflichtet ist.

In dem Unternehmen, das elektrotechnische Arbeiten ausführt, kennen wir zwei Garanten:

- verantwortliche Elektrofachkraft und den
- Arbeitsverantwortlichen.

Dabei fallen beiden unterschiedliche Aufgaben zu.

10.3 Verantwortliche Elektrofachkraft

Die verantwortliche Elektrofachkraft ist für die Auswahl und den Einsatz der vor Ort tätigen Mitarbeiter verantwortlich. Zu ihren Aufgaben gehören:

- die fachliche Auswahl der Mitarbeiter,
- die Bereitstellung der Sicherheitsausrüstung,
- Schulung der Mitarbeiter,
- usw.

Die verantwortliche Fachkraft ist in einem Unternehmen der fachliche Vorgesetzte der Personen, die elektrotechnische Arbeiten ausführen.

Vor der Beauftragung eines Mitarbeiters hat sich der fachliche Vorgesetzte, die verantwortliche Elektrofachkraft, von der fachlichen Qualifikation der Mitarbeiter zu überzeugen.

10.4 Arbeitsverantwortlicher

Der Arbeitsverantwortliche ist der, der unmittelbar für die Durchführung und für die korrekte Ausführung der Arbeit verantwortlich ist. Ist er mit einem Arbeitsteam unterwegs, so ist er für die Mitarbeiter im Team verantwortlich. Er ist für sich und sein Team

- technisch für die Einhaltung der anerkannten Regeln der Technik und
- arbeitssicherheitstechnisch für die Einhaltung der Unfallverhütungsvorschriften und der Maßnahmen aus der Gefährdungsbeurteilung zuständig.

Um die anstehenden Arbeiten sicher organisieren zu können, müssen Verantwortlichkeiten klar gegliedert sein. Jeder Beteiligte muss wissen, wer für ihn verantwortlich ist und für wen und was er verantwortlich ist.

Vor der Beauftragung eines Mitarbeiters aus seinem Arbeitsteam hat sich der Arbeitsverantwortliche von der fachlichen Qualifikation der Mitarbeiter zu überzeugen.

10.5 Zusammenarbeit zwischen dem Anlagen- und dem Arbeitsverantwortlichen

Anlagenverantwortlicher

Der Anlagenverantwortliche ist für den sicheren Zustand der elektrischen Anlage verantwortlich, wenn daran gearbeitet wird. Da der Begriff in anderen Fachbereichen wie zum Beispiel in der Produktion für einen für eine Produktionsanlage Verantwortlichen verwendet wird, sollte dieser Unterschied der Rollen zum Beispiel durch entsprechende Ergänzungen wie „Verantwortlicher für die elektrotechnische Anlage“ klargestellt werden. Er wird immer dann gebraucht, wenn elektrotechnische Arbeiten in der Anlage ausgeführt werden sollen. Er muss sich dazu mit dem Arbeitsverantwortlichen abstimmen und diesen im Hinblick auf die Sicherheit der Anlage überwachen. Er ist zuständig für:

- die Verkehrssicherungspflicht vor Ort,
- die anlagenseitige Sicherung der Arbeit,
- die Absprachen zur Arbeit und
- die Unterweisung/Einweisung (Anlage – Arbeitsort).

Ein Anlagenverantwortlicher mit Weisungsbefugnis

- ist Elektrofachkraft,
- kann die Gefahren der auszuführenden Arbeiten erkennen,
- muss alle Maßnahmen mit dem Arbeitsverantwortlichen (AV) absprechen und den AV sicherheitstechnisch in die anlagenseitigen Gefährdungen des Arbeitsplatzes unterweisen.

Zu den Aufgaben des Anlagenverantwortlichen gehört es auch die

- Schaltungen zur Freischaltung auszuführen oder von Schaltberechtigten ausführen zu lassen,

- Sicherungsmaßnahmen anlagenseitig durchzuführen,
- die Umsetzung der angewiesenen Sicherheitsmaßnahmen zu überwachen sowie
- anlagenseitige Sicherungsmaßnahmen für die arbeitenden EFK, EUP und Laien zu planen.

Arbeitsverantwortlicher

Der Arbeitsverantwortliche ist zuständig für

- die arbeitsplatzseitige Sicherung der Arbeit,
- die Absprachen zur Arbeit und
- die Unterweisung/Einweisung vor Ort.

Ein Arbeitsverantwortlicher ist für die praktische Durchführung der Arbeiten zuständig. Er ist selbst eigenverantwortlich tätig und trägt die Verantwortung für die ordnungsgemäße Ausführung der Arbeit seiner Mitarbeiter. Er

- ist möglichst Elektrofachkraft,
- hat Kenntnis der Arbeit,
- kann Einzelheiten der Arbeit beurteilen, Gefahren erkennen und Sicherheitsmaßnahmen treffen.

Der Arbeitsverantwortliche wird von seinem Unternehmer oder seinem Vorgesetzten, z. B. seiner verantwortlichen Elektrofachkraft (vEFK), im Auftrag des Unternehmers bestimmt. Es gilt folgender Grundsatz:

> Keine Arbeit eines Arbeitsverantwortlichen ohne einen benannten Anlagenverantwortlichen.

Der Arbeitsverantwortliche erteilt, nachdem er vom Anlagenverantwortlichen die „Durchführungserlaubnis“ erhalten hat und seine Mitarbeiter unterwiesen hat, die „Freigabe zur Arbeit“ an seine Mitarbeiter, damit diese mit der beauftragten Tätigkeit beginnen können.

10.6 Definition der zulässigen Tätigkeiten der Elektrofachkraft für festgelegte Tätigkeiten (EFKffT)

Die Elektrofachkraft für festgelegte Tätigkeiten (EFKffT) ist eine Person, die gemäß DGUV-Grundsatz 303-001 ausgebildet wurde.

10.6.1 Die fachliche Verantwortung der EFKffT

Eine EFKffT kann diejenigen elektrotechnische Arbeiten eigenverantwortlich, fach- und sachgerecht ausführen, für die sie ausgebildet wurde, eine Arbeitsanweisung erhalten hat und bestellt wurde. Sollte eine EFKffT eine Tätigkeit ausführen müssen, für die sie keine Arbeitsanweisung hat und somit auch keine Bestellung, so gilt sie als EUP und muss diese Tätigkeit unter Leitung und Aufsicht einer EFK ausführen.

Eine ständige Anwesenheit der Leitenden und Aufsicht Führenden ist nicht zwingend.

Die Anwesenheit ist abhängig von den Erfahrungen, dem Schwierigkeitsgrad und den Umgebungsbedingungen.

Im Unterschied dazu ist Beaufsichtigen eine Tätigkeit, die eine ständige Anwesenheit erfordert und die für den Beaufsichtigenden keine Nebentätigkeiten neben der Beaufsichtigung zulässt.

Zum Beispiel:

- Das Beaufsichtigen einer Person, die Arbeiten in der Nähe von Spannung führender Teile durchführen soll und keine Elektrofachkraft ist.

Im Fall einer Tätigkeit, die unter Leitung und Aufsicht auszuführen ist, müssen zwei Fragen geklärt sein:

- Die EFK muss wissen, welche Person sie zu leiten und zu beaufsichtigen hat.
- Die EUP oder EFKffT muss wissen, welche EFK für sie die Leitung und Aufsicht hat.

10.6.2 DGUV Vorschrift 3 Anforderungen an den Unternehmer

Der gewerbliche Auftraggeber hat dafür zu sorgen, dass elektrische Anlagen und Betriebsmittel nur

- von einer Elektrofachkraft oder
- unter Leitung und Aufsicht einer Elektrofachkraft entsprechend den elektrotechnischen Regeln

errichtet, geändert und instand gehalten werden.

Dazu sind vom Auftragnehmer einer elektrotechnischen Arbeit folgende Regeln einzuhalten:

1. Eine EFKffT führt alle Arbeiten, für die sie ausgebildet und für die sie bestellt ist und für die eine Arbeitsanweisung vorliegt, eigenverantwortlich als Elektrofachkraft aus.
2. Fehlen die vorgenannten Voraussetzungen arbeitet sie als EUP!

Eine EUP führt alle Aufgaben aus, für die sie unterwiesen ist und unter Leitung und Aufsicht einer Elektrofachkraft steht:

Dabei übernimmt die aufsichtführende und leitende Elektrofachkraft die Fachverantwortung, also die Verantwortung für die ordnungsgemäße Ausführung der Arbeiten und die Sicherheit der EUP.

Im Verhältnis zur EFK steht eine EFKffT in ihrem Bestellbereich gleichberechtigt neben der Elektrofachkraft.

10.7 Übungsaufgaben

(Die Lösungen zu den Aufgaben finden Sie im Anhang.)

Aufgabe 10.1

Wer ist in einem Unternehmen für den regelkonformen Betrieb der elektrotechnischen Anlagen verantwortlich?

Aufgabe 10.2

An welche Person kann ein Unternehmer die Verantwortung delegieren, wenn in seinem Unternehmen elektrotechnische Arbeiten auszuführen sind?

Aufgabe 10.3

Welche Funktion hat die Person, an die sich der Arbeitsverantwortliche zu wenden hat, wenn er Anlagenteile der Kundenanlage zur Durchführung seines Auftrags freischalten muss?

Aufgabe 10.4

Wann darf ein Arbeitsverantwortlicher mit der Ausführung der beauftragten Arbeiten beginnen?

Aufgabe 10.5

Wer ist in einem Unternehmen, in dem elektrotechnische Arbeiten ausgeführt werden, für die fachliche Leitung der Elektrofachkräfte zuständig?

Aufgabe 10.6

Wer ist für die ordnungsgemäße Durchführung der 5 Sicherheitsregeln bei der Ausführung elektrotechnischer Arbeiten verantwortlich?

Aufgabe 10.7

Wer ist für die Freigabe zur Arbeit verantwortlich?

Aufgabe 10.8

Was ist zu beachten, wenn eine Arbeit von mehr als einer Person gemeinsam ausgeführt werden soll?

Aufgabe 10.9

Erläutern Sie die notwendigen Maßnahmen bei der Zusammenarbeit zwischen dem Anlagenverantwortlichen und dem Arbeitsverantwortlichen.

11 Bauteile einer Photovoltaik-Anlage als Teil der elektrischen Anlage

Eine PV-Anlage besteht aus einer Reihe von Betriebsmitteln, die neben den Modulen erforderlich sind, um den erzeugten Strom in das Versorgungsnetz einzuspeisen:

- Schutzgeräte,
- Kabel und Leitungen,
- Steckverbindungen,
- Schalt- und Steuergeräte,
- PV-Module,
- Wechselrichter,
- Batterie-Systeme.

Die Funktion dieser Betriebsmittel wird im Folgenden erklärt und im Einzelfall auch in der Dimensionierung besprochen.

11.1 Überstrom-Schutzeinrichtungen

Überstrom-Schutzeinrichtungen sind Betriebsmittel, die bei Störungen oder Fehlern dafür sorgen, dass eine Ausbreitung eines Schadens verhindert wird, indem sie den betroffenen Stromkreis abschalten. Zu den Überstrom-Schutzeinrichtungen gehören:

- Sicherungen (Schmelzsicherungen) für Hoch- und Niederspannung,
- Leitungsschutzschalter,
- Leistungsschalter,
- Motorschutzschalter.

11.1.1 Niederspannungs-Sicherungssysteme

Sicherungen werden in Funktions- und Betriebsklassen und den Verwendungsbereich unterteilt.

- Funktionsklasse „g“ für den Ganzbereichs- und Leitungsschutz gegen Überlastung und Kurzschluss,
- Funktionsklasse „a“ für den Teilbereichsschutz gegen Kurzschluss.

Die Kennzeichnung der Betriebsklasse gilt hinsichtlich der zu schützenden Objekte. Folgende Kurzzeichen gelten für den Einsatzbereich:

G oder die alte Kennzeichnung „L“	allgemeiner Schutz, z. B. Leitungsanlagen
M	Motorschutz
Tr	Transformatorschutz
pV	Schutz von PV-Systemen
R	Halbleiter (Stromrichter) und Batterieschutz

In Gebäuden eingesetzte Sicherungen sind ausnahmslos gG-Sicherungen (alt „gL“).

In PV-Systemen werden gPV-Sicherungen eingesetzt. **Bild 11.1** zeigt das Symbol einer Sicherung in einem Stromlaufplan mit dem Kennzeichen einer Schutzeinrichtung „F“.

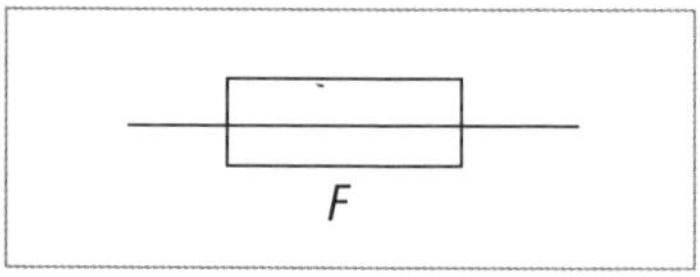

Bild 11.1 Symbol einer Sicherung

11.1.2 D-Sicherungssystem

Das D-Sicherungssystem wird auch Diazed-System genannt.

- Drei Größengruppen unterscheiden sich im Durchmesser des Sicherungseinsatzes.
- Sie sind für Spannungen bis 500 V Gleich- und Wechselspannung gebaut.
- Die Auslösecharakteristik ist üblicherweise „gL“.
- Ein D-Sicherungssystem besteht aus folgenden Einzelteilen:
  - Schraubkappe,
  - Schmelzeinsatz mit Kopfkontakt, Fußkontakt und Kennmelder,
  - Passschraube,
  - Berührungsschutz,
  - Sicherungssockel.

Die Passschraube verhindert den Einsatz eines größeren Sicherungseinsatzes als für den Stromkreis geplant.

11.1.3 DO-Sicherungssystem

Das DO-Sicherungssystem wird auch Neozed-System genannt.

- Es besteht auch in drei Größen der Sicherungseinsätze.
- Ein DO-Sicherungssystem besteht aus folgenden Einzelteilen:

- Schraubkappe,
- Schmelzeinsatz mit Kopfkontakt, Fußkontakt und Kennmelder,
- Passring,
- Berührungsschutz,
- Sicherungssockel.

Bild 11.2 zeigt den Aufbau eines DO-Sicherungssystems. Wichtig dabei zu beachten ist der Passring. Dieser sorgt im Sicherungssockel dafür, dass keine größeren Schmelzeinsätze als vorgesehen eingesetzt werden können.

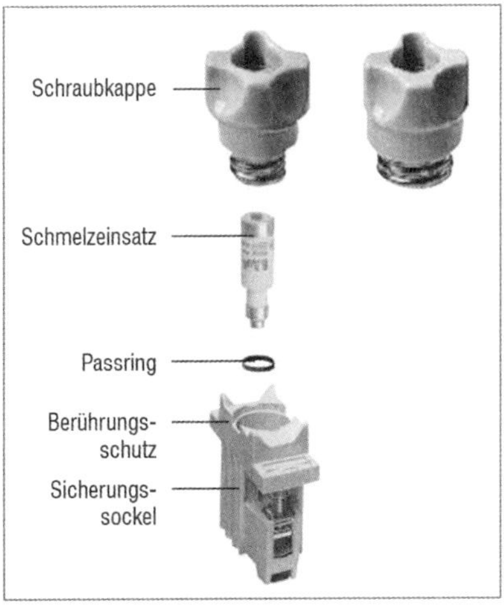

Bild 11.2 DO-Sicherungssystem

11.1.4 PV-Sicherungen

PV-Sicherungen und Sicherungshalter werden in verschiedenen Bauformen hergestellt. **Bild 11.3** zeigt PV-Sicherungen in einem Wechselrichter in Form eins Gerätesicherungshalters und einen Sicherungslasttrennschalter mit ähnlichem Aufbau wie ein Linocurschalter (Sicherungs-Last-Trennschalter).

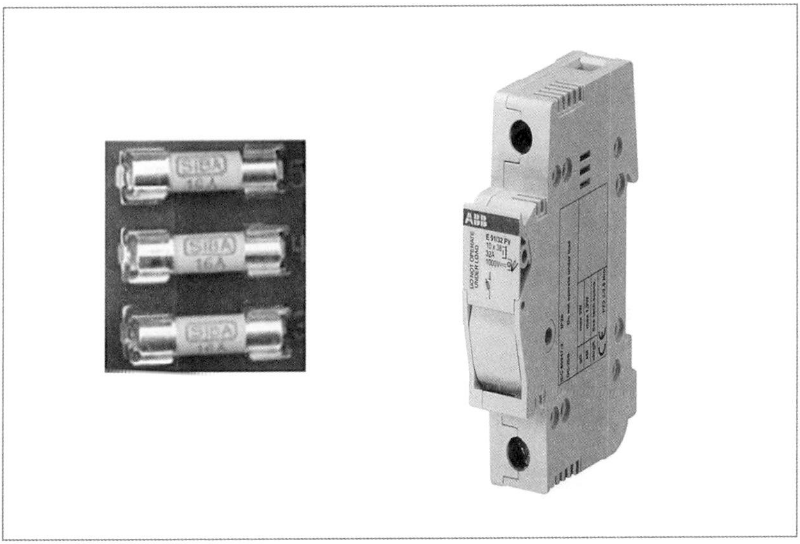

Bild 11.3 PV-Sicherungen in einem Sicherungshalter und ein PV-Sicherungslasttrennschalter

11.1.5 NH-Sicherungssystem

Niederspannungs-Hochleistungssicherungen (NH-Sicherungen) finden Verwendung in Anlagenteilen mit größeren Strömen, üblicherweise ab 50 A.

- Um Sicherungen dieses Typs auszuwechseln, sind spezielle Sicherheitsvorkehrungen zu treffen:
  - Helm mit Gesichtsschutz,
  - ein spezieller Griff mit einem Armschutz.
- Sie dürfen nur im stromlosen Zustand gewechselt werden, wenn keine Hilfsmittel vorhanden sind.

Das ist nur der dafür geschulten Elektrofachkraft und besonders geschulten elektrotechnisch unterwiesenen Personen vorbehalten. Meist sind NH-Sicherungen in Sicherungs-Last-Trenn-Schaltern verbaut. **Bild 11.4** zeigt eine NH-Sicherung. Diese dürfen auch von einer EUP bedient werden.

Oft sind auch für diese Sicherungen Sicherungslasttrennschalter eingesetzt. Diese sind wie Schalter zu sehen und dürfen ohne Zusatzqualifikation von EFK, EFKffT und EUP bedient werden.

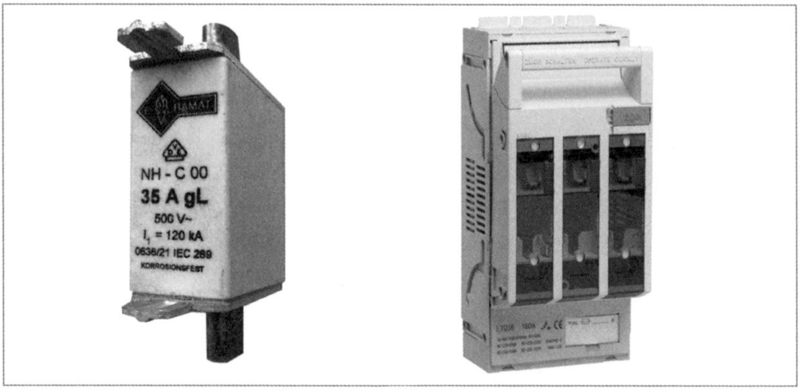

Bild 11.4 NH-Sicherung Größe 00 mit 35 A und NH-Sicherungslasttrennschalter

11.2 Leitungsschutzschalter

Leitungsschutzschalter dienen dazu, den Stromkreis und die Betriebsmittel im Fall von Überlast und Kurzschluss durch Abschalten des Stromkreises zu schützen.

Sie sind mit zwei verschiedenen Erkennungssystemen ausgestattet:

- magnetischer Auslöser (Kurzschlussauslösung),
- thermischer Auslöser (Überstromauslösung).

Bild 11.5 zeigt einen Leitungsschutzschalter und das Symbol, das in Stromlaufplänen dafür verwendet wird. Die Kennzeichnung „F“ (fuse) zeigt die Funktion als Schutzeinrichtung an. Leitungsschutzschalter können Gleichstrom- und auch Wechselstromkreise bei Kurzschluss und Überlast schützen. Die Herstellervorgaben sind dabei zu beachten.

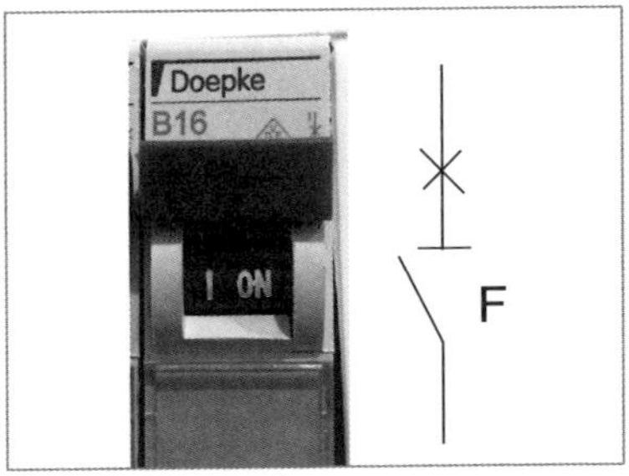

Bild 11.5 Leitungsschutzschalter und das Symbol im Stromlaufplan

11.2.1 Leitungsschutzschalter für DC-Anwendungen

Leitungsschutzschalter können, wenn der Hersteller es in seinen Datenblättern beschreibt, auch für DC-Anwendungen geeignet sein. Die Auslösekennlinie ist jedoch nicht mit der für AC-Anwendungen identisch.

Hintergrund ist die Lichtbogenlöschung im Fall des Auslösens. Im AC-Stromkreis erfolgt die Löschung im Nullduchgang. Bei DC-Anwendungen sind besondere Maßnahmen zur Lichtbogenlöschung notwendig.

Beim Einsatz von Leitungsschutzschaltern sind somit im Wechselstrombereich die Daten aus den Datenblättern für Wechselstrom und für Gleichstromanwendungen die Daten aus den Datenblättern für Gleichstrom auszuwählen.

11.3 Fehlerstrom-Schutzschalter

Der Fehlerstrom-Schutzschalter, auch „FI“ oder „RCD“ genannt, (**Bild 11.6**) ist ein Schutzgerät, mit dem Ströme erkannt werden können, die den Betriebsstromkreis verlassen und über eine Fehlerstelle zurück zum Erzeuger fließen. Nach Erkennen eines Fehlers trennt der Fehlerstrom-Schutzschalter den fehlerhaften Stromkreis von der Versorgung. Fehler dieser Art können sein:

- Erdschlüsse,
- Körperschlüsse.

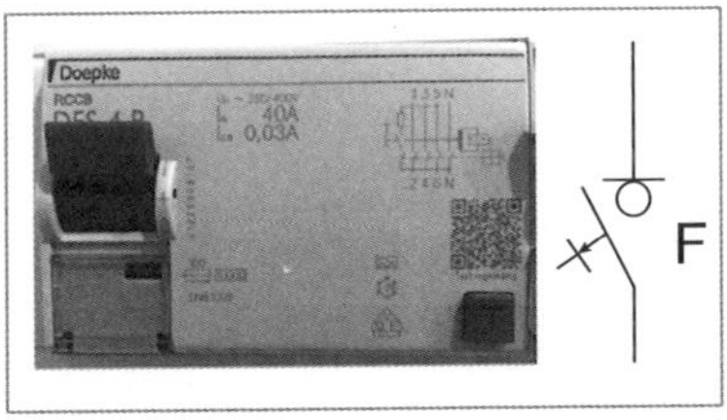

Bild 11.6 Fehlerstrom-Schutzschalter und das Symbol im Stromlaufplan

Dazu wertet der Fehlerstrom-Schutzschalter die Magnetfelder des zum Verbraucher fließenden Stromes und des zurück fließenden Stromes aus. Das geschieht im Ringkernwandler. Das resultierende Magnetfeld, das aus der Differenz der beiden hin- und rückfließenden Ströme entsteht, induziert in der Sekundärspule eine Spannung, die in der Auslösespule des Schaltschlosses die Schaltkontakte öffnet.

Zwei wichtige Bemessungsgrößen sind für den Einsatz wichtig:

- Bemessungsdifferenzstrom ist der Fehlerstrom, der den Fehlerstrom-Schutzschalter zum Auslösen bringt.
- Bemessungsstrom ist der Strom, mit dem die Kontakte maximal belastet werden dürfen.
- Der maximale Kurzschlussstrom, der über die Kontakte fließen darf, wird über die vorgeschaltete Sicherung begrenzt.

Wegen der unterschiedlichen Belastung der Stromkreise mit sinusförmigen oder impulsförmigen Wechselströmen oder auch mit Gleichströmen werden Fehlerstrom-Schutzschalter verschiedenen Typs eingesetzt.

- Fehlerstrom-Schutzschalter des Typs A arbeiten nach dem Prinzip der Induktion:
  - Die in der Primärspule sich nicht aufhebenden wechselnden Magnetfelder werden in der Sekundärspule in eine Spannung umgewandelt und
  - führen in der Auslösespule zu einem Stromfluss und so zur Auslösung.

Nicht verwendbar ist der Typ A bei Gleichströmen oder höherfrequenten Wechselströmen.

Sollen zwei Fehlerstrom-Schutzschalter hintereinander geschaltet werden, sind diese selektiv auszulegen. Der vorgeschaltete Schalter wird dabei verzögert, sodass beide nicht gleichzeitig auslösen.

Bei Verwendung von Frequenzumformern und trafolosen Wechselrichtern können deren mögliche Gleich-Fehlerströme vom Typ A nicht mehr sicher erkannt werden. In diesen Fällen ist der Einsatz von Fehlerstrom-Schutzeinrichtungen des Typs B erforderlich. Entsprechende Hinweise müssen vom Hersteller gegeben werden.

Häufig finden RCMs zur Fehlererkennung von an den Wechselrichtern angeschlossenen Stromkreisen Verwendung. Die Abkürzung RCM steht für „Residual Current Monitor“ (Differenzstromüberwachung).

Es handelt sich dabei um ein Gerät zur Überwachung von Differenzströmen in elektrischen Anlagen. Diese Geräte erkennen Fehlerströme und können entweder nur melden oder auch bei Überschreitung eines Grenzwertes schalten. Diese sind jedoch als Personenschutz gemäß DIN VDE 0100-410 nicht zugelassen. Es fehlt in der Regel die Abschaltung des betreffenden Stromkreises mittels Trennschalter. Die Abschaltbedingung zum Schutz gegen elektrischen Schlag im Fehlerfall muss so durch externe Schutzgeräte sichergestellt werden.

11.3.1 Weitere Fehlerstrom-Schutzschalter-Typen

Der RCD Typ B+ kommt hauptsächlich in Anlagen zum Einsatz, in denen ein gehobener Brandschutz gefordert wird. Der RDC des Typs F findet Anwendung, wenn Betriebsmittel im Wechselspannungsbetrieb mit Frequenzumrichtern ausgestattet sind und deren Gleichfehlerstrom den Wert von 10 mA nicht übersteigt. Dabei kann es sich zum Beispiel um Haushaltsgeräte wie Waschmaschinen usw. handeln. Bei höheren Gleichfehlerströmen ist der RCD Typ B einzusetzen.

Das gilt ebenfalls bei Einsatz von trafolosen Wechselrichtern. **Bild 11.7** zeigt die verschiedenen Symbole von FI-Schutzschaltern.

Grundsätzlich ist der Hersteller verpflichtet, entsprechende Hinweise in seinen Betriebs- und Montageanleitungen zu geben, welcher RCD-Typ zu verwenden ist.

Wichtig für eine sichere Funktion ist eine regelmäßige Betätigung der Prüftaste. Diese ist im gewerblichen Bereich gemäß DGUV Vorschrift 3 § 5 halbjährlich zu betätigen, um die Schaltfunktion des Fehlerstrom-Schutzschalters

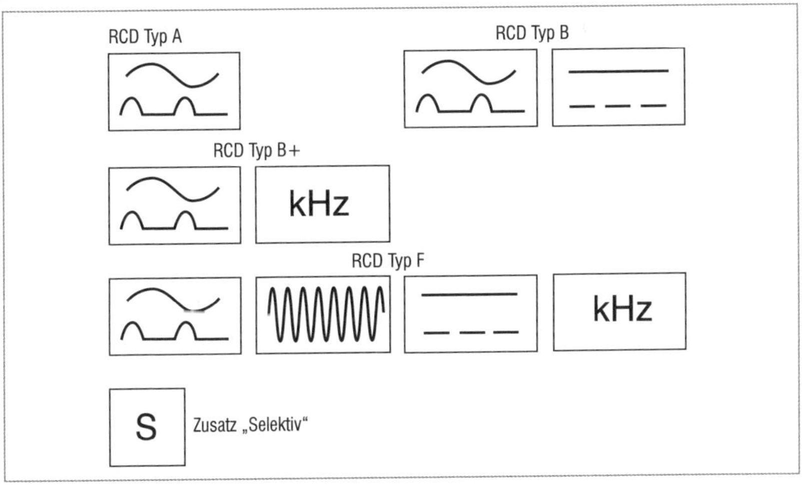

Bild 11.7 Symbole der Fehlerstrom-Schutzschalter

zu prüfen. Auch der Hersteller schreibt eine Betätigung der Prüftaste vor, sodass auch im Privatbereich die Prüfung durch einen Laien erfolgen muss. Beim Einsatz von Fehlerstrom-Schutzschaltern muss der Errichter der Anlage den Kunden auf diese notwendige Sicherheitsprüfung hinweisen.

11.4 Kabel und Leitungen

Kabel und Leitungen müssen aus einem großen Sortiment ausgewählt werden. Eine Vielzahl von Gründen führt zur richtigen Auswahl.

Da ist zunächst der Einsatzort

- außerhalb oder innerhalb von Gebäuden,
- nach den Vorgaben der Arbeitssicherheit,
- fest verlegt oder beweglich.

Daraus ergibt sich die Leitungsart.
Dann ist da die Frage:

- Welche Betriebsmittel müssen versorgt werden?
- Welcher Art ist der Stromkreis?
- Einphasig? Dreiphasig? Mit oder ohne Neutralleiter?

Daraus ergibt sich die Aderzahl. Auch der Querschnitt ist auszuwählen. Kriterien sind:

- Mindestquerschnitt nach den Anforderungen der Normen,
- Mindestbelastbarkeit nach den Anforderungen von Normen,
- notwendige Absicherung für das zu versorgende Betriebsmittel,
- Strombelastbarkeit zur Verhinderung von Bränden,
- Abschaltbedingung der Schutzmaßnahme,
- Spannungsfall.

Darüber hinaus ist noch die Verlegung zu berücksichtigen:

- maximale Befestigungsabstände bei der Verlegung der Leitung,
- minimaler Biegeradius,
- Zugentlastung.

Daraus ergeben sich die Abstände der Befestigungspunkte. Im Folgenden sollen einige Leitungen besprochen werden.

11.4.1 Harmonisierte Leitungen

Elektrische Leitungen wurden 1976 von CENELEC innerhalb Europa harmonisiert und einheitlich gekennzeichnet. Die Kennzeichnung gibt Informationen über die zulässige Spannung und den Aufbau der Leitung. Im Folgenden werden die einzelnen Kennbuchstaben erklärt. Nachfolgend die möglichen Kennzeichnungen einer Leitung:

Kennzeichnung der Bestimmung

- A: anerkannter nationaler Typ
- H: harmonisierter Typ

Bemessungsspannung

Die erste Zahl gibt den maximal zulässigen Effektivwert der Spannung zwischen einem aktiven Leiter, dem Schutzleiter oder dem Erdpotential an. Die zweite Zahl gibt den maximal zulässigen Effektivwert der Spannung zwischen zwei aktiven Leitern in der Leitung an.

- 01:100 V
- 03: 300 V/300 V
- 05: 300 V/500 V
- 07: 450 V/750 V
- 08: 700 V/1.000 V

- **Isolierwerkstoff für die Aderisolierung**
- B: Ethylen-Propylen-Kautschuk
- G: Ethylen-Vinylacetat-Copolymer
- J: Glasfasergeflecht
- N: Chloropren-Kautschuk
- T: Textilgewebe
- N2: Chloropren-Kautschuk für Schweißleitungen
- R: Natur- und synthetischer Kautschuk
- S: Silikon-Kautschuk
- V: Polyvinylchlorid (PVC)
- V2: PVC, wärmebeständig
- V3: PVC, kältebeständig
- V4: PVC, vernetzt
- Z: Polyethylen (PE)
- Q: Polyurethan

Aufbauelemente

Zusätzliche Elemente, die über die normale Verseilung hinausgehen, werden benannt.

- C: Schirm
- Q4: zusätzliche Polyamidaderumhüllung
- T: zusätzliches Textilgeflecht über verseilte Adern
- T6: zusätzliches Textilgeflecht über Einzelader

- **Mantelwerkstoff**

Hier finden sich die gleichen Kennzeichen wie bei den Isolierstoffen der Aderisolierung. Zusätzlich sind die folgenden Werkstoffe üblich:

- J: Glasfasergeflecht
- N4: Chloropren-Kautschuk, wärmebeständig
- Q: Polyurethan
- T: Textilgewebe
- T2: Textilgeflecht, flammwidrig
- V5: PVC, ölbeständig

Aufbauart

Die Aufbauart gibt die Besonderheiten des Aufbaus an, wenn dieser von der Standardverseilung abweicht und besondere Formen oder auch zusätzliche Elemente enthält.

- D3: Zugentlastungselemente
- D5: Kerneinlauf (kein Tragelement)
- FM: Fernmeldeadern in Starkstromleitungen
- H: flache, aufteilbare Leitung (Zwillingsleitung)
- H2: flache, nicht aufteilbare Leitung (zweiadrige Mantelleitung)
- H6: flache, nicht aufteilbare Leitung (mehr- oder vieladrige Mantelleitung)
- H7: Isolierhülle zweischichtig
- H8: Wendelleitung

Leiterwerkstoff

Es werden nur von Kupfer abweichende Werkstoffe gekennzeichnet:

- ohne Kennzeichen: Kupfer
- A: Aluminium.

Leiterart

Die Kennzeichnung der Leiterart folgt in der Bezeichnung nach dem Bindestrich.

- D: feindrähtig, für Schweißleitungen
- E: feinstdrähtig, für Schweißleitungen
- F: feindrähtig, Leitungen flexibel
- H: feinstdrähtig
- K: feindrähtig, bei Leitungen für feste Verlegung
- R: mehrdrähtig, rund
- U: eindrähtig, rund

- Y: Lahnlitzenleiter
- Ö: ölbeständig

Aderzahl

- Die Ziffer entspricht der Gesamtzahl der insgesamt vorhandenen Adern.

- **Schutzleiter**
- G: mit grün-gelbem Schutzleiter
- X: ohne grün-gelben Schutzleiter

- **Aderquerschnitt**
- Ziffern = Leiterquerschnitt in mm^2
- Folgende Standardquerschnitte sind verfügbar:
  0,75 mm^2, 1 mm^2, 1,5 mm^2, 2,5 mm^2, 4 mm^2, 6 mm^2, 10 mm^2, 16 mm^2, 25 mm^2, 35 mm^2, 50 mm^2, 70 mm^2, 95 mm^2, ...

11.4.2 Nationale Leitungen

National werden hauptsächlich folgende Leitungstypen verwendet:

- Mantelleitung NYM,
- Kabel NYY,
- Kabel NYCY,
- Kabel NYCWY.

Bild 11.8 zeigt beispielhaft den Aufbau einer Mantelleitung, die bevorzugt in der AC-Niederspannungs-Gebäudeinstallation verwendet wird.

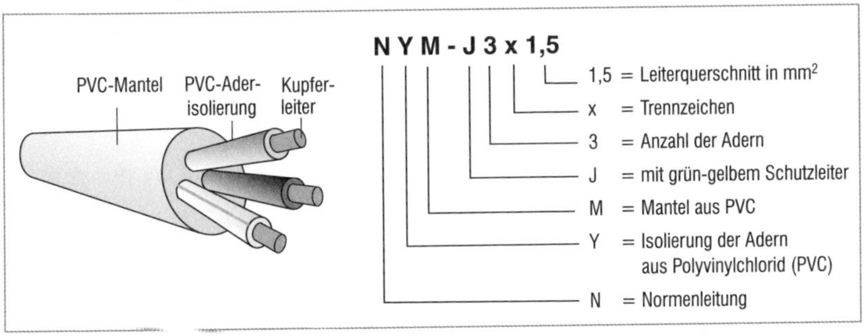

Bild 11.8 Aufbau von Mantelleitung NYM

> Zu beachten:
> Die Mantelleitung NYM darf der Sonnenstrahlung nicht ausgesetzt werden und nicht in der Erde verlegt werden.

Für die Verlegung in der Erde und im Außenbereich eignen sich die verschiedenen NYY-Leitungen.

Der Unterschied besteht darin, dass die Mantelisolierung aus UV-beständigem PVC besteht. Diese darf der Sonne ausgesetzt werden. NYY ist auch im Freien, in der Erde, im Wasser zu verwenden, wenn keine Gefahr der mechanischen Beschädigung besteht.

NYY-Kabel haben folgenden Aufbau:

1 Kupferleiter rund eindrähtig (RE), rund mehrdrähtig (RM) bzw. sektorförmig mehrdrähtig (SM)
2 Aderisolation (PVC), Adern sind zur Seele verseilt.
3 gemeinsame Aderumhüllung (EPDM)
4 Mantel (PVC schwarz, UV-beständig)

NYCY-Kabeln haben folgenden Aufbau:

1 Kupferleiter, rund eindrähtig (RE)
2 Aderisolation (PVC), Adern sind zur Seele verseilt
3 Gemeinsame Aderumhüllung (EPDM)
4 Konzentrischer Leiter (Kupferdrähte) und Querleitwendel (Cu-Band)
5 Mantel (PVC, schwarz, UV-beständig)

NYCWY-Kabel haben folgenden Aufbau:

1 Kupferleiter, rund eindrähtig (RE), rund mehrdrähtig (RM), bzw. Sektor mehrdrähtig (SM)
2 Aderisolation (PVC)
3 Gemeinsame Aderumhüllung (EPDM)
4 Konzentrischer Leiter (Kupferdrähte mit wechselnder Schlagrichtung) und Querleitwendel (Cu-Band)
5 Mantel (PVC schwarz, UV-beständig)

Der konzentrische Ceander-Leiter darf als PE- oder PEN-Leiter verwendet werden.

Der minimale Biegeradius der Kabel beträgt ca. das 15-fache des Außendurchmesser des Kabels, je nach Herstellervorgabe.

NYY-Kabel werden nicht nur mit Kupfer, sondern auch mit Aluminiumleiter hergestellt. Diese tragen dann als 2. Buchstaben ein „A“, zum Beispiel „NAYY“.

11.4.3 PV-Leitungen

Im Jahr 2015 löste die aktualisierte Norm EN 50618 die Norm PV1-F ab. Entsprechend der EN 50618 werden geeignete Solarkabel nun mit dem Aufdruck „H1Z2Z2-K“ versehen. **Bild 11.9** zeigt den entsprechenden Aufdruck.

Der Mantel Z2 und die Basisisolierung Z2 besteht aus einem vernetzte Polyethylen (XLPE). Das Material zeichnet eine hohe Wärmebeständigkeit sowie physikalische und mechanische Stabilität aus. **Bild 11.10** zeigt den Aufbau einer PV-Leitung.

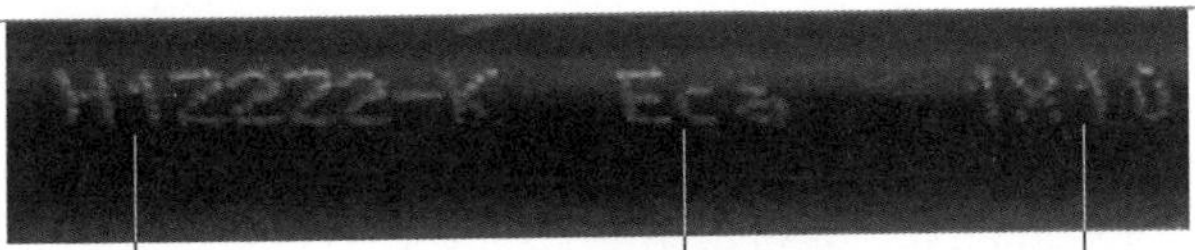

Bild 11.9 Leitungskennzeichnung

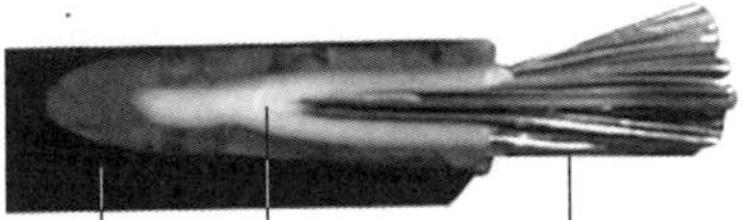

Bild 11.10 Leitungsaufbau einer PV-Leitung

PV-Leitungen sind, wie alle anderen Leitungen auch, fest zu verlegen. Die Verlegung ist in der Erde und auch unter Sonneneinstrahlung zugelassen. Mechanische Belastungen durch Schleifen auf dem Untergrund sind verboten.

Bei frei zugänglichen Leitungen gilt für den Abstand der Befestigungspunkte:

Durchmesser < 9 mm:
horizontal maximal 250 mm,
vertikal maximal 400 mm

Durchmesser 10 mm bis 15 mm:
horizontal maximal 300 mm,
vertikal maximal 400 mm

Bei verdeckt geführten Kabeln und Leitungen gilt für den Abstand der Befestigungspunkte horizontal maximal 800 mm, vertikal maximal 1.500 mm.

PV-Gleichstromleitungen im Gebäude müssen doppelt isoliert sein oder bei Einzelverlegung in separaten, isolierenden Rohren oder Kanälen verlegt werden.

Oft finden sich auch PV-Leitungen mit anderen Außenfarben, zum Beispiel rot und blau, um den positiven und negativen Anschluss der Stränge zu kennzeichnen.

11.4.4 Verwendung von Leiterfarben

Bei den meisten Leitungen und Kabeln sind die Adern farblich gekennzeichnet. Die Adern werden für folgende Aufgaben verwendet:

- Außenleiter = braun, schwarz, grau,
- Neutralleiter = blau,
- Schutzleiter und Schutzpotentialausgleichsleiter = grün-gelb,
- Funktionspotentialausgleichsleiter ist beliebig farblich gekennzeichnet, verkehrsüblich rosa (pink), aber nicht grün-gelb.

In Leitungen und Kabeln mit mehr als fünf Leitern sind diese meist mit einer Nummerierung gekennzeichnet. Zusätzlich zu den nummerierten Leitern ist in diesen Leitungen ein Leiter farblich grün-gelb gekennzeichnet. Werden in diesen Leitungen Neutralleiter geführt, so ist eine Ader mit beliebiger Nummerierung verwendbar. Der Leiter ist jedoch an der Klemmstelle zusätzlich blau, z.B. mittels blauem Isolierband, als Neutralleiter zu kennzeichnen.

11.5 Belastbarkeit von Leitungen

Eine korrekte Dimensionierung der Leitungsanlage ist Voraussetzung für einen sicheren Betrieb und eine wirtschaftliche Verwendung der Anlage. Falsch dimensionierte Leitungsanlagen stellen eine Brandgefahr dar. In **Bild 11.11** sind die Zusammenhänge der Leitungserwärmung dargestellt:

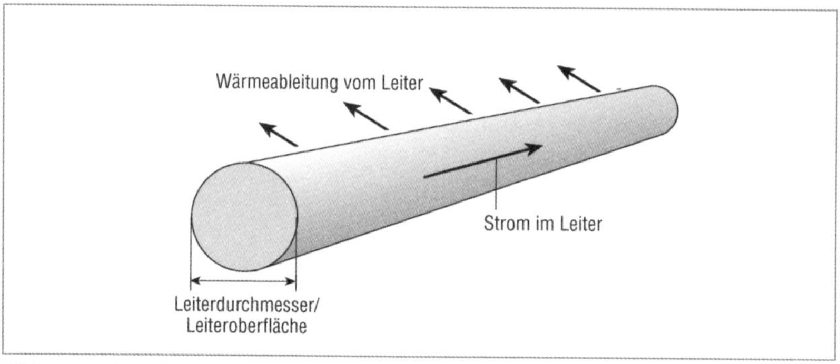

Bild 11.11 Strombelastbarkeit einer Leitung

- Wenn ein Strom durch einen Leiter fließt, wird dieser erwärmt.
- Die Wärme wird über die Oberfläche an die Umgebung abgeführt.
- Je kleiner der Querschnitt des Leiters und je größer der Strom, umso höher ist der Temperaturanstieg.
- Die Umgebung und die Umgebungstemperatur des Leiters ist zu berücksichtigen.

Die Kunststoffe, mit denen die Leitungen isoliert sind, dürfen nur einer bestimmten maximalen Temperatur ausgesetzt werden. Sonst können Sie die Isolationsfähigkeit verlieren und abbrennen.

Daraus resultieren die Faktoren, die die Belastbarkeit einer Leitung bestimmen:

- maximale Temperatur am Leiter, z. B. 70° C bei PVC-isolierten Leitungen,
- Umgebungstemperatur,
- Verlegeart,
- Anzahl der belasteten Adern,
- die Häufung der Leitungen,
- geänderte Umgebungstemperaturen,
- Anzahl der belasteten Adern, wenn dies mehr als drei Adern sind,
- die Größe der Oberwellen in dem Netz.

Folglich dürfen Leitungen nur mit einem bestimmten Strom belastet werden. Dieser ist in DIN VDE 0298-4 festgelegt.

Bei der Dimensionierung von Leitungen sind ausschließlich die dort abgedruckten Tabellen in der jeweils gültigen Fassung zu verwenden.

Für besondere Verlegebedingungen müssen Korrekturfaktoren berücksichtigt werden. Das gilt insbesondere für die Häufung und Umgebungstemperatur.

11.5.1 Strombelastbarkeit von Leitungen

Die Strombelastbarkeit von Leitungen ist in DIN VDE 0298-4 festgelegt. Bei der Dimensionierung von Leitungen sind ausschließlich die dort abgedruckten Tabellen in der jeweils gültigen Fassung zu verwenden. Die Tabellen in diesem Abschnitt sind ausschließlich für die Übung in der Ausbildung verwendbar. Sie stellen einen kleinen Auszug aus dem gesamten Tabellenwerk dar.

Für die Verlegung auf oder in einer Wand von ein- oder mehradrigen Kabeln oder ein- oder mehradrigen, ummantelten Installationsleitungen, Verlegeart C bei 25 °C, gilt **Tabelle 11.1**.

Querschnitt in mm^2	Strombelastbarkeit bei Wechselstrom in A	Sicherung bei Wechselstrom in A	Strombelastbarkeit bei Drehstrom in A	Sicherung bei Drehstrom in A
1,5	16,5	16	14	13
2,5	19,5	16	18,5	16
4	27	25	24	20
6	34	32	31	25
10	46	40	41	40
16	60	50	55	50
25	80	80	72	63

Tabelle 11.1 Übungstabelle Belastbarkeit von Leitungen in Verlegeart C nach DIN VDE 0289-4

11.5.2 Geänderte Umgebungsbedingungen

Der Begriff „geänderte Umgebungstemperatur“ bezieht sich auf die, in den Standardtabellen der Norm, zugrunde gelegte Normaltemperatur von 30°C. In Deutschland sind jedoch 25 °C als Standardtemperatur festgelegt.

Bei von der in der Belastbarkeitstabelle abweichenden Umgebungstemperatur ist ein Korrekturfaktor f_1 nach **Tabelle 11.2** erforderlich.

Umgebungstemperatur in °C	10	15	20	25	30	35	40	45	50
Korrekturfaktor	1,22	1,17	1,12	1,06	1,00	0,94	0,87	0,79	0,71

Tabelle 11.2 Korrekturfaktor für geänderte Umgebungstemperatur

11.5.3 Häufung von Leitungen

Werden mehrere voll belastete Leitungen in einem Kabelkanal oder einem Rohr oder auf der Wand mit einem Abstand kleiner als der Leitungsdurchmesser verlegt, gilt Korrekturfaktor f_2 nach **Tabelle 11.3** für die Häufung von mehradrigen Kabeln oder Leitungen.

Anzahl der Leitungen	1	2	3	4	5	6	7	8	9	10
Korrekturfaktor	1,00	0,80	0,70	0,65	0,60	0,57	0,54	0,52	0,50	0,48

Tabelle 11.3 Korrekturfaktor f_2 für die Häufung von Leitungen

Die Belastbarkeit von Leitungen mit zwei und drei belasteten Adern ist in den Standardtabellen enthalten. Werden jedoch mehrere Adern in einem Kabel belastet, gelten zusätzliche Korrekturfaktoren f_3 für mehr als drei belastete Adern nach **Tabelle 11.4.** Die Tabelle zeigt die Korrekturfaktoren nach Anzahl der belasteten Adern bei Verlegung in Luft bis zu einem Leiterquerschnitt von 10 mm^2.

Anzahl der belastenden Adern	5	6	7	10	14	19	24	40
Korrekturfaktor	0,75	0,70	0,65	0,55	0,50	0,45	0,40	0,35

Tabelle 11.4 Korrekturfaktor f_3 für die Anzahl belasteter Adern

Gleichung 11.1: Strombelastbarkeit von Leitungen

$$I_Z < I_r$$

I_Z Strombelastbarkeit der Leitung gemäß Verlegebedingungen
I_r Strombelastbarkeit der Leitung gemäß Tabelle nach DIN VDE 0298-4

Um die Belastbarkeit der Leitung festzulegen, wird der Wert I_r für den gewählten Querschnitt z. B. aus der Tabelle 11.1 ermittelt. Sind keine Korrekturfaktoren zu berücksichtigen, entspricht die Belastbarkeit I_Z dem Tabellenwert.

Sind Korrekturen für die Umgebungstemperatur, Häufung oder Anzahl der Leiter erforderlich, werden diese Faktoren aus den jeweiligen Tabellen in die Gleichung für I_Z einfließen.

Gleichung 11.2: Korrigierte Strombelastbarkeit I_Z

$$I_Z < I_r \cdot f_1 \cdot f_2 \cdot f_3$$

I_Z Strombelastbarkeit der Leitung gemäß Verlegebedingungen
I_r Strombelastbarkeit der Leitung gemäß Tabelle nach DIN VDE 0298-4
f_1 Korrekturfaktor Umgebungstemperatur
f_2 Korrekturfaktor Häufung
f_3 Korrekturfaktor Anzahl der belasteten Adern

Der Wert von I_Z führt dann auch zu dem nächstgrößeren Bemessungswert der vorgeschalteten Sicherung oder dem Leitungsschutzschalter sowie dem Betriebsstrom des angeschlossenen Betriebsmittels, der nicht überschritten werden darf.

Gleichung 11.3: Ströme in einem Stromkreis

$$I_b < I_n < I_Z$$

I_b Betriebsstrom des Stromkreises
I_n Nennstrom der vorgeschalteten Sicherung
I_Z Strombelastbarkeit der Leitung gemäß Verlegebedingungen

Zwei Beispiele sollen das verdeutlichen:
Mit welcher Sicherung darf eine einzelne Wechselstrom-Leitung mit dem Querschnitt von 2,5 mm², in Verlegeart C verlegt, bei 30 °C abgesichert werden?
Tabellenwert für $I_r = 19{,}5$ A

$I_Z = I_r = 19{,}5\ \text{A}$

Nach

$I_b < I_n < I_Z$

folgt die zugehörige Sicherung: $I_n < 19{,}5\ \text{A}$

$I_b < 16\ \text{A} < 19{,}5\ \text{A}$

Die nächste kleinere zu verwendende Sicherung hat einen Bemessungsstrom von 16 A.
Der Betriebsstrom des angeschlossenen Betriebsmittels darf folglich nicht größer als 16 A sein.

Eine Drehstromleitung mit dem Querschnitt 6 mm² soll zusammen mit vier weiteren Leitungen gebündelt bei einer Umgebungstemperatur von 40 °C auf der Wand verlegt werden. Welche maximale Sicherung darf vorgeschaltet werden?
Zunächst werden die Tabellenwerte ermittelt:

I_Z = *Strombelastbarkeit der Leitung im Betrieb*

I_r = *31 A* (6 mm² Verlegeart C)

f_1 = *0,87* (Häufung von fünf Leitungen)

f_2 = *0,57* (Umgebungstemperatur 40° C)

f_3 = *1* (es sind nicht mehr als drei belastete Adern im Kabel)

$I_Z = 31\ A \cdot 0{,}87 \cdot 0{,}57 \cdot 1 = 15{,}4\ A$

Für die Sicherung bedeutet das:

$I_b < 13\ \text{A} < 15{,}4\ \text{A}$

Es ist die nächstkleinere Sicherungsgröße 13 A zu wählen. Der Betriebsstrom des angeschlossenen Betriebsmittels darf nicht größer als 13 A sein.

11.5.4 Kurzschlussbelastbarkeit von Leitungen

Werden Leitungen einem Kurzschluss ausgesetzt, entstehen gegenüber dem Normalbetrieb ungleich höhere Belastungen durch die Wärmeentwirkung des Stromes und auch durch die Wirkung der Magnetfelder, während der hohe Kurzschlussstrom fließt. Dadurch wird eine Leitung bis hin zur Zerstörung beschädigt.

Nachfolgende Gleichung gilt es anzuwenden, wenn die nach der Belastung festgelegte Dimensionierung abgeschlossen ist.

Gleichung 11.4: Kurzschlussbelastung von Leitungen

$$k^2 \cdot S^2 > I^2 \cdot t$$

k^2 Quadrat der Konstante für PVC-Isolierte, z. B. 115 für Kupferleiter

S^2 Quadrat des Leiterquerschnitts in mm²

I^2 Quadrat des fließenden Kurzschlussstromes in A

t Abschaltzeit der vorgeschalteten Sicherung in s

Ein Beispiel soll das verdeutlichen:

Wie hoch darf der entstehende Kurzschlussstrom werden, wenn ein Kurzschluss auf einem mit PVC isolierten Kupferleiter mit 16 mm² in einem TN-System nach 5 s abgeschaltet wird?

$$k^2 \cdot S^2 > I^2 \cdot t$$

mit eingesetzten Zahlen:

$$115^2 \cdot 16^2 > I^2 \cdot 5$$
$$13.225 \cdot 256/5 > I^2$$
$$677.120 > I^2$$

Ergebnis:

$$\sqrt{677.120} > I$$
$$823 > I \text{ (oder } I \text{ muss kleiner sein als 823 A)}$$

Damit kann die Leitung im Kurzschlussfall, wenn sie spätestens nach 5 s bei 823 A abgeschaltet wird, ohne Schaden weiter betrieben werden.

Im Fall einer Einspeisung über einen eigenen Transformator in das Hochspannungsnetz eines VNB können Kurzschlussströme im kA-Bereich auftreten.

11.5.5 Biegeradien

Kabel und Leitungen dürfen nicht zu eng gebogen werden. Die Folge ist eine Verformung der Isolationen. Daraus können Isolationsfehler entstehen.

Angaben zu zulässigen Biegeradien für Kabel finden sich in den Normen sowie den Vorgaben der Hersteller. Normativ ist:

- einadrig: 15 D_a (15 x Außendurchmesser des Kabels)
- mehradrig: 12 D_a (12 x Außendurchmesser des Kabels)

Eine Verringerung auf 50 % bei Erwärmung auf 30 °C und einmaligem Biegen über Schablonen oder vorgeformte Rollen ist möglich.

Die Leitungshersteller für PV-Leitungen geben immer Hinweise auf die Verwendung der Leitung hinsichtlich der Temperatur und der Biegeradien. **Bild 11.12** zeigt die Vorgaben zu den Biegeradien. Diese sind in jedem Fall vorrangig zu beachten, weil sie gegenüber der Norm abweichen können.

Die Biegeradien der Leitungen sind auch bei der Steckerbefestigung zu betrachten. Hinweise dazu, wie eng die Leitung hinter einem Stecker gebogen werden darf, finden sich in den Montagevorschriften der Steckerhersteller.

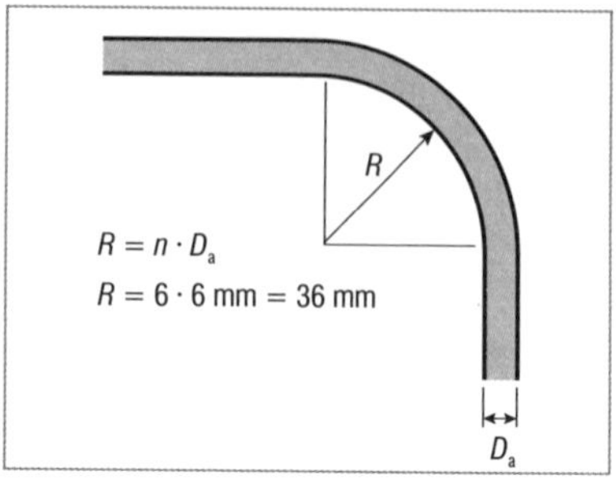

Bild 11.12 Biegeradien von Leitungen

11.5.6 Feste Verlegung von Leitungen

Leitungen sind im gesamten Verlauf und auch vor den Einführungen in Betriebsmittel zu befestigen. Ausnahmen gelten für bewegliche Leitungen. Werden Leitungen fest verlegt, ist am Anschluss des Betriebsmittels keine Zugentlastung erforderlich. Bewegliche Leitungen müssen an der Einführung in das Betriebsmittel so befestigt sein, dass kein Zug oder Druck auf die Klemmstelle einwirken kann. Offen verlegte Leitungen sollten nicht weiter als 50 mm von der Einführungsstelle in ein Betriebsmittel befestigt werden. **Bild 11.13** zeigt beispielhaft die Befestigung von Leitungen.

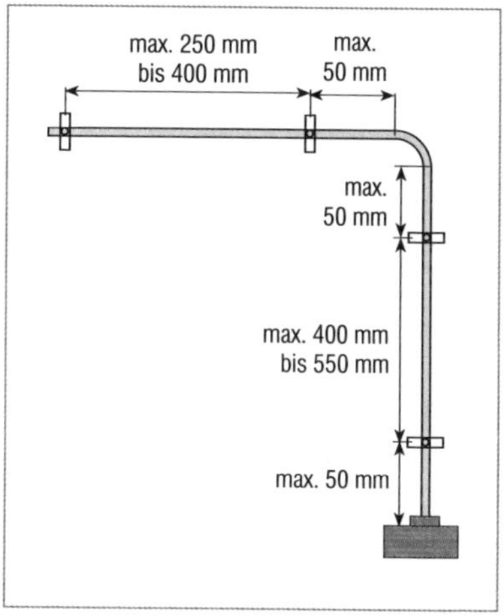

Bild 11.13 Befestigung sichtbarer Leitungen

Werden Leitungen und Kabel verdeckt geführt, kann der Befestigungsabstand vergrößert werden:

- vertikaler Abstand der Befestigungen 1.500 mm,
- horizontaler Abstand der Befestigungen 800 mm.

Wichtig ist die Zug- und Druckbelastung, die auf die Leitungsisolierung wirkt. Viele Kunststoffe „fließen“ bei Druck. Dadurch reduziert sich die Isolationsdicke. Es besteht die Gefahr des Überschlags verbunden mit Lichtbögen und Bränden.

Für fest verlegte Leitungen der Energieanlagen in Gebäuden ist ein Mindestquerschnitt vorgeschrieben. Dieser beträgt bei dem Leitermaterial Kupfer 1,5 mm² und 16 mm² bei Aluminium.

11.5.7 Kabelkanäle und Kabelrinnen

Zur festen Verlegung von Kabeln und Leitungen werden geschlossene Kabelkanäle, Rohre, Kabelrinnen und Kabelleiter, wie in **Bild 11.14** gezeigt, verwendet. Bei der Verlegung muss die Belastung des Verlegesystems im Hinblick auf die Häufung der Kabel aber auch auf den Füllgrad und das Gewicht berücksichtigt werden.

Die Hersteller von Kabelkanälen geben einen maximalen Füllgrad der Trassen von ca. 60 % vor. Eine Bemessungsgröße ist nach der Gleichung 11.5:

Gleichung 11.5: Belegte Leitungsfläche in einem Kabelkanal

$$A = 2\,r^2$$

A belegte Fläche im Kanal

r Radius des Kabels ($1/2\ D_a$)

Aus einem Kabelkanal mit den Abmessungen $b = 100\,\text{mm} \cdot h = 60\,\text{mm}$, einer Leitung mit einem Außendurchmesser $D_A = 6$ mm und einem Füllgrad von 60 % folgt n = Anzahl der Leitungen:

$$\text{Anzahl der Leitungen} = \text{Füllgrad} \times \frac{\text{Kanalfäche}}{\text{belegte Leitungsfläche}}$$

$$n = 0{,}6 \cdot \frac{b \cdot h}{2\,r^2} = 0{,}6 \cdot \frac{100\ \text{mm} \cdot 60\ \text{mm}}{2 \cdot 3^2\ \text{mm}^2} = 200\ \text{Stück}$$

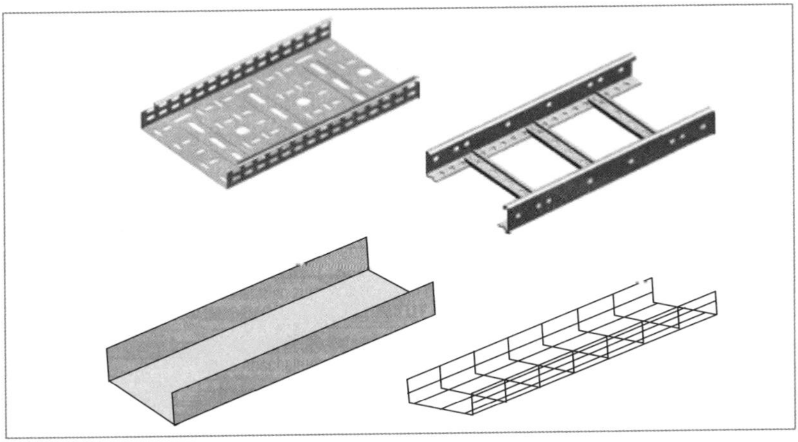

Bild 11.14 Kabelkanäle und Kabelrinnen

Dabei gilt es zu beachten, dass sich die Leitungsbelastung bei einer Leitungshäufung reduziert. Die Tabelle 21 der dafür zu berücksichtigenden DIN VDE 0298-4 beinhaltet maximal 20 Leitungen und gibt dabei einen Reduktionsfaktor von 0,38 an. Was also einer Reduzierung der normalen Belastung der Leitung auf 38 % der zulässigen Belastung bedeutet.

Für Kabelleiter und Kabelrinnen ist die Belastung je Längeneinheit in m abhängig von den Abständen der Unterstützung.

Hier das Beispiel eines Herstellers:

1,1 kN/m bei 1 m Abstand der Träger,

0,5 kN/m bei 1,5 m Abstand der Träger,

0,3 kN/m bei 2 m Abstand der Träger.

Dazu kommt das Gewicht der PV-Leitung:

Gewichtsermittlung für die Auslastung einer Kabeltrasse:

Ein Kabel vom Typ NYY 4 mm^2 = 60 kg/Km oder 0,06 kg/m

Umrechnung 1 kg = 9,81 N $\Rightarrow$ 0,06 kg/m × 9,81 N/kg = 0,588 N/m

1 m Leitung übt also eine senkrechte Kraft von 0,588 N auf das Tragsystem aus.

Bei einem Trägerabstand von 1,5 m darf die Rinne z.B. mit 0,5 kN/m (500 N/m) belastet werden.

500 N/m / 0,588 N/m Leitung = ca. 1.000 Leitungen

Auch in diesen Fall ist eine vollständige Ausnutzung der Füllmenge hinsichtlich der Belastung, so wie bei dem Kabelkanal des vom Hersteller vorgegeben Füllgrads aus Gründen der Häufung und der damit verbundenen Gefährdung nicht möglich.

Die Gewichte und die auf die Trasse wirkenden Kräfte einiger gängiger Energiekabel zeigt die **Tabelle 11.5.**

Bild 11.15 zeigt die Leitungsdaten von PV-Leitungen.

Kabeltyp	Gewicht in kg/km	Kraft in N/m
NYY 5x6 mm^2	510	× 9,81 = 5,0
NYY 5x10 mm^2	816	× 9,81 = 8,0
NYY 5x16 mm^2	1.250	× 9,81 = 11,03
NYY 5x25 mm^2	1.950	× 9,81 = 19,13

Tabelle 11.5 Beispielhafte Leitungsgewichte für Energieleitungen zur Übergabestelle

Technische Daten:

Nennspannung		[V]	1000 Volt
Prüfspannung		[V]AC	4000
Temperaturbereich	bewegt		-40°C bis +90°C
Biegeradius	einmal / verlegt	x DA	6

Aderzahl und Nennquerschnitt mm²	Kupferzahl kg/km	Leiteraufbau (Richtwert) mm	Außen-durchm. ca. mm	Gewicht ca. kg / km
1 x 2,5 sw, rt, bl	25	56 x 0,30	6,0	45
1 x 4 sw, rt, bl	40	56 x 0,30	6,7	60
1 x 6 sw, rt, bl	60	84 x 0,30	7,1	79
1 x 10 sw	100	84 x 0,30	8,8	130

Bild 11.15 Leitungsdaten

11.5.8 Schutzleiter und Potentialausgleichsleiter anschließen

Schutzleiter und Potentialausgleichsleiter dienen dem Schutz gegen elektrischen Schlag und zum Teil der Funktion der Betriebsmittel. Deshalb werden besondere Anforderungen an diese Leiter gestellt. Die Besonderheit drückt sich zunächst in der Farbe der Leiter aus. Leiter mit Schutzfunktion sind grün-gelb gekennzeichnet. Diese Farbe darf von keinem anderen Leiter verwendet werden.

- Schutzleiter verbinden die leitfähigen Betriebsmittelgehäuse, die „Körper" mit dem Anlagenerder.
- Schutz-Potentialausgleichsleiter verbinden den Schutzleiter, metallische, leitfähige Teile der Gebäudekonstruktion, der technischen Gebäudeausstattung, z. B. Heizungs- und Wasserleitungen, mit dem Anlagenerder.
- Funktions-Potentialausgleichsleiter verbinden technische Geräte mit dem Erdungssystem des Gebäudes und dienen der Funktion, z. B. der Isolationsüberwachung im Wechselrichter.

Auch an den Anschluss der Leitungen werden aus den genannten Gründen besondere Anforderungen gestellt. Sie sind als Anschluss zu kennzeichnen und sie müssen gegen Selbstlockern gesichert sein. Das geschieht durch den Aufbau der Verbindung wie in Bild **11.16** gezeigt. Zum Anschluss dürfen keine Schrauben verwendet werden, die konstruktive Aufgaben haben, also keine Befestigungsschrauben.

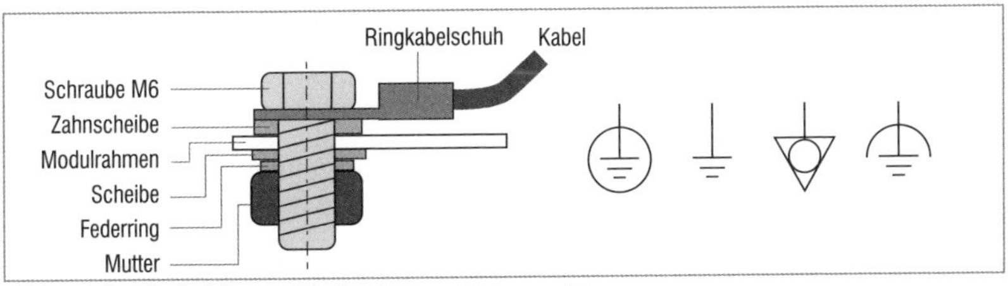

Bild 11.16 Schutzleiter und Potentialausgleichsanschluss

11.5.9 Induktionsschleifenbildung von Leitungen

Wenn elektromagnetische Felder zum Beispiel in Folge eines Blitzeinschlags in der Nähe der PV-Anlage auftreten, besteht die Gefahr, dass Spannungen in die Leitungsanlage induziert werden. Eine Induktionsschleife zeigt **Bild 11.17**. Die Spannungen in den Induktionsschleifen können so groß werden, dass sie die Module und die Wechselrichter zerstören. Um das zu verhindern sind die Leitungen der Stränge selbst und auch die Strangleitungen mit den Potentialausgleichsleitungen möglichst eng zusammen zu legen. Unterstützend wirken geschlossene metallische Verlegesysteme zum Wechselrichter wie ungelochte, abgedeckte Kabelbühnen.

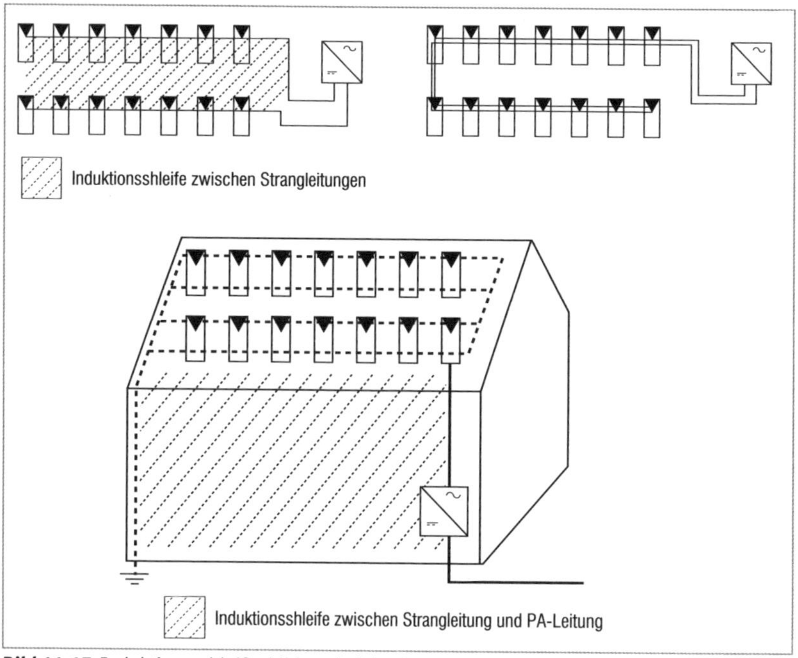

Bild 11.17 Induktionsschleifenbildung bei der Strangverkabelung

11.5.10 Kennzeichnung von Leitungssystemen

Betriebsmittel müssen gekennzeichnet sein, damit sie in der Anlage zugeordnet werden können. Das gilt auch für Leitungen, die durch ihre Anordnung nicht eindeutig den Betriebsmitteln zugeordnet werden können, wie **Bild 11.18** darstellt.

- Die Kennzeichnung erfolgt an den Anschlussstellen am Wechselrichter und
- an der Einspeisung der Modul-Stränge.

Die Kennzeichnung stimmt mit denen in den Revisionsplänen überein.

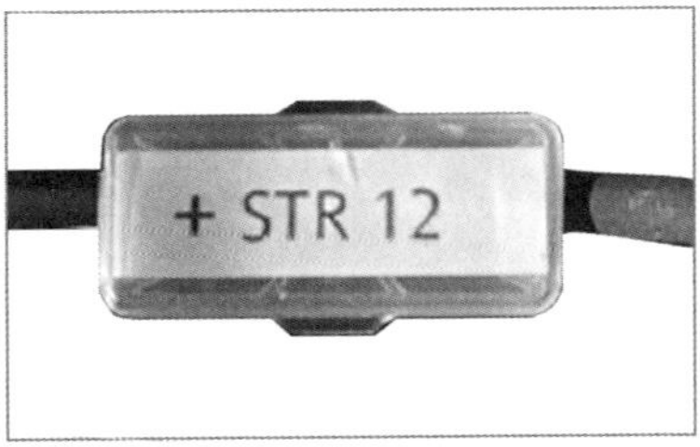

Bild 11.18 Kennzeichnung einer Leitung

11.6 Steckverbinder

Um Leitungen lösbar zu verbinden oder um Betriebsmittel an das Versorgungsnetz anzuschließen, werden Steckverbindungen verwendet.

Für die verschiedenen Einsatzsituationen sind eine Vielzahl von Steckverbindungen vorhanden.

Die häufigsten Steckverbindungen im Energiebereich für Wechselspannung sind Haushaltssteckverbindungen als Schukosteckverbindung, auch Typ 1 genannt, sowie Industriesteckverbindungen als CEE-Steckersystem.

11.6.1 Spezielle Anwendungen

Für spezielle Anwendungen werden jeweils für den Anwendungsfall entwickelte Steckverbinder eingesetzt. Das sind:

- PV-Steckverbindungen als Gleichstromsteckverbindungen,
- Steckersysteme für informationstechnische Anwendungen für Zweidrahtleitungen,
- Steckersysteme für informationstechnische Anwendungen für Koaxialleitungen,
- Steckerverbindungen im Maschinenbau.

11.6.2 Schukosteckverbindung

Die Schukosteckvorrichtung, die **Bild 11.19** zeigt, ist ein System, das speziell in Deutschland für einfache Anwendungen im einphasigen Wechselspannungsbereich weit verbreitet ist. Es findet Verwendung bei:

Bild 11.19 Schukostecker

- Anschluss von Betriebsmitteln der Schutzklasse 1 mit Schutzleiteranschluss,
- Spannung von 230 V,
- Belastung von 16 A,
- einer gegen Berührung geschützten Steckverbindung, plus Schutzkontakt, der vor den beiden aktiven Kontakten Verbindung bekommt und nach dem Trennen der beiden spannungsführenden Kontakte getrennt wird,
- Schutzkontakt-Gummisteckern auf Baustellen für höhere mechanische Belastungen,
- Konturenstecker, wenn ein schutzisoliertes Gerät mit einer höheren Strombelastbarkeit als 2,5 A angeschlossen werden muss.

Steckverbindungen anderer Länder haben einen Schutzkontakt, der eine Buchse im Stecker erfordert.

11.6.3 CEE-Stecksystem

Wo robuste Anwendungen im gewerblichen Bereich vorliegen und mehrphasige Systeme versorgt werden müssen, hat sich das CEE-System, wie es **Bild 11.20** zeigt, durchgesetzt.

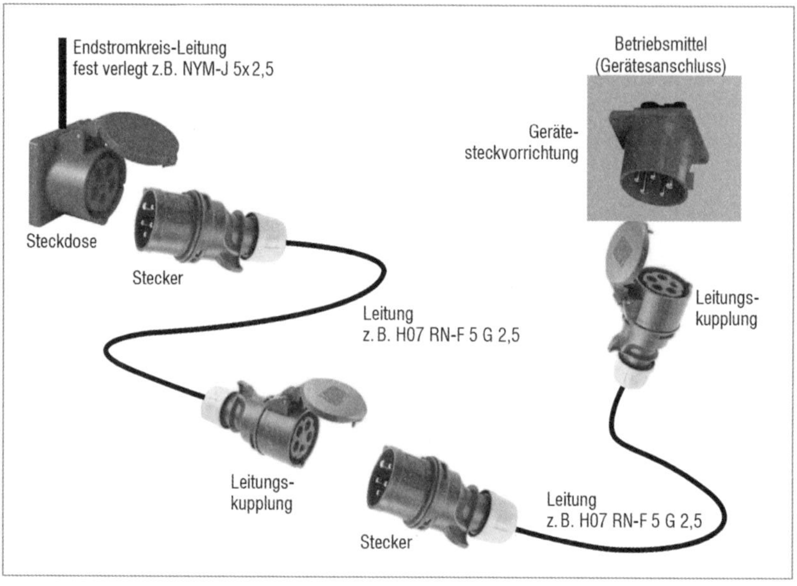

Bild 11.20 CEE-Steckersystem

- In verschiedenen Errichternormen und in den Unfallverhütungsvorschriften ist es zwingend vorgeschrieben.
- Es reicht von 16 A bis 125 A.
- Es ist hergestellt für drei, vier oder fünf Pole.
- Vorteil der dreipoligen CEE-Stecker für 230 V gegenüber den Schutzkontaktsteckverbindungen ist, dass die CEE-Steckverbindung verpolungssicher ist. Der Außenleiter und Neutralleiter sind festen Anschlusspunkten zugeordnet.

11.6.4 Berührungslose Niederspannungs-Steckverbindungen

Steckverbinder, die Strom in ein System einspeisen, müssen besondere Anforderungen erfüllen. Sie dürfen an den Spannung führenden Teilen nicht berührbar sein, solange die Versorgungsspannung anliegt. Das ist bei der Einspeisung von PV-Strom über eine Haushaltssteckdose problematisch, da die PV-Anlage, sobald Licht auf die Module fällt, eine Spannung erzeugen kann und der Stecker bis zum Abschalten der Schutzeinrichtung im Wechselrichter Spannung führt. Diese Schalteinrichtung muss ein Trennschalter sein. Das gilt ganz besonders bei einem Fehler im System. Aus diesem Grund ist eine direkte Einspeisung in die Infrastruktur geregelt. Der Stecker, mit dem die Verbindung hergestellt werden kann, muss berührungssicher sein, wenn dort eine gefährliche Spannung während der zugelassenen Zeit ansteht. Ein Beispiel eines berührbaren Steckers und eines berührungssichern Steckers zeigt **Bild 11.21**.

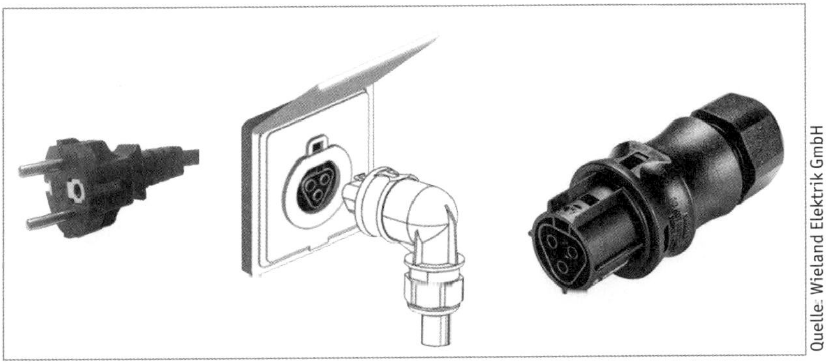

Bild 11.21 Schukostecker und berührungslose Niederspannungs-Steckverbindungen

11.6.5 PV-Steckverbindungen

PV-Steckverbinder sind in der Regel, wie **Bild 11.22** zeigt, einpolig gebaut. Auch hier ist, wie bei allen anderen elektrischen Systemen dafür gesorgt, dass Spannung führende Teile nicht direkt berührt werden können.

Verschiedene Hersteller produzieren baugleiche PV-Steckverbindungen. Es gilt jedoch, dass ausschließlich Stecker und Buchsen desselben Herstellers in einer Verbindung verwendet werden dürfen. Die Hersteller gewähren keine Sicherheit, wenn Steckverbindungen unterschiedlicher Hersteller, auch gleichen Typs und Aussehens, miteinander verwendet werden. Grundsätzlich besteht in diesen Fällen Brandgefahr wegen einer nicht sicheren Kontaktierung.

Bei Betriebsmitteln, an denen bereits Steckverbinder montiert sind, weist der Hersteller ausdrücklich auf die Baugleichheit der zu montierenden Anschlüsse hin.

Bei der Trennung von stromführenden PV-Steckverbindungen besteht aufgrund der Eigenschaften von Gleichstrom die besonders große Gefahr eines Lichtbogens. Deshalb dürfen PV-Steckverbindungen nicht getrennt werden, wenn Strom fließt. Hierzu finden sich auch ein Hinweis auf den Steckvorrichtungen, wie in **Bild 11.23**, dargestellt. Dieser Hinweis auf den Steckern ist unbedingt zu beachten. Es besteht Lichtbogengefahr. Die Leitung ist durch Öffnen des zugehörigen Lasttrennschalters freizuschalten. Bevor die Verbindung getrennt wird, ist die „STROM-FREIHEIT“ herzustellen und durch Messung sicherzustellen. Das geschieht am einfachsten mit einem „Zangenamperemeter“, das auch für die Gleichstrommessung geeignet ist.

Einige Hersteller weisen in den Montageanleitungen darauf hin, dass die angeschlossene Leitung nicht direkt, sondern erst nach einem bestimmten Abstand gebogen werden darf. Siehe hierzu auch die Hinweise im Abschnitt 11.5.5 Biegeradien.

Bild 11.22 MC-4-Steckverbindung 1-polig für DC-Anwendungen

Bild 11.23 Hinweis auf Steckverbindung (Nicht unter Last trennen)

11.7 Geräteanschluss

Fest montierte Geräte wie PV-Module werden über Geräteanschlussdosen angeschlossen. Obwohl die Module nicht bewegt werden, sind sie über bewegliche Anschlussleitungen versorgt.

Geräte, die beweglich sind und mit der festen Installation mittels Stecker oder Festanschluss verbunden werden, müssen flexible Anschlussleitungen erhalten. Diese sind im Gerät und an der Anschlussstelle mit einer Zugentlastung zu versehen.

Gleiches gilt für Geräte, die betriebsbedingt oder zum Anschluss sowie in besonderen Fällen bewegt werden, wie schwingende Geräte (Pumpen oder Ventilatoren, die in Schwingungselementen gelagert sind).

Die Zugentlastung kann auf verschiedene Arten erfolgen. Zum Beispiel in der Kabelverschraubung, wie in **Bild 11.24** gezeigt, im Innern des Gerätes mit einer Schelle, wie beim Stecker in der Verschraubung oder vor der Einführungsstelle an der Wand oder am Gerät. In jedem Fall ist darauf zu achten, dass die Leitung an der Anschlussstelle nicht knicken kann und bei Bedarf mit einer Knickschutztülle geschützt wird.

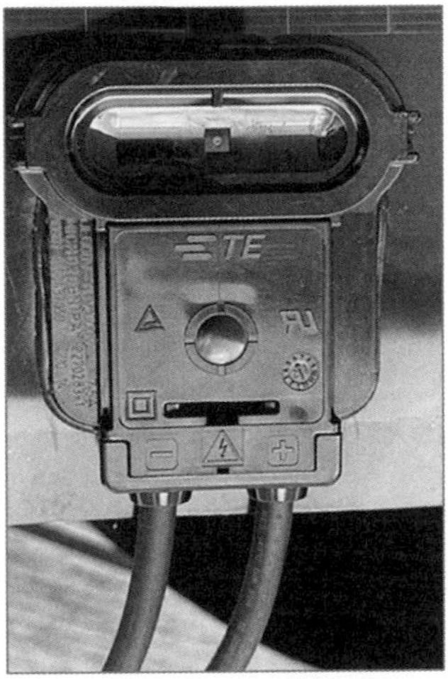

Bild 11.24 Geräteanschlussdose an einem Modul

Bei der Leitungsverlegung sind die Verarbeitungshinweise des Steckerherstellers zu beachten. Dieser fordert für den nächstliegenden Leitungs-Bogen in seiner Montageanweisung einen Mindestabstand zu dem Stecker.

11.8 Schaltgeräte in PV-Anlagen

11.8.1 AC-Schalter

Last- oder Leistungsschalter unterscheiden sich grundsätzlich hinsichtlich der zu schaltenden Spannung als Wechselspannungsschalter oder Gleichspannungsschalter. Der Unterschied liegt in dem Lichtbogenlöschverhalten, das bei Wechselspannung ein anderes ist als bei Gleichspannung. Sollen

Schalter im Gleichspannungskreis verwendet werden, können diese andere elektrische Eigenschaften haben als im Wechselspannungskreis. Das gilt insbesondere für die maximal zu schaltenden Ströme.

Die Wechselspannung durchläuft in jeden halben Zyklus einen Nulldurchgang. Dabei erlischt der Lichtbogen bei Wechselspannung jedes Mal, vorausgesetzt, die Last ist nicht hoch induktiv. Die Kontakte müssen nur weit genug auseinander liegen, um einen Lichtbogen zu verhindern. Gleichspannung hat keine Nullstelle, und so benötigt der Schalter ein anderes Lichtbogenlöschsystem oder die Last muss wesentlich kleiner sein als beim Schalten von Wechselspannung.

11.8.2 DC-Schalter

Beim Schalten einer DC-Last müssen sich die Kontakte nicht nur schnell öffnen, sondern es muss auch eine Möglichkeit zum Löschen (Kühlen) des Lichtbogens vorhanden sein, da kein Nulldurchgang in den DC-Lasten vorhanden ist, in dem der Lichtbogen automatisch verlöscht.

Ist das Schaltgerät für Wechsel- und Gleichstrom geeignet, unterscheiden sich die technischen Daten im Hinblick auf

- die Höhe des schaltbaren Stromes (Kontaktbelastung),
- die Höhe der schaltbaren Spannung (Betriebsspannung),
- die Schaltzeit.

Das Beispiel eines Leitungsschutzschalters eines Herstellers zeigt die Unterschiede bei Verwendung in Gleich- und Wechselstromkreisen auf:

Betriebsspannung Wechselspannung 230/400 V

Eigenschaften des elektromagnetischen Auslösers bei Wechselstrom:

Typ B: $3\,I_n < I_{mt} = 5\,I_n : t\,(I_{mt}) < 0{,}1$ s

Typ C: $5\,I_n < I_{mt} = 10\,I_n : t\,(I_{mt}) < 0{,}1$s

Betriebsspannung Gleichspannung 60 V

Eigenschaften des elektromagnetischen Auslösers bei Gleichstrom:

Typ B: $4\,I_n < I_{mt} = 7\,I_n : t\,(I_{mt}) < 0{,}1$ s

Typ C: $7\,I_n < I_{mt} = 15\,I_n : t\,(I_{mt}) < 0{,}1$s

11.8.3 Feuerwehrschalter

Der Feuerwehrschalter soll als DC-Trenn-Schalter die PV-Stränge vom Wechselrichter trennen. **Bild 11.25** zeigt ein Beispiel. Er sollte für die Einsatzkräfte leicht erreichbar angebracht sein. Eine Fernauslösung durch einen

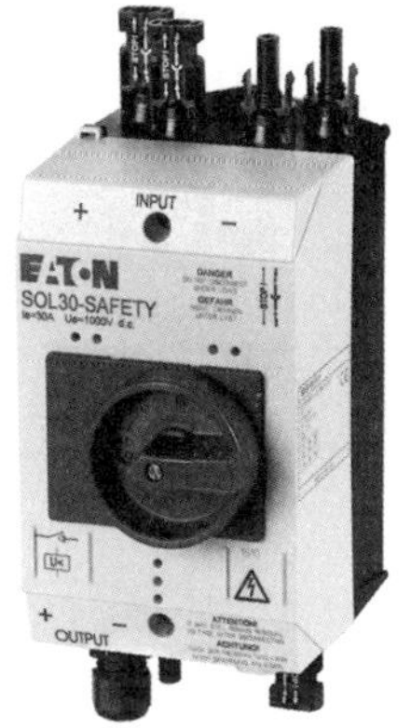

Bild 11.25 Feuerwehrschalter

integrierten Unterspannungsauslöser ist oftmals möglich. Aufgrund der bundesweit unterschiedlichen Regelwerke der Länder im Baurecht kann keine einheitliche Aussage getroffen werden, an welchem Ort ein Feuerwehrschalter erforderlich ist.

11.8.4 Niederspannungs-Schaltgerätekombinationen

Niederspannungs-Schaltgerätekombinationen sind Betriebsmittel, die üblicherweise für einen speziellen Fall angefertigt werden. Es handelt sich dabei um Sicherungen, Schaltgeräte, Klemmen und sonstige Betriebsmittel, die in ein Gehäuse eingebaut werden. Sie dienen als Betriebsmittel zur Verteilung von elektrischen Stromkreisen oder wie in der PV-Technik, um die Energie der Wechselrichter zusammen zu fassen und an eine Übergabestelle weiterzuleiten. **Bild 11.26** zeigt den prinzipiellen Aufbau eines PV-Systems, in dem die Ausgänge der Wechselrichter zusammen gefasst werden und an die Übergabe- und Messeinrichtung weitergeleitet werden. Wie alle anderen Betriebsmittel auch müssen Niederspannungschaltgerätekombinationen nach zutreffenden Normen hergestellt werden. Danach erhalten sie eine Konformitätserklärung mit einem CE-Kennzeichen. Dies ist die Voraussetzung, dass diese Betriebsmittel in der elektrischen Anlage eingesetzt werden.

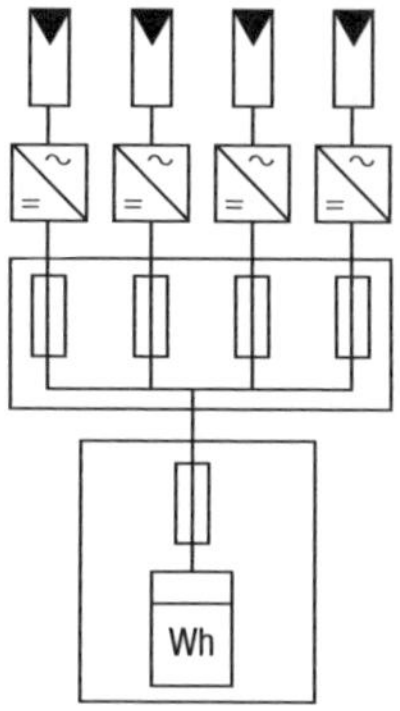

Bild 11.26 Einsatz einer Niederspannungs-Schaltgerätekombination

11.9 PV-Module

Photovoltaikmodule sind Halbleiterbauelemente, die Energie der elektromagnetischen Wellenstrahlung im Bereich des Lichtes in elektrische Energie umwandeln. Dabei werden die Elektronen an der Grenzschicht, die zwischen zwei Halbleiterschichten entsteht, getrennt. Es entsteht ein elektrisches Feld zwischen den zwei Halbleitern, was zur Entstehung einer Spannung führt.

11.9.1 Funktionsweise von Solarzellen – Raumladungszone

Die Raumladungszone (**Bild 11.27**) ist ein elektrisches Feld im Kern der Solarzelle.

Sie befördert die vom Licht erzeugten elektrisch geladenen Teilchen (Elektronen) zu den Metallkontakten an der Vorder- und Rückseite der Zelle. So kann man sie als Strom nutzen.

Dazu werden Solarzellen aus Halbleitern hergestellt. Das sind Materialien, die elektrischen Strom unterschiedlich gut leiten.

In den meisten Solarzellen wird Silizium verwendet. Um in Silizium einen pn-Übergang zu erzeugen, muss das Material gezielt mit Fremdatomen angereichert werden. Zunächst werden in das Silizium sogenannte Akzeptoratome eingebracht. Dadurch entstehen im Halbleiter mehr positiv geladene Teilchen (Löcher). Dieser Vorgang heißt p-Dotierung.

Danach werden in einem schmalen Teilbereich Atome wie Phosphor oder Antimon ins Siliziumgitter eingebaut, um dort einen Überschuss an negativ geladenen Elektronen entstehen zu lassen.

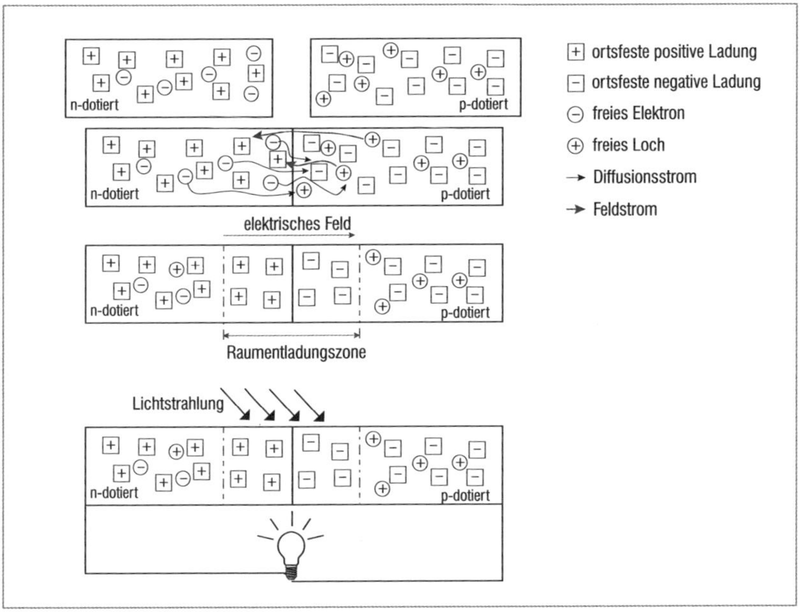

Bild 11.27 Raumladungszone in unterschiedlich dotierten Halbleitern

Nach der Dotierung besteht das Silizium aus zwei Schichten: einer n- und einer p-dotierten Schicht.

Die beiden Schichten tauschen dann die jeweils überschüssigen Teilchen aus.

Zunächst ziehen die überzähligen Löcher in der p-dotierten Schicht die freien Elektronen aus der n-dotierten Schicht an. Dieser Ausgleich von unterschiedlich vielen Teilchen heißt Diffusion. Die Elektronen wandern in ein freies Loch im p-dotierten Halbleiter.

In der n-dotierten Schicht bleiben die abwandernden Elektronen mit ihren positiv geladenen Atomen zurück.

Sie bleiben fest im Kristallgitter eingebunden und werden deshalb als ortsfeste positive Ladung bezeichnet.

Im p-dotierten Halbleiter ist der Vorgang umgekehrt: Die diffundierenden Löcher lassen ortsfeste, negativ geladene Atome zurück.

Im Bereich des pn-Übergangs zwischen den Schichten gibt es immer mehr positive und negative Ladungen. Dadurch entsteht ein elektrisches Feld, das einen Teil der Elektronen in der p-dotierten Schicht dazu bringt, als Feldstrom wieder in den n-Halbleiter zurückzufließen.

Am Ende heben sich die entgegengesetzten Diffusions- und Feldströme auf und schaffen am pn-Übergang einen Bereich, in dem kaum noch freie Ladungsträger enthalten sind. Dieser Bereich wird als „Raumladungszone" bezeichnet. Es ist eine Zone entstanden, in der positive und negative Ladungen ein elektrisches Feld erzeugen. Dieses Feld verhindert, dass Elektronen und Löcher den n- und p-Halbleiter verlassen.

Die Raumladungszone in Solarzellen verhindert, dass Elektronen und Löcher in den n- und p-Halbleiter zurückfließen (Diode). Dadurch wird der Ladungsaustausch innerhalb der Zelle verhindert.

PN-Übergänge in Halbleitern bilden eine Sperrzone. Diese Sperrzone wird in vielen elektronischen Bauteilen, zum Beispiel Dioden oder Transistoren oder in Solarzellen, die Licht in Strom umwandeln, genutzt.

Auf die Raumladungszone der Solarzelle treffen Lichtquanten auf und werden dort je nach Wellenlänge aufgenommen. Wenn die Energie des Photons groß genug ist, um ein Elektron aus dem Kristallgitter zu lösen, entsteht ein Paar aus Elektron und Loch.

Was mit dem Paar geschieht, hängt davon ab, ob es sich um eine Dünnschicht- oder eine Wafer-Solarzelle handelt. Der Begriff Wafer, aus dem Englischen für dünner Keks, beschreibt die dünne Siliziumscheibe, aus der die Zellen gefertigt werden.

11.9.2 Dünnschicht-Solarzellen

Dünnschicht-Solarzellen aus amorphem Silizium oder Cafmiumtellurid sowie Kupfer-Indium-Gallium-Diselenid bestehen aus mehreren, sehr dünnen Schichten. Die p-dotierte Schicht ist etwa 10 nm dick, die undotierte etwa 0,25 µm bis 0,40 µm und die n-dotierte ebenfalls etwa 10 nm.

Die Bezeichnung „pin-Solarzelle" kommt von ihrem Aufbau: positiv, intrinsisch, negativ.

In ihr erstreckt sich die Zone, in der sich Ladungen sammeln, über die gesamte Tiefe der intrinsischen Siliziumschicht, also in der undotierten Siliziumschicht zwischen der p- und n-dotierten Schicht. Diese Kombination aus p-Schicht, undotierter i-Schicht und n-Schicht wird auch PIN-Zelle genannt. In der i-Schicht herrscht ein konstantes elektrisches Feld. Dieses Feld trennt die durch den Lichteinfall erzeugten Paare: Die Elektronen fließen zum Front- und die Löcher zum Rückseiten-Kontakt der Solarzelle. Wenn man einen elektrischen Verbraucher anschließt, fließt ein elektrischer Strom.

11.9.3 Kristalline Solarzellen

Kristalline Solarzellen bestehen aus einer dünnen n-Schicht und einer dicken p-Schicht.

Die Verarmungszone kristalliner Solarzellen ist unsymmetrisch. Sie reicht tiefer in die p-Schicht hinein, füllt diese aber nicht aus.

Die Elektronen-Loch-Paare in der Raumladungszone von kristallinen Solarzellen gehen den gleichen Weg wie in pin-Zellen. Sie werden durch das elektrische Feld getrennt und fließen zum jeweiligen Kontakt.

Elektronen, die aus dem Kristallgitter geschlagen werden, können Solarstrom erzeugen, wenn sie nicht zu weit entfernt von der Sperrschicht entstehen. Sie suchen sich ein freies Loch und rekombinieren. Dadurch tragen sie nicht zur Solarstromerzeugung bei. Außerdem haben sie das Silizium-Kristall ein wenig erhitzt.

Die Entfernung des Ortes, an dem ein Elektron entsteht, zur Raumladungszone heißt Diffusionslänge. Sie beschreibt, wie weit ein Elektron zurücklegt, ehe es rekombiniert.

Bei Silizium liegt sie zwischen 50 µm und 500 µm.

Bei Wafer-Solarzellen ist es deshalb wichtig, dass das Silizium eine hohe Qualität hat, damit die Diffusionslänge möglichst groß ist.

Denn je größer die Diffusionslänge ist, desto mehr Elektronen gelangen in die Raumladungszone, desto weniger Rekombination und desto besser die Solarstromausbeute.

11.9.4 Mechanischer Aufbau eines Moduls

Eine Glasscheibe (meist sogenanntes Einscheiben-Sicherheitsglas, kurz ESG) liegt auf der zur Sonne gewandten Seite. Darauf folgen:

- eine transparente Kunststoffschicht (Ethylenvinylacetat (EVA) oder Silikongummi), in der die Solarzellen eingebettet sind,
- mono- oder polykristalline Solarzellen, die durch Lötbändchen elektrisch miteinander verschaltet sind,
- Rückseitenkaschierung mit einer witterungsfesten Kunststoffverbundfolie, z. B. aus Polyvinylfluorid (Tedlar) und Polyester,
- Anschlussdose mit Freilaufdiode bzw. Bypassdiode und Anschlussterminal,
- Aluminiumprofil-Rahmen zum Schutz der Glasscheibe bei Transport, Handhabung und Montage, für die Befestigung und für die Versteifung des Verbundes.

Der mechanische Aufbau der Module schützt die empfindlichen Halbleiterkristalle vor Beschädigung, trotzdem sind Module vorsichtig zu behandeln. Schäden an den Modulen können auftreten, wenn diese gestoßen werden, insbesondere an den Ecken, wenn Druck an den Kanten oder der Oberfläche auftritt, oder wenn die Module nicht plan aufliegend befestigt werden.

Die Herstellervorgaben zur Behandlung der Module sind unbedingt zu befolgen.

11.9.5 Elektrische Daten eines Moduls

Für die Dimensionierung einer PV-Anlage sind die elektrischen Daten des Moduls wichtig:

Die Leistungsbewertung geschieht auf Basis eines normierten Prüfverfahrens. Angegeben sind die „STC Werte".

STC: Standardwerte der Module unter Testbedingungen bei einer Einstrahlung von 1.000 W/m^2, mit einem definierten Spektrum und einer Zelltemperatur von 25 °C.

Die Module liefern einen maximalen Strom im Kurzschlussfall (SC).

SC: Short Circuit – Kurzschluss

Die Module liefern eine maximale Spannung im Leerlauf (OC).

OC: Open Circuit – Leerlauf

Der Punkt, bei dem die Leistung, das Produkt aus Strom und Spannung am höchsten ist, wird MPP genannt.

MPP: Maximum Power Point – Betriebspunkt der maximalen Leistung

Daraus entstehen folgende Kenndaten:

P_{mpp} = Nennleistung des Moduls
U_{mpp} = Nennspannung des Moduls
I_{mpp} = Nennstrom des Moduls
I_{SC} = Kurzschlussstrom des Moduls
U_{OC} = Leerlaufspannung des Moduls
U_{osSTC} = Betriebsspannung am Modul
β_{voc} = Temperaturkoeffizient von U_{OC}
δ_{min} = Mindesttemperatur am Montageort

Die Spannungserzeugung im Modul ist temperaturabhängig. Bei niedriger Temperatur wird mehr Strom erzeugt, als bei höherer Temperatur bei jeweils gleicher Einstrahlung. Aus diesem Grund sind die Systemspannung und der gelieferte Strom des Moduls auf den Mindesttemperaturwert am Montageort zu korrigieren.

11.9.6 Kennlinie eines Moduls

Die Kennlinie eines Photovoltaikmoduls beschreibt das elektrische Verhalten des Moduls unter verschiedenen Betriebsbedingungen, insbesondere die Beziehung zwischen der Spannung und dem Strom, die das Modul erzeugt. Die wohl wichtigste Kennlinie wird als *I-U*-Kennlinie bezeichnet, wobei *I* für Strom und *U* für Spannung steht. Die erzeugte Stromstärke ist dabei in Abhängigkeit von der Ausgangsspannung des Moduls dargestellt.

Die Kennlinie eines PV-Moduls setzt sich aus verschiedenen Bestandteilen zusammen, wobei der Kurzschlussstrom (I_{sc}) eine wesentliche Rolle spielt.

1. Kurzschlussstrom (I_{sc})
   Der Kurzschlussstrom (I_{sc}) ist derjenige Strom, den das Modul bei Kurzschluss und damit bei einer Spannung von 0 V liefert. Dies ist der Punkt auf der Y-Achse, auch als Stromachse bezeichnet.
   Der Wert stellt den maximalen Strom dar, den das PV-Modul bei einer gegebenen Sonneneinstrahlung erzeugen kann.
2. Leerlaufspannung (V_{oc})
   Die Leerlaufspannung bezeichnet die maximale Spannung, die ein PV-Modul bei fehlendem Stromfluss, d. h. in einem offenen Stromkreis, erzeugt. Dies ist der Punkt auf der X-Achse (Spannungsachse) der Kennlinie.
   Die Messung erfolgt bei normativer Sonneneinstrahlung (1.000 W/m^2), wobei das Modul nicht mit einer Last verbunden ist.
3. Maximaler Leistungspunkt (MPP, Maximum Power Point):
   Der Punkt auf der Kennlinie, an dem das Produkt aus Strom und Spannung den größten Wert annimmt, wird als maximaler Leistungspunkt bezeichnet.
   An diesem Punkt wird die maximale Leistung durch das Modul geliefert. In der Praxis erfolgt die Verfolgung des genannten Punkts unter Zuhilfenahme eines MPPT (Maximum Power Point Tracker), um eine Optimierung der Energieausbeute zu erzielen.
   Die Berechnung der Leistung erfolgt gemäß der Gleichung ($P = U \cdot I$).
4. Form der Kennlinie
   Zu Beginn der Kennlinie (**Bild 11.28**) in der Nähe des Kurzschlussstroms, wird seitens des Moduls nahezu der maximale Strom bei einer sehr niedrigen Spannung geliefert.

Mit zunehmender Spannung erfolgt eine marginale Reduktion des Stroms, bis ein spezifischer Punkt erreicht wird, der in der Nähe des MPP liegt. In der

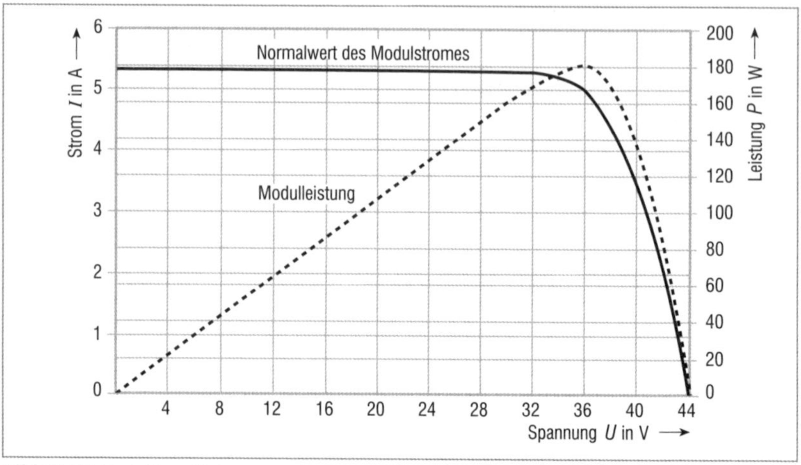

Bild 11.28 Modulkennlinie

Folge fällt der Strom mit hoher Geschwindigkeit ab, sodass das Modul keine nennenswerte Leistung mehr bereitstellt.

Die Kennlinie wird beeinflusst durch:

- Sonneneinstrahlung: Die Intensität der Sonneneinstrahlung wirkt sich auf den Kurzschlussstrom sowie die erzeugte Leistung aus. Mit steigender Einstrahlung nimmt die Stromerzeugung zu, was zu einer Verschiebung der gesamten Kennlinie nach oben führt.
- Die Temperatur hat ebenfalls einen Einfluss auf die Kennlinie. Eine Erhöhung der Temperatur führt zu einer Reduktion der Leerlaufspannung und somit zu einer Verringerung der Leistungsfähigkeit des Moduls. Dies impliziert, dass die Leistungsfähigkeit eines PV-Moduls bei hohen Temperaturen abnimmt.
- Desweiteren sind Alterungs- und Verschmutzungsprozesse zu berücksichtigen. Im Laufe der Zeit kann die Leistung eines PV-Moduls durch Alterung oder Verschmutzung (z. B. Staub, Schmutz) abnehmen, was zu einer geringeren Leistung und einer Veränderung der Kennlinie führt.

Die *I*-*U*-Kennlinie eines PV-Moduls weist eine charakteristische Form auf, die in der Regel als gekrümmte Linie dargestellt wird. Bild 11.28 zeigt die relevanten Punkte auf der X-Achse:

– X-Achse (Spannung *U*): Von 0V (Kurzschluss) bis zur Leerlaufspannung (U_{oc}).

– y-Achse: Die y-Achse zeigt den Strom *I* in A, wobei der Kurzschlussstrom (I_{sc}) bei 0 A liegt und der Strom bei Leerlaufspannung (U_{oc}) maximal ist.

Die maximale Leistung P_{max} wird an dem Punkt erzielt, an dem das Produkt aus Spannung und Strom maximal ist. Dieser Punkt liegt typischerweise irgendwo in der Mitte der Kurve.

Ein Beispiel für eine *I-U*-Kennlinie zeigt folgende Werte:

- I_{sc} (Kurzschlussstrom): 9 A,
- U_{oc} (Leerlaufspannung): 40 V,
- P_{max} (maximale Leistung): 30 V und 8 A, was einer Leistung von 240 W entspricht.

Die Kennlinie verdeutlicht das Verhalten des Moduls unter verschiedenen Bedingungen und ist hilfreich bei der Dimensionierung und Optimierung von Solarsystemen.

11.9.7 Befestigung von Modulen

Die Module sind empfindlich gegen jegliche mechanische Belastung. Das gilt insbesondere für Verbiegungen und Druck. Dieser kann durch mechanische Spannungen bei unebener Montageposition entstehen oder auch durch Wind- und Schneelast. Die Vorgaben des Herstellers zur Montage sind genau einzuhalten, um Schäden zu vermeiden. Das gilt besonders für die Spannweite der Befestigungen auf der Tragkonstruktion.

Die Abstände ergeben sich aus der Montageanweisung wie **Bild 11.29** zeigt.

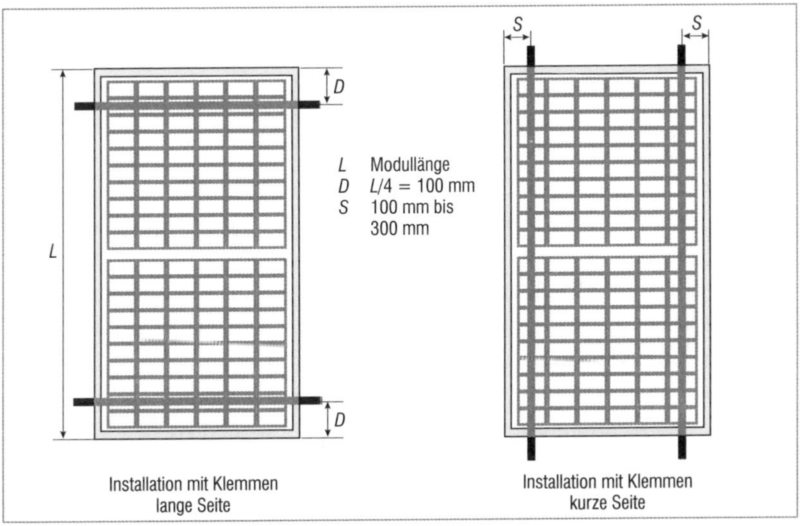

Bild 11.29 Anforderungen zum Befestigungsabstand

Im Zusammenhang mit der Befestigung der Module ist auch die Montage der Befestigungselemente zu beachten. Üblicherweise werden Vorgaben für das Anzugsmoment der Schrauben gemacht. Ein auf das Drehmoment einstellbares Werkzeug ist also für die Modulmontage unbedingt erforderlich (**Bild 11.30**).

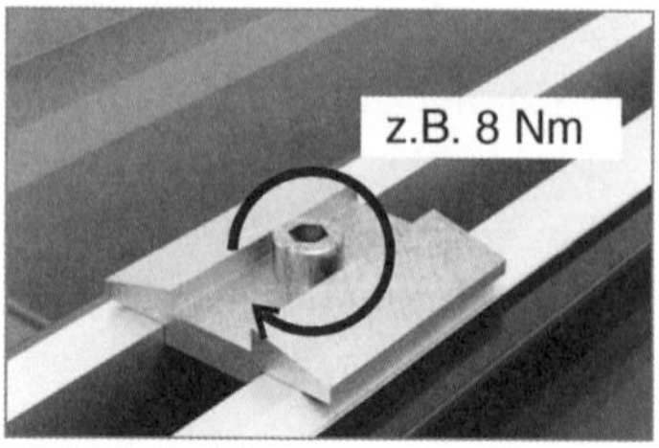

Bild 11.30 Hinweis aus einer Montageanweisung: Drehmoment

Die Module sind an den Potentialausgleichs- und Schutzleiter je nach den elektrischen Anforderungen anzuschließen. Dabei sind die Montagevorgaben des Wechselrichterherstellers zu beachten. Sollte auf dem Dach eine Blitzschutzanlage montiert sein oder werden. so ist die Blitzschutzfachkraft bei der Planung der PV-Anlage hinzuzuziehen. Die Anschlüsse an einen Potentialausgleich müssen besondere Anforderungen im Hinblick auf Beständigkeit erfüllen und sind daher wie in Bild 15.23 gezeigt auszuführen. Manche Modulhersteller weisen besondere Stellen zum Anschluss dieser Verbindung aus.

11.9.8 Schutz gegen Erd- und Körperschlüsse

Die PV-Anlage muss auch DC-seitig gegen Erdschlüsse und Körperschlüsse geschützt sein. Das geschieht in zwei Schritten:

1. der Isolierung der aktiven Leiter,
2. der Abschaltung im Fehlerfall.

Die Isolierung ist in der Regel als doppelte oder verstärkte Isolierung, bei Geräten als Schutzklasse II vorgesehen.

Die Schutzfunktion zur Abschaltung im Fehlerfall ist in der Regel in einem Wechselrichter integriert. Damit die Schutzfunktionen des Wechselrichters sicher funktionieren können, müssen die Modulrahmen und das Traggestell mit dem Schutzleiter oder dem Erder der elektrischen Anlage verbunden werden. Die Wechselrichterhersteller weisen in ihren Montageanleitungen in der Regel auf diesen Umstand hin und stellen besondere Anschlusspunkte für den Anschluss an das Erdungssystem bereit.

Alle für das PV-System notwendigen Erdungsanschlüsse sind auf einer Sammelschiene zusammenzuführen. Diese ist auf dem kürzesten Weg, möglichst ohne Schleifenbildung mit anderen geerdeten Systemen zur Haupterdungsklemme des Gebäudes oder an einen gleichwertigen Anschlusspunkt zu führen.

Mit dieser Abschaltvorrichtung kann der Schutz gegen elektrischen Schlag im Fehlerfall nur dann als sicher gelten, wenn die Abschaltzeiten eingehalten werden und eine Trennung vom Versorgungsnetz erfolgt. Das ist jedoch bei einem PV-Modul nur direkt am Modul erfolgreich. Grundsätzlich ist mit der Gefahr einer unter Spannung stehenden Strangleitung im Fall eines Körperschlusses oder Erdschlusses zu rechnen. Die Module erzeugen eine Spannung, sobald sie belichtet werden.

11.9.9 Verschattung und Bypassdioden

Module können durch Verschattung oder auch durch punktuelle Verschmutzung, wie in **Bild 11.31** dargestellt, unterschiedlich bestrahlt werden. Dadurch wandeln die einzelnen Elemente des Moduls unterschiedlich viel Energie um. Bei eine Reihenschaltung der Module führt eine Verschattung eines Teils des Moduls zu eine Begrenzung der gesamten Modulleistung und somit zur Einschränkung innerhalb des gesamten Strangs. Aus diesem Grund werden Bypassdioden eingesetzt, durch die der verschattete Teil des Moduls aus der Produktion genommen wird und der Rest des Moduls weiter produzieren kann.

Die Bypassdioden können in bestimmten Fällen überlastet werden. Das zeigt sich an einer starken Erwärmung der Dioden, die mit einer Infrarot-Aufnahme erkannt werden kann.

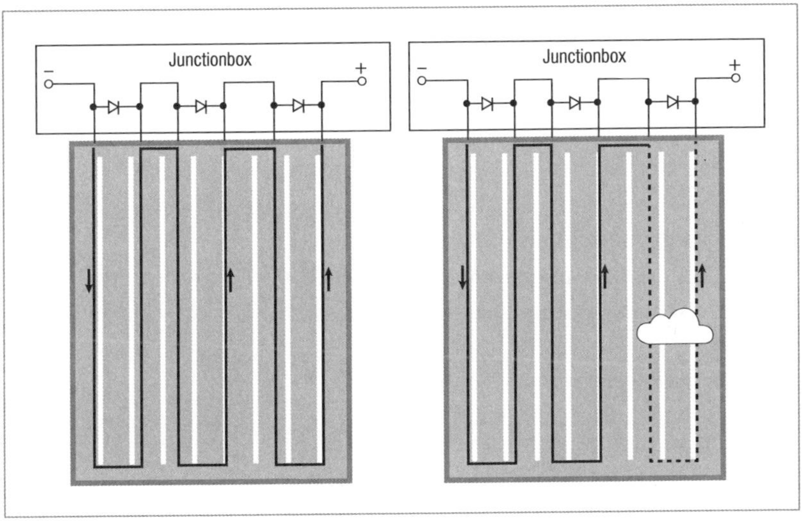

Bild 11.31 Verschattung und Bypassdiode

11.10 Wechselrichter

Der Wechselrichter wandelt die Gleichspannung (DC) in eine Wechselspannung (AC) um, damit diese dann in das Versorgungsnetz eingespeist werden kann.

Gleichzeitig wird die Spannung, die von den Modulen erzeugt wird, an die Netzspannung angepasst.

Wechselrichter beinhalten darüber hinaus eine Reihe von Funktionen, die der Steuerung und Überwachung der angeschlossenen Module dienen.

Die Wechselrichter sind an die Leistung der Anlage und auf die Spannung der Stränge angepasst. Die Dimensionierung und Auswahl der Wechselrichter erfolgt bei der Planung, bei der die elektrischen Daten der Module, die Anzahl der Module und die Lage der Module im Hinblick auf die Einstrahlung usw. berücksichtigt wird.

Bei der Montage der Wechselrichter sind die Errichternorm DIN VDE 0100 und die Herstellervorgaben unbedingt zu berücksichtigen.

- Zugänglichkeit,
- Umgebungstemperatur,
- Abstände zu anderen Teilen und
- Leitungsführung

sollen nur einige Punkte sein, die häufig als Mangel in Anlagen zu beobachten sind.

Darüber hinaus ist auch der elektrische Anschluss ein wichtiges Kriterium. Werden Stecker zum Anschluss der Stränge verwendet, ist darauf zu achten, dass das gleiche Fabrikat verwendet wird, wie im Wechselrichter verbaut ist.

Für den wechselspannungsseitigen Anschluss ist in jedem Fall eine konzessionierte Elektrofachkraft erforderlich, die den Anschluss zur Übergabe an den Verteilungsnetzbetreiber durchführt.

Gefahr entsteht, wenn die Anlage nicht normgerecht errichtet wird. Folgende Punkte sind entsprechend der jeweiligen Sicherheitsnorm zu berücksichtigen:

- Schutz gegen elektrischen Schlag,
- Überstromschutz und Kurzschlussschutz,
- Überspannungsschutz,
- Schutz gegen Ausbreitung von Bränden,
- Erdung und Potentialausgleich.

Dazu gelten auch die Forderungen des Herstellers, zum Beispiel an die Festigkeit von Schraubverbindungen, für die Montage. Beispielhafte Anforderungen an Drehmomente sind in **Tabelle 11.6** aufgeführt.

Anwendung	Drehmoment in Nm
Schrauben der Verbindungsstange für Montagehalterung (M 4x10, PH2)	1,5
Schrauben für Befestigung der Montagehalterung an den Prallschienen (M 10x45, SW16)	35
Schrauben für Befestigung des Wechelrichters an der Montagehalterung (M 5x65, PH3)	4,5
Schrauben für Befestigung der zusätzlichen Erdung (M 6x12, PH3)	6...7
Schraubverbindungen AC-Anschlussklemmen (SW19)	20...30
Schrauben für Schutzabdeckung AC-Anschluss (PH2)	1,5
Schrauben für Gehäusedeckel (TX30)	4,3

Tabelle 11.6 Anforderungen aus einer Montageanweisung für Wechselrichter

Darüber hinaus gibt es auch Anforderungen an die Montageposition:

- Montage senkrecht oder um maximal 15° nach hinten geneigt,
- Anschlussbereich muss nach unten zeigen,
- nicht nach vorne geneigt montieren,
- nicht seitlich geneigt montieren,
- nicht liegend montieren,
- Montage in Augenhöhe, um Betriebszustände jederzeit ablesen zu können,
- Umgebungstemperatur sollte unter 40 °C liegen, um einen optimalen Betrieb zu gewährleisten.
- den Wechselrichter keiner direkten Sonneneinstrahlung aussetzen, um eine Leistungsreduzierung aufgrund zu hoher Erwärmung zu vermeiden,
- Montage im Wohnbereich nicht an Gipskartonplatten oder ähnlichem, um hörbare Vibrationen zu vermeiden. Der Wechselrichter kann im Betrieb Geräusche entwickeln, die im Wohnbereich als störend empfunden werden können,
- die in der Grafik dargestellten Mindestabstände zu Wänden, anderen Wechselrichtern und Gegenständen einhalten, um eine ausreichende Wärmeabfuhr zu gewährleisten und ausreichend Platz zum Abziehen des Electronic Solar Switch zu haben.

Es gelten die Vorgaben des Herstellers hinsichtlich der Abstände zu anderen Bauteilen wie Wände, Decken oder andere Wechselrichter. Beispielhafte Maße zeigt **Bild 11.32.**

Für den Anschluss am Wechselrichter müssen alle Anschlussleitungen der Stränge mit den mitgelieferten bzw. mit den vom Hersteller zugelassenen DC-Steckverbindern (fabrikatgleich) ausgestattet sein.

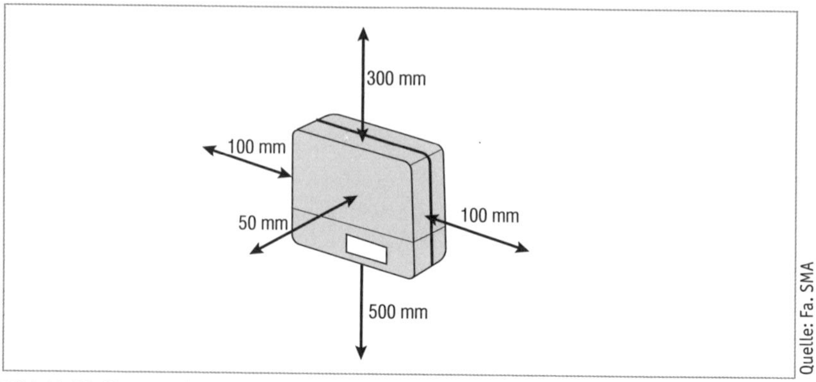

Bild 11.32 Montageabstände eines Wechselrichters

11.11 Überspannungschutz

Maßnahmen des Überspannungsschutzes sind in heutigen Elektroinstallationen in Gebäuden vorgeschrieben. Grundlagen dazu sind in der Errichternorm für Niederspannungsanlagen zu finden, zu denen auch die PV-Anlagen zählen. Auch die Sachversicherer fordern in der VdS-Richtlinie 2010: Risikoorientierter Blitz- und Überspannungsschutz entsprechende Maßnahmen bei PV-Anlagen. Ab 10 kWp sind eine Blitzschutzanlage und damit verbundene Maßnahmen des Überspannungsschutzes gefordert. Der Überspannungsschutz soll dafür sorgen, dass die angeschlossenen Betriebsmittel mit keiner zu hohen Spannung belastet werden. Dazu müssen die Betriebsmittel einen bestimmten Spannungsstoß verkraften können, der als Restspannung an den Überspannungsableitern auftritt. Die Geräte müssen dazu für eine festgelegte Bemessungstoßspannung U_W gebaut werden, damit sie nicht beschädigt werden. Dieser Spannungsstoß kann, je nach Entfernung von der Einspeisung und den Rahmenbedingungen durch die elektrische Spannungsversorgung und eventuell vorhandenen Blitzschutzmaßnahmen bis zu 8.000 V betragen. **Tabelle 11.7** zeigt beispielhaft einige Werte, für die die Geräte ausgelegt sind, die aber nicht überschritten werden dürfen. Um Schäden zu vermeiden, ist ein Überspannungsschutzsystem zu installieren. Eine vereinfachte Risikoanalyse aus DIN VDE 0100-712 Anhang ZB hilft bei der Bewertung der Gefährdung.

Sollte ein Blitzschutzsystem erforderlich sein, ist die Blitz- und Überspannungsschutz-Anlage von einer Blitzschutzfachkraft gemäß Normanforderung auszulegen. **Bild 11.33** zeigt einen Überspannungsableiter.

U_{ocmax} in V	U_W in V
300	2.500
600	4.000
849	5.000
1.000	6.000
1.500	8.000

Tabelle 11.7 Stoßspannungsfestigkeit aus DIN VDE 0100-712

11.11.1 Risikoanalyse

Wichtig bei der Bewertung des Risikos ist die Anzahl der Blitze, die je Quadratkilometer am Standort der Anlage niedergehen. Dieser Wert wird mit Ng bezeichnet. Er ist aus den Grafiken der Blitzschutznorm DIN EN 62305-2 im Abschnitt A1 zu entnehmen. Die Anzahl der Erdblitze führt in Verbindung mit der Art der Anlage zu einer kritischen Länge L_{krit}.

- für Wohngebäude gilt L_{krit}= 115/Ng,
- für Nicht-Wohngebäude gilt L_{krit} = 450/Ng,
- für Freilandanlagen gilt L_{krit} = 200/Ng.

Aus der Art der Anlage entsteht die Länge „L“ in m. Diese ergibt sich aus der Leitungslänge zwischen den Modulen und dem Wechselrichter.

Folgende Bedingung gilt:

Ist die Länge „L“ der Leitungen größer als L_{krit}, ist ein Überspannungsschutz erforderlich, ist sie kleiner, kann auf einen Überspannungsschutz verzichtet werden. Wenn die Kabelwege geschirmt sind, kann die geschirmte Kabellänge die Länge „L“ reduzieren. **Bild 11.34** zeigt die Varianten.

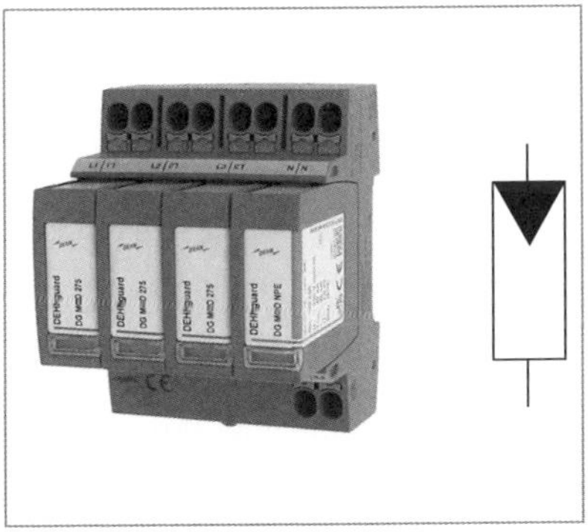

Bild 11.33 Überspannungsableiter und das Symbol

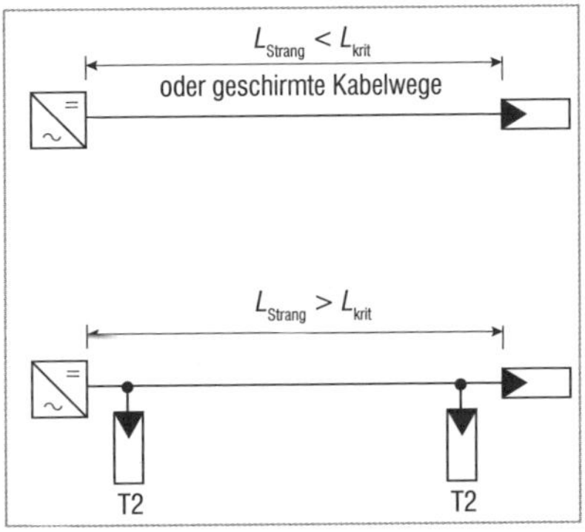

Bild 11.34 Anordnung von Überspannungsableitern in DC-PV-Systemen

11.11.2 Installation auf der DC-Seite

Wird aus der Risikoanalyse ein Überspannungsschutz nötig, so werden drei Fälle unterschieden:

1. Das Gebäude verfügt über keine Blitzschutzanlage.
2. Das Gebäude verfügt über eine Blitzschutzanlage, und die Trennungsabstände sind eingehalten.
3. Das Gebäude verfügt über eine Blitzschutzanlage, und die Trennungsabstände sind nicht eingehalten.

Dabei sollte keinesfalls das Datennetz der Anlage vergessen werden. Auch dieses benötigt einen entsprechenden Schutz gegen Überspannungen.

11.12 Übungsaufgaben

(Die Lösungen zu den Aufgaben finden Sie im Anhang.)

Aufgabe 11.1

Nennen Sie zwei Niederspannungs-Schmelzsicherungssysteme.

Aufgabe 11.2

Was kann aus dem Strom-Zeit-Diagramm einer Sicherung abgelesen werden?

Aufgabe 11.3

Welche Betriebsklasse von Sicherungen ist für den Ganzbereichs-, Kabel- und Leitungsschutz vorzusehen?

Aufgabe 11.4

Welche Bedingung muss ein LS-Schalter erfüllen, der zum Leitungsschutz eingesetzt werden soll?

Aufgabe 11.5

Was unterscheidet ein Schaltgerät wie einen Leitungsschutzschalter bei der Verwendung in AC- und DC-Systemen?

Aufgabe 11.6

Wie hoch darf der Betriebsstrom eines oder die Summe mehrerer Betriebsmittel maximal sein, wenn diese gemeinsam über eine Schutzkontakt-Steckverbindung an das Netz angeschlossen werden sollen?

Aufgabe 11.7

Was unterscheidet den Fehlerstrom-Schutzschalter vom Typ A von dem vom Typ B?

Aufgabe 11.8

Was muss der Betreiber einer elektrischen Anlage, in die ein Fehlerstrom-Schutzschalter eingebaut ist, berücksichtigen, um die Sicherheit zu gewährleisten?

Aufgabe 11.9

Ihrer Schnittstelle zur Spannungsversorgung sind ein Leitungsschutzschalter B 16 A und ein Fehlerstrom-Schutzschalter mit der Kennzeichnung 25 A/0,3 A vorgeschaltet. Welches der beiden Geräte hat die Aufgabe den Schutz gegen elektrischen Schlag, den Schutz gegen Kurzschluss und den Schutz gegen Überlast zu erbringen?

Aufgabe 11.10

Was bedeutet der Kennzeichnungsteil „H 07“ und wo darf dieser verwendet werden?

Aufgabe 11.11

Beschreiben Sie die Leitung mit der folgenden Kennzeichnung:
H07 RN-F 3 G 2,5.

Aufgabe 11.12

Sie sollen ein dreiphasiges Betriebsmittel in einer Haushaltsumgebung an ein Netz 400 V/230 V anschließen. Es steht Ihnen Leitungsmaterial mit der Kennzeichnung H05VV-F 5G1,5 und H03VV F 5G2,5 sowie H07 RN F 3G1,5 zur Verfügung. Welches Leitungsmaterial verwenden Sie?

Aufgabe 11.13

Welche Befestigungsabstände gelten für PV-Leitungen < 9 mm Durchmesser?

Aufgabe 11.14

Welche Anforderungen werden an die Isolation von DC-Leitungen innerhalb eines Gebäudes gestellt?

Aufgabe 11.15

Was ist bei der Verlegung von Mantelleitungen Typ NYM bei der Verlegung besonders zu beachten?

Aufgabe 11.16

Nennen Sie die Farbkennzeichnung und Belegung einer Leitung für eine 3-phasige Wechselspannung, die zum Beispiel zu dem Wechselrichter führt.

Aufgabe 11.17

Welche Faktoren beeinflussen die Belastbarkeit einer Leitung? Nennen Sie mindestens drei.

Aufgabe 11.18

Beschreiben Sie drei Verlegearten, die Einfluss auf die Absicherung einer Leitung haben.

Aufgabe 11.19

Was muss bei der Leitungsbefestigung vor der Einführung in ein Betriebsmittel berücksichtigt werden?

Aufgabe 11.20

Nennen Sie drei Verlegesysteme.

Aufgabe 11.21

Welches ist der Mindestquerschnitt für eine fest verlegte Cu-Leitung?

Aufgabe 11.22

Bei der Neuinstallation eines Betriebsmittels in der Anlage mit einem TN-System sollen Sie die Zuleitung für die Wechselrichter verlegen. Welche Faktoren nehmen Einfluss auf die Dimensionierung des Leitungsquerschnitts?

12 Dimensionierung der DC-Seite

Die Dimensionierung geschieht auf Basis einer Reihe von Faktoren. Dazu zählen:

- die zur Verfügung stehende Fläche,
- die gewünschte Anzahl der Module,
- die Auswahl der Schutzeinrichtungen,
- die Auswahl der Wechselrichter,
- der Energieverlust der Anlage.

12.1 Anzahl der Module

Die Auswahl der mit Modulen belegbaren Fläche und die Flächeneinteilung ergibt sich aus den Besonderheiten der Situation. Aus

- Montageort,
- Verschattung,
- Neigungsunterschiede,
- Anzahl der MPP-Tracker im Wechselrichter,
- Spannungsbereich am Eingang des Wechselrichters

folgt die Aufteilung in einzelne Stränge und daraus die Gesamtanzahl der Module.

12.2 Zusammenfassung der Module zu Strängen

Zunächst soll ein einzelner Strang betrachtet werden, um diesen auf den Wechselrichter zu optimieren. Der Aufbau der Stränge bezieht sich auf die maximale DC-Eingangsspannung des Wechselrichters und auf den maximalen DC-Strom.

Die Spannung und der Strom, die ein Modul liefert und die in einem Strang oder Array vorkommen können, sind nicht konstant und von verschiedenen Umgebungsfaktoren abhängig. Dazu zählen:

- die Bemessungsbestrahlungsstärke von STC abweichend,
- die minimale Umgebungstemperatur

sowie für die Dimensionierung der Strangsicherungen

- der Umgebungstemperaturfaktor von 60 °C K_{TH} = 084,
- der Wechselbelastungsfaktor Ganzbereichssicherungen A2 = 0,9,
- das Derating durch Häufung der Sicherungen.

Für die erwirtschafteten Erlöse sind die Verluste relevant, die in den Betriebsmitteln auftreten. Dazu zählen:

- der Leistungsverlust auf den DC-Leitungen,
- der Leistungsverlust des Wechselrichters,
- der Leistungsverlust der AC-Leitungen.

Alle vorgenannten Daten fließen in die Dimensionierung der Anlage ein. **Tabelle 12.1** zeigt die technischen Daten eines Moduls.

Daten der verwendeten Module	
P_{mpp}= Nennleistung des Moduls	230 W
U_{mpp} = Nennspannung des Moduls	29,2 V
I_{mpp} = Nennstrom des Moduls	7,9 A
I_{sc} = Kurzschlussstrom des Moduls	8,7 A
U_{oc} = Leerlaufspannung des Moduls	36,4 V
β_{voc} = Temperaturkoeffizient von U_{oc}	0,36 %/°C
β_{ioc} = Temperaturkoeffizient von I_{oc}	0,065 %/°C
δ_{min} = Mindesttemperatur am Montageort	– 12 °C
Bezugstemperatur der Daten	25 °C

Tabelle 12.1 Elektrische Daten eines Moduls

12.3 Der Wechselrichter

Die Daten der Stränge, Anzahl und Spannung müssen mit den Wechselrichtern koordiniert werden. Dazu sind die relevanten Daten der **Tabelle 12.2** zu berücksichtigen.

relevante Wechselrichterdaten	
maximale DC-Spannung bei – 10 °C	550 V
MPP-Spannungsbereich bei AC-Nennleistung	188 V ... 440 V
DC-Nennspannung	400 V
minimale DC-Spannung	125 V
Startspannung, einstellbar	150 V
maximaler Eingangsstrom	17 A
Wirkungsgrad	98,6 %

Tabelle 12.2 Beispieldaten eines Wechselrichters

12.4 Strom- und Spannungsanpassung

Wird ein Modul bei einer anderen Temperatur als der Temperatur, bei der es geprüft wurde, eingesetzt, ändert sich die Modulspannung. Bei sinkender Temperatur steigt die Spannung an. Die Spannung ist auf die Umgebungstemperatur mit den Temperaturkoeffizienten und dem Temperaturunterschied anzupassen. Ziel ist es die Eingangsspannung des Wechselrichters auch bei niedrigen Außentemperaturen nicht zu überschreiten.

Die nachfolgende Berechnung zeigt die Temperaturkompensation der Modulspannung bei geringster Umgebungstemperatur bezogen auf die Bemessungstemperatur.

$$\Delta\vartheta = \vartheta_{\text{minimale Umgebungstemeratur}} - \vartheta_{\text{Bezugstemperatur}}$$

Gleichung 12.1: Temperaturkompensation der Modulspannung

$$U_{\text{tempKomp}} = U_{\text{OCModul}} = (1 + \Delta\vartheta \cdot \beta_{\text{voc}})$$

Für eine Umgebungstemperatur von −25 °C folgt bei Normtemperatur von 25 °C und einem $\beta_{voc} = -0{,}28\ \%/\text{K}$

$$\textit{Korrekturfaktor Modulspannung} = (1 + \Delta\vartheta \cdot \beta_{\text{voc}}) = 1 + (-25 - 25) \cdot (-0{,}28/100\ \text{K}) = 1{,}14$$

Die Spannung steigt bei – 25°C um das 1,14fache von $U_{\text{OC}\,Modul}$.
Bei höherer Temperatur als der Bezugswert, zum Beispiel bei 70 °C, folgt:

$$\textit{Korrekturfaktor Modulspannung} = (1 + \Delta\vartheta \cdot \beta_{\text{voc}}) = 1 + (70 - 25) \cdot (-0{,}28/100\ \text{K}) = -1{,}126$$

Die Spannung sinkt bei einer Modultemperatur von 70 °C um den Faktor 1,26. Damit wird bei höheren Temperaturen auch weniger Leistung bereitgestellt als bei geringen Temperaturen.

Wesentlich ist, dass dieser Punkt bei der Auslegung des Wechselrichters berücksichtigt wird, denn dieser hat eine maximale Eingangsgleichspannung je Strang.

Die temperaturkompensierte Spannung der n angeschlossenen Module im Strang darf die maximale DC-Eingangsspannung des Wechselrichters und die Betriebsspannung der vorgeschalteten Sicherung nicht überschreiten.

$$n \cdot U_{\text{tempKomp}} < U_{\text{maxDC}}$$

Ebenso ist die Größe des temperaturkompensierten Stromes wichtig. Dieser ist für die Auslegung der Strangsicherungen relevant. Sind die Strangsicherungen zu klein dimensioniert, können sie frühzeitig bei guter Bestrahlung auslösen und den Strang abschalten. Werden sie zu hoch dimensioniert, besteht die Gefahr einer Überlastung des Systems und damit auch eine Gefährdung des Ertrags durch Ausfall.

Gleichung 12.2: Temperaturkompensation des Modulstromes

$$I_{\mathrm{SCtempKomp}} = I_{\mathrm{SCModul}} = (1 + \Delta\vartheta \cdot \beta_{\mathrm{ioc}})$$

Der Faktor β_{ioc} ist immer positiv.

Das bedeutet in der Berechnung bei β_{ioc} = 0,04 %/K und der Bezugstemperatur 25 °C bei niedriger Umgebungstemperatur von – 12 °C:

$$\text{Korrekturfaktor Modulstrom} = (1 + \Delta\vartheta \cdot \beta_{\mathrm{ioc}}) = (1 + (-12 - 25)\mathrm{K} \cdot 0{,}04/100\ \mathrm{K}) = -1{,}015$$

Bei geringen Temperaturen unter dem Normwert sinkt der Strom.

Bei steigender Temperatur auf 70 °C folgt bei gleichem Modul:

$$\text{Korrekturfaktor Modulstrom} = (1 + \Delta\vartheta \cdot \beta_{\mathrm{ioc}}) = (1 + (70 - 25)\mathrm{K} \cdot 0{,}04/100\ \mathrm{K}) = 1{,}018$$

Bei geringen Temperaturen unter dem Normwert steigt der Strom.

Werden Stränge zu Arrays parallel geschaltet, ist die Summe der einzelnen temperaturkompensierten Strangströme durch Addition festzulegen. Aus diesem Strom wird die zugehörige Überstrom-Schutzeinrichtung ermittelt. Dabei sollte auch eine eventuell von STC = 1.000 W/m^2 abweichende Einstrahlung berücksichtigt werden.

Bei der Auswahl des Nennstromes I_N der Sicherung ist dieser Wert zu korrigieren. Das Temperatur-Derating einer PV-Sicherung hat zur Folge, dass die Sicherung bei steigender Temperatur früher auslöst. **Bild 12.1** zeigt den Verlauf des Umgebungstemperaturfaktors K_{TH}.

Beispielwerte für die Berechnung eines Deratings:

- Umgebungstemperaturfaktor von 60 °C K_{TH} = 0,84
- Wechselbelastfaktor Ganzbereichssicherungen A2 = 0,9
- Derating durch Häufung der Sicherungen K_{25} = 1 (Gruppe aus drei Sicherungen)

Gleichung 12.3: Derating der Sicherung

$$I_{\mathrm{Nred}} = I_{\mathrm{N}} \cdot K_{\mathrm{TH}} \cdot \mathrm{A2} \cdot K_{25}$$

Damit ist die Bedingung $I_{\mathrm{Nred}} > I_{\mathrm{SCtempKomp}}$ einzuhalten.

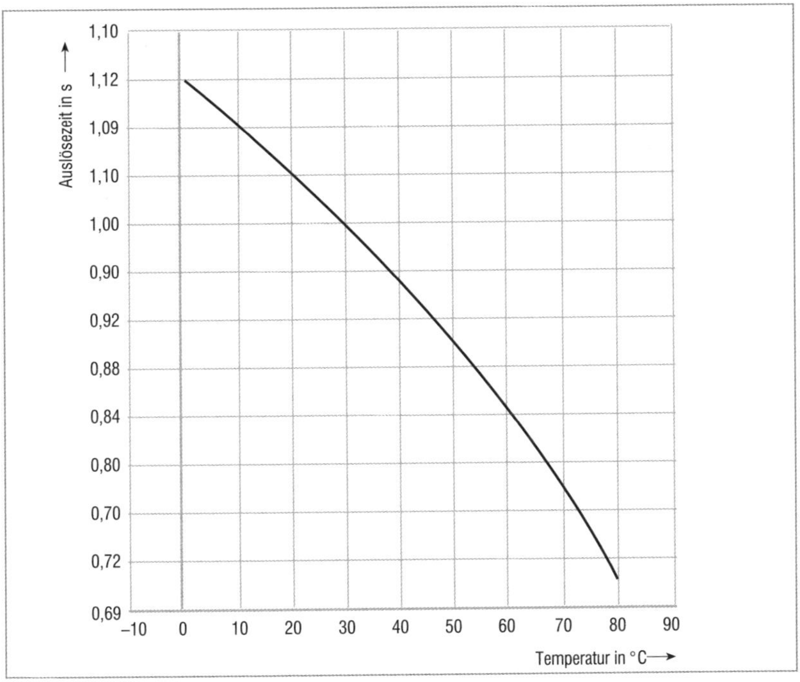

Quelle: SIBA

Bild 12.1 Temperatur-Derating einer Sicherung

Im Fall eines Körper- oder Erdschlusses muss die Sicherung zur Verhinderung von Schäden durch einen elektrischen Schlag abhängig von der Spannung und dem Netzsystem und der Spannung innerhalb von 0,4 s bis 0,1 s (DIN VDE 0100-410:2018-10-Tabelle 41.1) abschalten. Der Kurzschlussstrom des Stranges oder Arrays muss dies ermöglichen.

Der maximale Strang-Kurzschlussstrom beträgt:

$$I_{SCtempKomp} = I_{SCModul} = (1 + \Delta\vartheta \cdot \beta_{ioc})$$

$$I''_{SCKStrang} = I_{SCModul} \cdot (N - 1)$$

Dieser Strom wird temperaturkompensiert

$$I_{SCtempKomp} = I_{SCKStrang} = (1 + \Delta\vartheta \cdot \beta_{ioc})$$

und kann mit der geänderten Bestrahlungsstärke am Ort korrigiert werden.

Der Korrekturfaktor ergibt sich aus dem Verhältnis der Normeinstrahlung von 1.000 W/m^2.

Korrekturfaktor = Bestrahlungsstärke am Ort in W/m^2/1.000

Für die Auslösung der Sicherung gilt jetzt die Strom-Zeit-Kennlinie der gewählten Sicherung aus **Bild 12.2.**

Ergebnis einer Auslösung: Die Sicherung löst bei ca. 60 A in 1,5 s und bei ca. 75 A in 0,4 s aus.

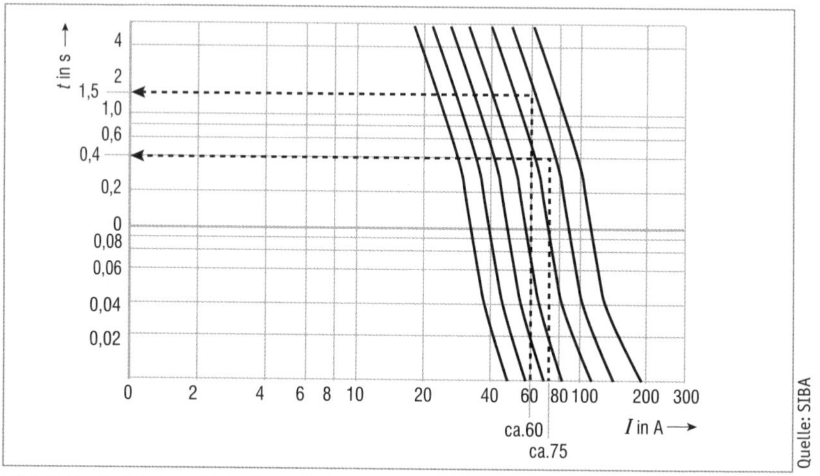

Bild 12.2 Auslösekennlinie einer PV Sicherung

12.5 Leistungsverlust auf Leitungen

Leitungen bilden einen Widerstand. Fließt ein Strom, fällt an ihm eine Spannung ab. Der Leistungsverlust ergibt sich aus dem Spannungsfall und dem Strom. Dieser kann über den Leiterwiderstand

$$R = \rho \cdot \frac{l}{S}$$

über das ohmsche Gesetz

$$U = I \cdot R$$

und letztendlich mithilfe der Leistungsgleichung

$$P = U \cdot I$$

errechnet werden.

Dieser einfache Weg mit dem spezifischen Widerstand von $0{,}018\ \Omega \cdot \text{mm}^2$ /m gilt jedoch nur, wenn die Leitertemperatur auch 20 °C beträgt. Bei anderen Leitertemperaturen, wie sie zum Beispiel auf dem Dach bei Sonneneinstrahlung zu erwarten sind, ist der Wert des spezifischen Widerstands zu korrigieren.

Die Abweichung bei geänderten Temperaturen beträgt mit hinreichender Genauigkeit für unsere Berechnungen $3{,}9 \cdot 10^{-3}\,\frac{1}{K}$. Das bedeutet in einer Gleichung:

Gleichung 12.3: Temperaturkorrektur des spezifischen Widerstands

$$\rho_T = \rho_{T_0} \cdot (1 + \alpha \cdot [T - T_0])$$

ρ_T spezifischer Widerstand bei der Temperatur T

T_0 Bezugstemperatur von $\rho = 293{,}15$ K entsprechend 20 °C

α Temperaturkoeffizient mit $3{,}9 \cdot 10^{-3}\,\frac{1}{\mathrm{K}}$

T Leitertemperatur = 333 K entsprechend 60 °C

Mit eingesetzten Werten für den Fall einer Leitertemperatur von 60°C:

$$\rho_{60\,°C} = 0{,}018\,\frac{\Omega \cdot \mathrm{mm}^2}{\mathrm{m}} \cdot (1 + 3{,}9 \cdot 10^{-3}\,\frac{1}{\mathrm{K}} \cdot (333{,}15\ \mathrm{K} - 293{,}15\ \mathrm{K}))$$

$$\rho_{60\,°C} = 0{,}018\,\frac{\Omega \cdot \mathrm{mm}^2}{\mathrm{m}} \cdot (1 + 3{,}9 \cdot 10^{-3}\,\frac{1}{\mathrm{K}} \cdot 40\ \mathrm{K})$$

$$\rho_{60\,°C} = 0{,}018\,\frac{\Omega \cdot \mathrm{mm}^2}{\mathrm{m}} \cdot (1 + 156 \cdot 10^{-3})$$

$$\rho_{60\,°C} = 0{,}018\,\frac{\Omega \cdot \mathrm{mm}^2}{\mathrm{m}} \cdot (1 + 0{,}156)$$

$$\rho_{60\,°C} = 0{,}018\,\frac{\Omega \cdot \mathrm{mm}^2}{\mathrm{m}} \cdot 1{,}156$$

$$\rho_{60\,°C} = 0{,}021\,\frac{\Omega \cdot \mathrm{mm}^2}{\mathrm{m}}$$

Das bedeutet, dass der Widerstand mit dem temperaturkompensierten spezifischen Widerstand ca. 1,66-mal höher ist als im kalten Zustand bei 20 °C, was sich linear auf den Leistungsverlust auswirkt. Dabei kann es sinnvoll sein, die Leiterstrecken einzeln zu betrachten, denn meist liegt nicht der gesamte Leitungsstrang unter Sonneneinstrahlung.

Werden die ersten beiden Gleichungen zusammengefasst, kann der Spannungsfall bei einem Strom einer Leitung berechnet werden:

$U = I \cdot \rho_T \cdot \frac{l}{S}$ woraus mit $P = U \cdot I$ durch Einsetzen folgt:

$$P = I \cdot \rho_T \cdot \frac{l}{S} \cdot I$$

Damit lässt sich der Leistungsverlust absolut berechnen. Beachtet werden muss jedoch, dass es sich bei der Leitungslänge um die gesamte Leitungslänge, auf der der Strom fließt, also um die Summe der Hin- und Rückleitung handelt:

Gleichung 12.4: Leistungsverlust auf Leitungen

$$P_{\text{Verlust}} = I^2 \cdot \rho_T \cdot \frac{l}{S}$$

Vergleicht man zwei Leitungsquerschnitte gleicher Länge bei gleichem Strom miteinander, entsteht ein Faktor, mit dem der Leistungsverlust multipliziert werden kann.

$$\text{Verlustfaktor} = \frac{S_{\text{kleiner } S}}{S_{\text{größer } S}}$$

Das bedeutet, dass bei einem doppelt so dicken Leiter der Verlust nur 50 % gegenüber dem dünneren Leiter beträgt.

Der Verlust an elektrischer Arbeit lässt sich auf Basis der nachfolgenden Gleichungen ermitteln.

Gleichung 12.5: Verlustarbeit der Leitungsanlage

$$W_{\text{Verlust}} = \frac{I^2 \cdot \rho \cdot l}{S \cdot 1.000} \cdot t \text{ (kWh)}$$

Darin ist „t" die Zeit in Stunden, in der der Strom den Leitungsverlust in kWh erzeugt. Eine Multiplikation mit dem Vergütungspreis ergibt den Gewinnverlust, der die Umgebung der Anlage aufheizt.

Eine Multiplikation mit dem Ertrag/kWh ergibt dann auch den monetären Verlust.

Auf der AC-Seite sind die Berechnungen der Leitungsverluste ebenfalls möglich. Dabei ist zu unterscheiden, ob es sich um eine 1-phasige oder 3-phasige Übertragungsstrecke handelt. Hinter dem Wechselrichter kann der Leistungsfaktor $\cos \varphi = 1$ gesetzt werden. Damit ist die obige Gleichung in allen drei Fällen, DC, AC-1phasig, AC3-phasig, anwendbar.

Um alle Verluste in den Griff zu bekommen, sollte auch der Umwandlungsverlust der Wechselrichter berücksichtigt werden. Auch hier wird z. B. Wärme erzeugt, die von den Modulen gespeist wird. Der Wirkungsgrad des Wechselrichters liegt in der Größenordnung um 97 %. Damit entsteht ein Verlust in der Größenordnung von 2 % bis 3 %, der von der Höhe der Ausgangsspannung abhängig ist. Die dem Wechselrichter zugeordneten Diagramme sind bei der Bestimmung der Leistungsverluste zu berücksichtigen.

12.6 Hilfsmittel zur Dimensionierung

Zur Dimensionierung der DC-Seite stehen dem Planer der Anlage eine Reihe von Softwareprodukten zur Verfügung. Diese sind in der Regel bezogen auf die vom Hersteller bereitgestellten Produkte wie Module oder Wechselrichter. Oftmals arbeiten diese Dimensionierungsprogramme online.

12.7 Übungsaufgaben

(Die Lösungen zu den Aufgaben finden Sie im Anhang.)

Aufgabe 12.1

Wie hoch ist der Spannungsfall auf einer 25 m langen Strangleitung mit einem Querschnitt von 4 mm^2 bei einem Betriebsstrom von 13 A? Wie hoch ist die am Wechselrichter ankommenden Spannung, wenn die Spannung am Stranganfang 650 V beträgt?

Aufgabe 12.2

Wie hoch ist der Leistungsverlust, wenn der Spannungsfall auf der Strangleitung U_v = 5 V beträgt und ein Strom von 14 A fließt?

Aufgabe 12.3

Ein Modul wird bei einer Temperatur von –15 °C eingesetzt. Die Bezugstemperatur beträgt 25 °C. Das β_{voc} beträgt 0,36 %/K. Um welchen Faktor ändert sich die Modulspannung, und wie hoch ist die Modulspannung, wenn die Spannung bei 25 °C 30 V beträgt?

Aufgabe 12.4

In einem Strang sind 20 Module mit einer Spannung $U_{OCModul}$ = 36 V bei 25 °C verbaut. Das β_{voc} beträgt – 0,22 %/K. Wie ändert sich die Strangspannung bei –12 °C?

Aufgabe 12.5

Welche Faktoren sind bei der Dimensionierung einer Sicherung im Hinblick auf ein geändertes Auslöseverhalten zu berücksichtigen?

Aufgabe 12.6

Wie verändert sich der vom Modul gelieferte Strom bei unterschiedlichen Umgebungstemperaturen?

Aufgabe 12.7

Wie kann ein Verlust der Produktion verringert werden, der durch steigende Temperatur am Modul entsteht?

Aufgabe 12.8

Ein Modul mit den Daten $I_{CSModul}$ = 13 A bei 25 °C und β_{ioc}= 0,045 %/K (0,00045/K) wird bei 60 °C betrieben.
Wie hoch ist der temperaturkompensierte Strom?

Aufgabe 12.9

Ein PV-Modul mit einer Nominalleistung von 410 Wp bei 20 °C hat eine temperaturabhängige Leistung von – 0,4 %/K. Wie verhält sich die Leistung bei unterschiedlichen Temperaturen im Winter bei – 12°C und im Sommer bei 60 °C?

Aufgabe 12.10

Ein Modul wird mit einem Temperaturkoeffizient für die Leistung mit – 0,4 %/K angegeben. Welcher Faktor der Leistungsänderung gegenüber dem STC-Betrieb gilt bei einer Modultemperatur von – 12°C?

Aufgabe 12.11

Welche Aufgaben hat eine Strangsicherung?

Aufgabe 12.12

Welche Qualifikation benötigt eine Person, die die Wechselspannungsseite der PV-Anlage errichten soll?

13 Dimensionierung der AC-Seite des Wechselrichters

Für die Dimensionierung der AC-Leitungen ist eine Elektrofachkraft erforderlich, die Erfahrungen mit der Leitungsdimensionierung elektrischer Versorgungsanlagen hat. Die Verlegung der Wechselspannungsleitungen ist einer Elektrofachkraft zu übertragen, die in das Installateurverzeichnis eines Versorgungsunternehmens eingetragen ist (Konzessionsträger). Nur dieser Elektrofachkraft ist es erlaubt, Arbeiten an der elektrischen Anlage (Infrastruktur des Gebäudes) vorzunehmen. Insoweit ist sie auch verantwortlich für die korrekte Dimensionierung und den Anschluss des Wechselrichters und der zu verlegenden Leitungen zur Einspeisestelle. Eine elektrotechnisch unterwiesene Person kann unter Leitung und Aufsicht dieser Elektrofachkraft unterstützend mitarbeiten. Eine EFKffT darf diese Arbeiten auch ausführen, wenn sie unter der Leitung und Aufsicht einer Elektrofachkraft steht und die Arbeiten nach deren Anweisung ausführt. Die Fachverantwortung für die korrekte Ausführung liegt bei der aufsichtführenden Elektrofachkraft. **Bild 13.1** zeigt die fachliche Aufteilung und die Verantwortungsbereiche der konzessionierten Elektrofachkraft und der EFKffT-PV.

Eckdaten für die Dimensionierung ergeben sich aus folgenden Faktoren:

- maximaler Strom, den der Wechselrichter AC-seitig liefert,
- maximale Absicherung des Wechselrichters gemäß Datenblatt,
- Überstrom-Schutzeinrichtung an der Einspeisestelle,
- Leitungsquerschnitt (Verlegeart, Umgebungstemperatur, Häufung),
- Abschaltbedingung im Falle eines Erd- oder Körperschlusses,
- Kurzschlussschutz der angeschlossenen Geräte und Leitungen,
- Energieverlust (Leitungslänge und Querschnitt).

Dabei ist die Klemmsituation der Eingangsklemmen entsprechend der Montageanleitung des Wechselrichters und der Niederspannungsschaltgerätekombination zu berücksichtigen. Beide müssen für den maximal auftretenden Kurzschlussstrom ausgelegt sein.

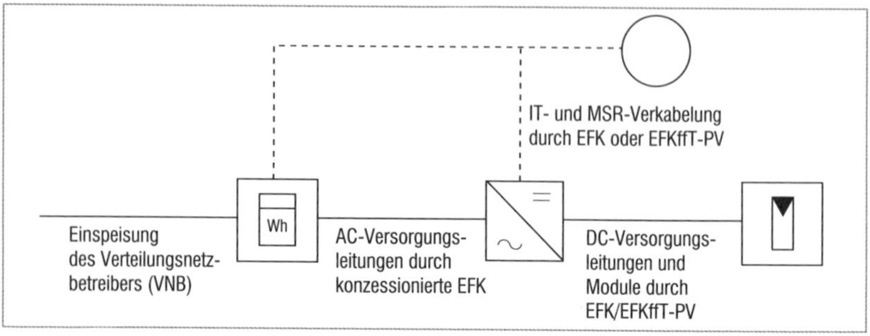

Bild 13.1 Aufteilung der fachlichen Verantwortung

13.1 Übungsaufgaben

(Die Lösungen zu den Aufgaben finden Sie im Anhang.)

Aufgabe 13.1

Über welche fachliche Qualifikation muss eine Person verfügen, wenn sie im Wechselspannungssystem eines Gebäudes Arbeiten eigenverantwortlich ausführen möchte?

Aufgabe 13.2

Welcher besondere Nachweis ist erforderlich, wenn eine Elektrofachkraft Arbeiten an der Installation eines Gebäudes ausführen möchte?

Aufgabe 13.3

Darf eine Elektrofachkraft für festgelegte Tätigkeiten eigenverantwortlich Arbeiten an einer elektrischen Anlage eines Gebäudes vornehmen?

Aufgabe 13.4

Welche Bedingungen müssen erfüllt sein, wenn eine EFKffT Arbeiten an der elektrischen Infrastruktur des Gebäudes ausführen möchte?

Aufgabe 13.5

Darf eine EFKffT die informationstechnische Verkabelung und die dazugehörigen Anschlussarbeiten eigenverantwortlich ausführen?

14 Fachpraktische Grundkenntnisse

Wie in jedem anderen Berufsbild finden sich auch im Beruf des Elektrotechnikers bestimmte, grundlegende Tätigkeiten. Diese tauchen immer wieder auf und müssen von der Elektrofachkraft beherrscht werden. Ohne Kenntnis der korrekten Ausführung dieser Arbeiten können die Ergebnisse nicht fachgerecht werden. In diesem Kapitel werden eine Reihe von grundlegenden Fertigkeiten und Kenntnisse behandelt, die für die sichere Ausführung elektrotechnischer Arbeiten erforderlich sind.

14.1 Werkzeuge des Elektrotechnikers

Der Elektrotechniker verwendet, wie jeder andere Handwerker auch, seine speziellen Werkzeuge. Diese werden durch allgemein verwendete Werkzeuge ergänzt. Spezielle Werkzeuge des Elektrotechnikers (**Bild 14.1**) dienen dazu, sich vor der Einwirkung von Körperdurchströmungen zu schützen. Eine

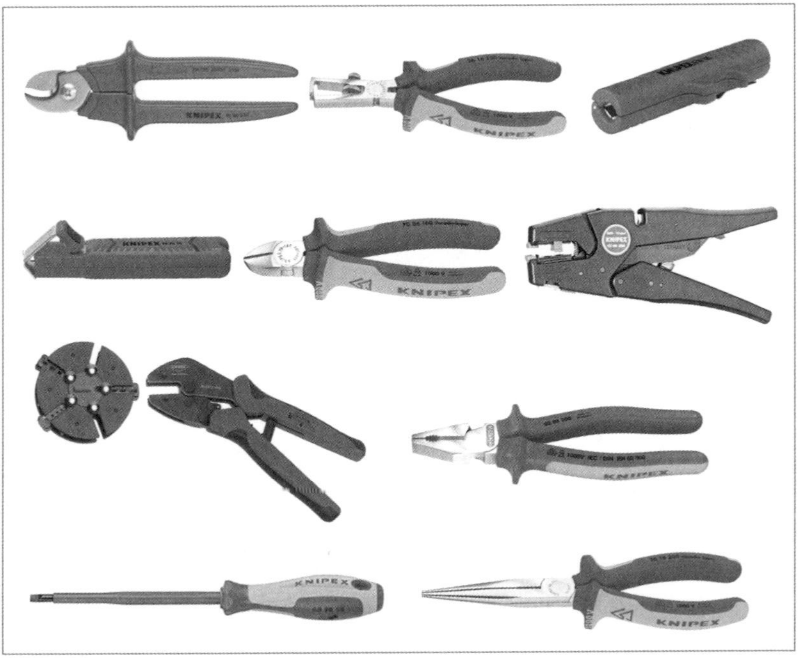

Bild 14.1 Handwerkzeuge des Elektrotechnikers

Körperdurchströmung kann verhindert werden, wenn qualifiziertes Werkzeug verwendet wird. Dieses trägt als Symbol das sogenannte Doppeldreieck, das auch manchmal Tannenbaum genannt wird und in **Bild 14.2** gezeigt wird. Grundsätzlich birgt die Verwendung von Werkzeugen auch Gefahren der Verletzung. Diese sind in der Gefährdungsbeurteilung über die Gefährdung bei der Verwendung von Handwerkzeugen aufgeführt. Dazu folgen einige Sicherheitshinweise.

Bild 14.2 Doppeldreieck zur Kennzeichnung von Werkzeug, das an unter Spannung stehenden aktiven Teilen verwendet werden darf.

14.1.1 Verwendung von Werkzeugen

Die Verwendung von Werkzeugen, egal ob Handwerkzeug oder Werkzeug-Maschinen, kann zu Gefährdungen führen. Aus diesem Grund schreibt das Arbeitsschutzgesetz eine Beurteilung der Gefährdungen vor, aus denen Schutzmaßnahmen abzuleiten und umzusetzen sind. Zunächst ist der Chef der Beschäftigten in der Pflicht, die Schutzmaßnahmen festzulegen, die bei der Verwendung von Werkzeugen erforderlich sind. Darüber hinaus gehen natürlich bei der Durchführung von Arbeiten vor Ort individuelle, auf die Tätigkeit und die verwendeten Werkzeuge und Materialien bezogene Gefährdungen aus. Diese sind vor Ort durch den Arbeitsverantwortlichen zu bewerten und die daraus erforderlichen Schutzmaßnahmen anzuordnen.

Belastungen/Gefährdungen bei der Verwendung von Handwerkzeugen können sein: Verletzungen an Fingern, Händen und andern Körperteilen durch Schnittverletzungen.

Erforderliche Maßnahmen (beispielhaft):

- geeignete Werkzeuge zum Abmanteln zur Verfügung stellen und benutzen,
- möglichst Messer mit verdeckter Schneide und
  - Kabelmessergriffe mit umlaufender Wulst gegen das Abgleiten in Richtung Klinge,
  - beim Einsatz von Messern mit feststehender Klinge die Nutzungsmöglichkeit von Schutzhandschuhen prüfen,
  - Messer mit offen liegender Klinge nicht im Arbeitsanzug oder in der Werkzeugtasche aufbewahren.

14.2 Messgeräte

Die Elektrofachkraft für festgelegte Tätigkeiten (EFKffT) benötigt zur Prüfung der fertigen Arbeit, aber auch zur Prüfung der Spannungsfreiheit und der Funktion von Betriebsmitteln verschiedene Messgeräte. Dies sind:

- Spannungsmessgerät,
- Widerstandsmessgerät oder Durchgangsprüfer,
- Strommessgerät, am besten ein Zangenamperemeter,
- Installationstester für Messungen an elektrischen Anlagen und Maschinen und
- Betriebsmittelprüfgerät für Messungen nach DIN EN 50678 (VDE 0701) und nach DIN EN 50699 (VDE 0702).

Die Ausstattung mit Messgeräten hängt dabei von den Aufgaben ab, die auszuführen sind. Werden nur Betriebsmittel geprüft, so reicht ein Betriebsmittelprüfgerät. Werden auch Arbeiten zur Instandhaltung an elektrotechnischen Anlagen ausgeführt oder Betriebsmittel ausgewechselt sowie neue angeschlossen, so ist ein Installationstester notwendig, um die Schutzmaßnahmen gegen elektrischen Schlag zu prüfen. Zur Fehlersuche in Betriebsmitteln und Maschinen sind ein Spannungsmessgerät (**Bild 14.3**), ein Widerstandsmessgerät und eine Stromzange sinnvoll. Diese Messgeräte müssen bestimmte Bedingungen erfüllen.

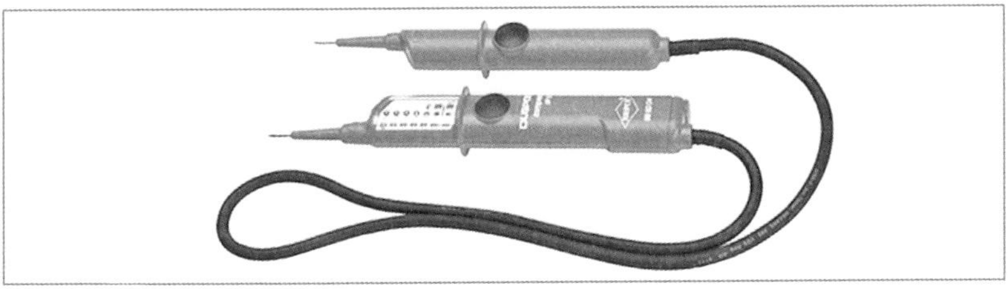

Bild 14.3 Zweipoliges Spannungsmessgerät

14.2.1 Sicherheitsanforderungen an Messgeräte

Messgeräte werden entsprechend der Messaufgabe bestimmten Messkategorien zugeordnet. **Tabelle 14.1** stellt die Anforderungen und Einsatzbereiche den Kategorien gegenüber. Die CAT-Kennzeichnungen sind auf den Messgeräten aufgedruckt. Die Messleitungen müssen berührungssicher sein. Das gilt auch für Messklemmen. Messspitzen müssen mit einem Schutz gegen Abrutschen versehen sein. Um in Anlagen die auftretenden Ströme gefahrlos messen zu können, eignen sich besonders Zangenamperemeter (**Bild 14.4**).

Mess-kategorie	Anforderungen und Einsatzbereiche
I (CAT I)	Stromkreise, die nicht direkt mit dem Netz verbunden sind oder über besonders geschützte Stromkreise mit dem Netz verbunden sind (Trenntransformator); Messungen im Labor an Schaltungen und Versuchsaufbauten.
II (CAT II)	Stromkreise, die für den Anschluss an das Niederspannungsnetz vorgesehen sind (Betriebsmittel); Messungen beim Prüfen von Betriebsmitteln.
III(CAT III)	Gebäudeinstallation (Verteilungs- und Endstromkreise); Messungen an Steckdosen oder Leuchten.
IV (CAT IV)	Quelle der Niederspannungsinstallation (Zählerplatz); Messungen am Hausanschlusskasten und vor dem Zähler.
Es ist darauf zu achten, dass auch die Messleitungen und Messspitzen mindestens der Messkategorie oder einer höheren Kategorie entsprechen	

Tabelle 14.1 Anforderungen und Einsatzbereiche

Bild 14.4 Zangenamperemeter für Gleich- und Wechselspannungen und Ströme

14.2.2 Technische Anforderungen

Die Messgeräte, die für die Sicherheitsprüfung der elektrischen Betriebsmittel und der Schutzmaßnahmen an elektrotechnischen Anlagen vorgesehen sind, müssen den Anforderungen aus DIN VDE 0413 entsprechen. Das **Bild 14.5** zeigt ein zugelassenes Prüfgerät.

Die Hinweise der Eignung sind auf den jeweiligen Geräten aufgedruckt.

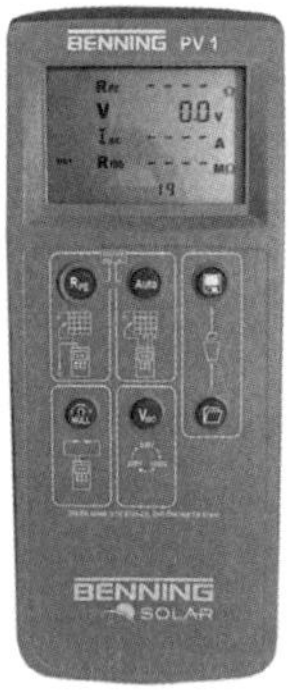

Bild 14.5 Prüfgerät für die Sicherheitsprüfung auf der DC-Seite

Obwohl auch Universalmultimeter Widerstandsmessungen erlauben, können die Messungen der Schutzleiterdurchgängigkeit und des Isolationswiderstandes mit diesen Geräten nicht durchgeführt werden. Um die niederohmige Verbindung eines Schutzleiters zu messen, ist ein Messstrom von mindestens 0,2 A erforderlich. Das kann mit einem Universalgerät nicht erreicht werden. Auch eine Widerstandsmessung mit einer Gleichspannung von 500 V für die Isolationswiderstandsmessung ist mit einem Universalmultimeter nicht möglich.

14.3 Pläne in der Elektrotechnik

Pläne und Dokumente werden aus unterschiedlichen Gründen, und so auch mit verschiedenen Inhalten, gefertigt. Eine Übersicht zeigt **Bild 14.6.** Zunächst sind da die Pläne, die der Anordnung von Betriebsmitteln dienen. Hier finden wir den Installationsplan und den Anordnungsplan, der auch Aufbauplan genannt wird. Weiter benötigt der Elektrotechniker bei der Herstellung einer Schaltung die notwendigen Vorgaben für die Verknüpfung der Betriebsmittel. Diese Verknüpfung geht aus dem Stromlaufplan hervor. Dazu werden noch eine Reihe anderer Pläne benötigt, die eine Übersicht über die Gesamtanlage geben, ohne auf die Details eingehen zu müssen, um beispielsweise die Verbindung zwischen Baugruppen oder Anlagen zu erkennen. Der Übersichtsplan, aber auch der Klemmenplan, der die Verbindungen innerhalb einer Anlage zeigt, können hier zugeordnet werden.

Im Folgenden sollen die in der Elektroinstallationstechnik wichtigsten Pläne angesprochen werden.

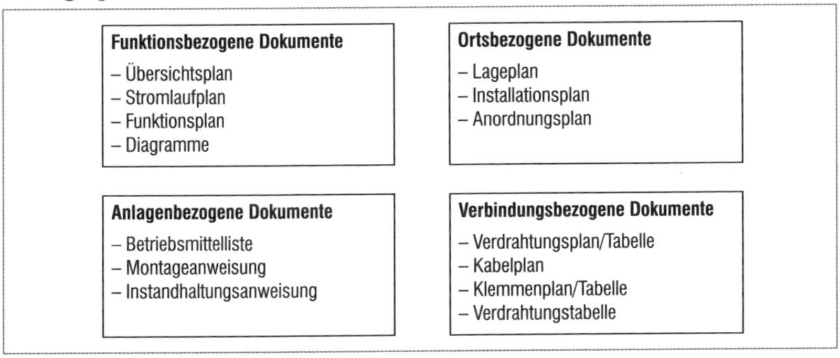

Bild 14.6 Pläne in der Elektrotechnik

14.3.1 Stromlaufplan

Stromlaufpläne werden in Stromlaufpläne mit zusammenhängender Darstellung, halb zusammenhängender Darstellung und aufgelöster Darstellung unterteilt. Hauptsächlich wird die aufgelöste Darstellung verwendet.

In den Stromlaufplänen wird auch die Darstellung der Adern und Leitungen unterschieden. So werden einpolige Darstellungen meist in Übersichtsschaltplänen gewählt. In ihnen werden die Leitungen dargestellt, die der Verbindung der Baugruppen oder Betriebsmittel dienen. Ein Querstrich weist auf die entsprechende Aderzahl hin. Stromlaufpläne werden üblicherweise allpolig dargestellt. Die Linien zeigen jeweils eine Ader. Sämtliche Betätigungselemente und Schaltgeräte werden im stromlosen Zustand gezeichnet. Werden ausnahmsweise betätigte Kontakte dargestellt, wie es in Zeitablaufdiagrammen oft der Fall ist, erhalten diese Kontakte eine zusätzliche Kennzeichnung durch einen Doppelpfeil.

Allen Plänen gemeinsam sind die Kennzeichnungen der Betriebsmittel. Eingetragen werden je Betriebsmittel:

- Kurzzeichen,
- Betriebsmittelnummer,
- Kennzeichnung der Verwendung,
- Klemmenbezeichnung,
- Typ und Größe.

In der zusammenhängenden Darstellung werden alle Kontakte eines Betriebsmittels in unmittelbarer Nähe dargestellt. Das führt oft zu einer unübersichtlichen Leitungsdarstellung. Wichtig bei der zusammenhängenden Darstellung ist auch die räumliche Anordnung der Betriebsmittel zueinander. Die Betriebsmittel werden im Plan möglichst in derselben räumlichen Lage zueinander, aber nicht maßstäblich zueinander, gezeichnet. Die zusammenhängende Darstellung wird oftmals als Verdrahtungsplan bezeichnet.

Die halb zusammenhängende Darstellung verbindet die zu den Betriebsmitteln gehörenden Kontakte mit einer gestrichelten Wirkungslinie. Die Leitungsdarstellung kann dadurch übersichtlicher erfolgen. Damit wird aber die direkte Verknüpfung der Lage der Betriebsmittel zueinander, wie sie in der zusammenhängenden Darstellung üblich ist, aufgegeben.

Die häufigste Darstellungsart ist die aufgelöste Darstellung. Der Stromlaufplan zeigt die elektrische Verbindung der Betriebsmittel. Die Strompfade verlaufen bevorzugt senkrecht. Auf die räumlichen Zusammenhänge wird keine Rücksicht genommen. Die funktionalen Zusammenhänge sind wichtiger.

Die Kennzeichen der Verwendung lauten:

T: Zeitfunktion,

A: Hilfsfunktion,

M: Hauptfunktion.

Der Stromlaufplan zeigt die logische Verknüpfung der Betriebsmittel ohne räumliche Darstellung der mechanischen Zusammenhänge. Die Betriebsmittelteile werden als Symbole ohne Bezug auf die realen Abmessungen dargestellt.

Darüber hinaus können Stromlaufpläne einpolig und allpolig dargestellt werden. Die einpolige Darstellung wird oft den Übersichtsplänen zugeordnet. Einpolig ist eine Darstellung, wenn alle Leiter eines Strompfades in einer Linie zusammengefasst werden. Die Bezeichnung der Leiter wird entweder an die Linie geschrieben oder die Anzahl wird an einen Querstrich geschrieben.

14.3.2 Verdrahtungsliste

Die Verdrahtungsliste dient dem Verdrahten der Verteilung und enthält Anfangspunkt der Leitung, Endpunkt der Leitung, Leitungstyp, Querschnitt und Farbe. Anfangs- und Endpunkt erhalten die Betriebsmittelkennzeichnung und die Klemmkennzeichnung.

Eine Verdrahtungsliste zeigt den Anfangspunkt, den Endpunkt und das zu verwendende Material zur Verdrahtung einer Anlage.

14.3.3 Übersichtsschaltplan

Der Übersichtsschaltplan aus **Bild 14.7** zeigt die elektrischen Zusammenhänge in einfacher Darstellung. Sie werden einpolig dargestellt. Es werden die Kennzeichnungen der Betriebsmittel und bei Leitungen die Aderanzahlen eingetragen. Die Kennzeichnungen finden sich als Referenzkennzeichnung in allen anderen Plänen der Anlage wieder. Der Übersichtsplan wird auch bei einfachen Verteilungen als Werkstattplan zur Verdrahtung verwendet. Es werden bevorzugt die genormten Symbole verwendet. Die Betriebsmittel können aber auch als einfache Rechtecke oder Kreise mit entsprechender Beschriftung gezeichnet werden. Die Betriebsmittelkennzeichnung entsprechend dem Stromlaufplan oder Aufbauplan ist zu übernehmen. Eine Beschriftung mit den elektrischen Daten, dem Hersteller und dem Typ ist möglich. Der Übersichtsplan zeigt alle Betriebsmittel einer Anlage ohne auf die wahren Größen, wohl aber auf die räumlichen und logischen Zusammenhänge Rücksicht zu nehmen.

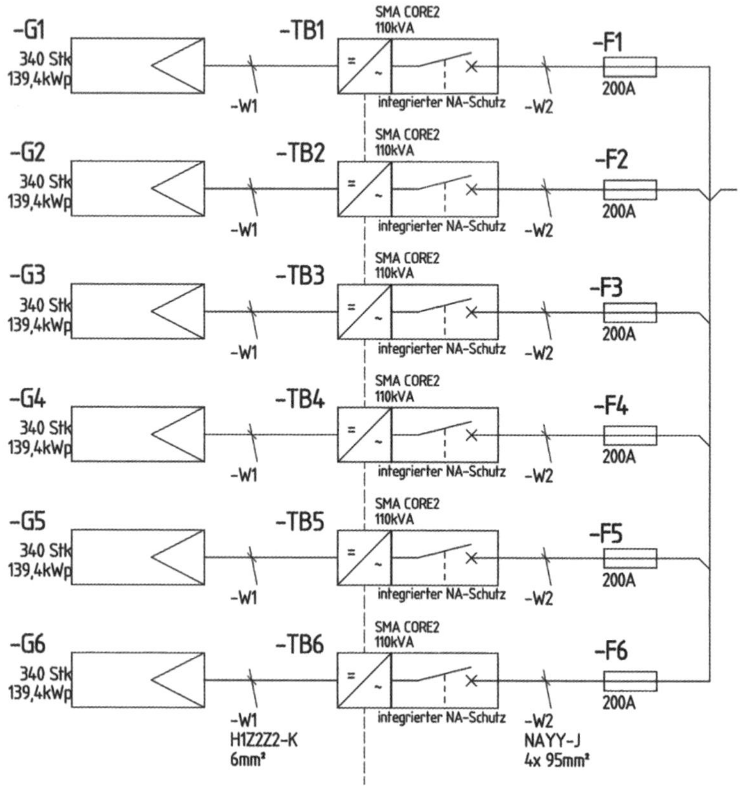

Bild 14.7 Beispiel eines Übersichtsplans einer PV-Anlage

14.4 Aufbau von Schaltschränken

Schaltschränke oder fachlich Niederspannungs-Schaltgerätekombinationen sind Produkte im Sinne des Gesetzes über die Haftung für fehlerhafte Produkte (Produkthaftungsgesetz – ProdHaftG) und der Niederspannungsrichtlinie. Sie werden entsprechend den Normen DIN VDE 0660-600 und den darin verankerten Teilen der Norm hergestellt. Da es sich um Produkte handelt, ist eine Konformitätserklärung einschließlich der geforderten Prüfung erforderlich. Für den Anwender eines solchen Gerätes sind einige Eckdaten wichtig.

14.4.1 Temperatur in Schaltschränken

Betriebsmittel in Schaltschränken, dazu gehören zum Beispiel Sicherungen, Leitungsschutzschalter, Fehlerstrom-Schutzschalter und Regelgeräte, dürfen nur einer bestimmten maximalen und minimalen Umgebungstemperatur ausgesetzt werden, damit sie nach den Vorgaben des Herstellers einwandfrei funktionieren können. Das ist besonders wichtig, wenn es sich dabei um Schutzeinrichtungen handelt. Die maximalen Umgebungstemperaturen der Betriebsmittel wird von den Herstellern in den Datenblättern angegeben.

Ein Leitungsschutzschalter hat bei einer Umgebungstemperatur von 30 °C seinen Bemessungswert. Steigt die Temperatur, so schaltet er früher ab. Ein Fehlerstrom-Schutzschalter hat seinen Bemessungswert bei 40 °C.

Betrachtet man elektronische Geräte, so liegen die Umgebungstemperaturbereiche bei ca. 45 °C. Das bedeutet, dass die im Schaltschrank erzeugte Wärmelast zu keiner größeren Temperaturerhöhung an der Einbaustelle führen darf. Allerdings können im Sommer die üblichen bei einer Schaltanlage zugrunde gelegten Temperaturen überschritten werden. Das gilt insbesondere dann, wenn die Schaltanlage direkter Sonneneinstrahlung ausgesetzt ist. Dabei sollten die Positionen der Geräte und deren maximale Umgebungstemperatur berücksichtigt werden. Die Daten dazu finden sich in den Montageanleitungen.

In den Produktunterlagen der Hersteller finden sich auch üblicherweise die Leistungen, die im Betrieb freigesetzt werden. Auch die Wärmeübertragung aus dem Inneren des Schaltschrankes an die Umgebung ist in den Datenblättern der Hersteller angegeben. Daraus kann mithilfe einer einfachen Addition der Wärmeabgabe der eingebauten Betriebsmittel und der Wärmeabgabe des Gehäuses an die Umgebung die Innentemperatur ermittelt und mit den Maximalwerten verglichen werden.

14.4.2 EMV-Gesichtspunkte

Die elektromagnetische Verträglichkeit (EMV) stellt in der Zeit der komplexen Mess-, Steuer-, Regelungstechnik (MSR-Technik) mit den kleinen Signalpegeln ein ernstzunehmendes Problem dar. Dabei werden von den Energieleitungen Spannungen auf die MSR-Leitungen übertragen. **Bild 14.8** zeigt das Schema in vereinfachter Form. Grundsätzlich besteht beim Schalten von Lasten in durchflossenen Leitungen die Gefahr, dass die auf den MSR-Leitungen liegenden Signalspannungen gestört werden.

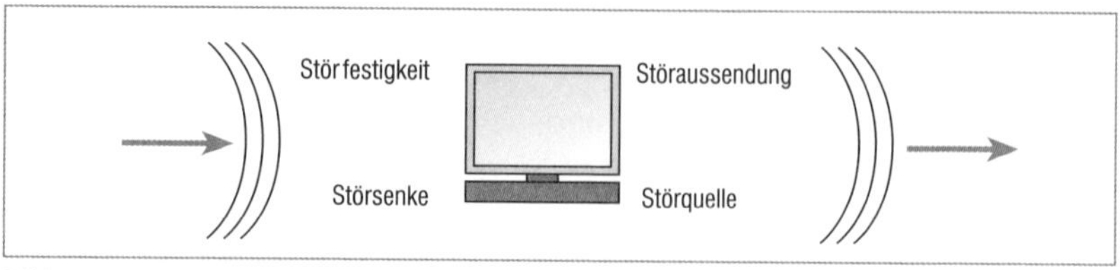

Bild 14.8 EMV

Die Störungen stammen aus einer Störquelle. Die Störquelle sendet elektromagnetische Wellen aus, die von einer Störsenke aufgenommen werden.

Die Höhe, in der die elektromagnetischen Felder auftreten dürfen, ist in einer Gewerbeumgebung größer als in einer Wohnungsumgebung. Die Störsenke besitzt eine Störfestigkeit, die ebenfalls abhängig vom Einsatzort des Gerätes (im Haushalt oder im Gewerbe) ist. Fast jedes elektrisch betriebene Gerät ist gleichzeitig Störquelle und Störsenke, kann also durch eine elektromagnetische Umgebung gestört werden und empfindliche Systeme in der Nähe stören.

14.4.3 Abschirmen und Trennen

Diese Einwirkungen müssen durch verschiedene Maßnahmen verhindert werden. Da sind zunächst die Trennungsabstände zum Beispiel bei Leitungen. Je weiter die Leitungen auseinander liegen, umso geringer sind die Auswirkungen. Deshalb ist in einem Schaltschrank für die MSR-Leitungen und die Energieleitungen ein unterschiedlicher Weg zu wählen. Auch die Klemmreihen sollten getrennt werden. Bei der Verlegung der Leitungen im Feld ist ebenfalls eine Trennung notwendig. Grundsätzlich sind die Fühlerleitungen in einer abgeschirmten Variante auszuwählen. Zusätzlich bieten sich bei Kabelbühnen oder Kabelkanälen Trennstege aus Metall an. Alternativ kann auch ein geschlossenes metallisches Rohrsystem verwendet werden, um die elektromagnetischen Felder von den MSR-Leitungen fernzuhalten. Bild 14.8 zeigt die Einflüsse der Systeme untereinander und verdeutlicht die Begriffe Störfestigkeit, Störsenke, Störaussendung und Störquelle

14.4.4 Überspannungsschutz

In diesem Zusammenhang ist auch auf Überspannungen hinzuweisen, die durch verschiedene Ursachen besonders für die elektronischen Bauteile einer Anlage, in unserem Fall also die Module, Wechselrichter, Mess-Steuer und Regeltechnik gefährlich sein können. Nicht nur direkte Blitzeinschläge, sondern auch Einschläge in der Nähe haben Auswirkungen. Schäden können bei unsachgemäßer Leitungsführung noch in Einschlagentfernungen bis 2 km auftreten. Auch Schalthandlungen aus dem Ein- und Ausschalten der Motoren und Transformatoren können Überspannungen in Netzen verursachen. Ein wirksamer Schutz hiergegen kann mithilfe von Überspannungsableitern aufgebaut werden.

Bild 14.9 zeigt Überspannungsableiter in einer Übergabestation. Diese sind in den Stromkreisen der Spannungsversorgung ebenso erforderlich wie in den Stromkreisen der MSR-Technik. Die notwendigen Maßnahmen sind in Abschnitt 11.11 beschrieben.

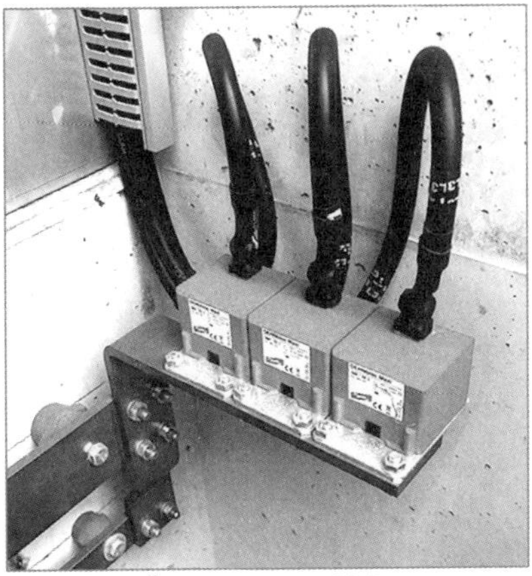

Bild 14.9 Überspannungsableiter in einer Übergabestation

14.5 Übungsaufgaben

(Die Lösungen zu den Aufgaben finden Sie im Anhang.)

Aufgabe 14.1

Welches Kennzeichen muss ein Werkzeug für Arbeiten an unter Spannung stehenden Teilen tragen?

Aufgabe 14.2

Welche Maßnahmen sind zur Vermeidung von Verletzungen beim Verwenden von Werkzeugen zu treffen? Nennen Sie drei Maßnahmen

Aufgabe 14.3

Welcher Kategorie muss ein Messgerät angehören, wenn es zum Messen der Spannung an dem Strang verwendet werden soll?

Aufgabe 14.4

Warum kann kein Multimeter zur normgerechten Feststellung der niederohmigen Verbindung eines Schutzleiters verwendet werden?

Aufgabe 14.5

Mit welcher Mindestspannung muss der Isolationswiderstand gemessen werden?

Aufgabe 14.6

Nennen Sie mindestens einen Messgerätetyp, der die Bedingung aus den vorherigen Fragen erfüllt.

Aufgabe 14.7

Nennen Sie mindestens zwei Gesichtspunkte, unter denen Schaltschränke aufgebaut werden sollen, und begründen Sie die Wichtigkeit dieser Maßnahmen

15 Allgemeine elektrotechnische Tätigkeiten

In diesem Kapitel werden diejenigen Tätigkeiten beschrieben, die als Grundlage für die meisten Tätigkeiten in den Bereichen angesehen werden können, zu denen eine Elektrofachkraft für festgelegte Tätigkeiten bestellt werden kann. Die praktische Ausführung der Arbeiten, zu denen eine EFKffT bestellt werden kann, ist in Arbeitsanweisungen beschrieben. Die EFKffT hat diese Arbeiten nach den Arbeitsanweisungen auszuführen. Für einige der grundlegenden Tätigkeiten wurden Arbeitsanweisungen beispielhaft erstellt. Diese können vom Unternehmer nach einer Anpassung an die betrieblichen Verhältnisse übernommen werden.

15.1 Auswahl von Leitungen

Bei der Auswahl von Leitungen sind fünf Kriterien zur berücksichtigen:

- die Leitungsart im Hinblick auf die Verwendung,
- der Mindest-Leitungsquerschnitt im Hinblick auf die Verwendung,
- die Strombelastbarkeit im Hinblick auf den Brandschutz,
- die Abschaltbedingungen im Hinblick auf den Schutz gegen elektrischen Schlag,
- der Spannungsfall zur Sicherstellung, damit die angeschlossenen Betriebsmittel störungsfrei arbeiten.

Alle genannten Kriterien sind zu berücksichtigen. Dazu existieren für manche Fälle separate Vorschriften in den Sicherheitsregeln, nach der Betriebssicherheitsverordnung, den TRBS, nach den Regeln der Berufsgenossenschaften sowie nach den VDE-Bestimmungen. Im vorangegangenen Kapitel wurde die Frage beantwortet, wie hoch eine Leitung abgesichert und belastet werden darf, damit sie nicht überlastet wird. In den Kapiteln über die Schutzmaßnahmen und über den Anschluss von Leitungen an Betriebsmittel werden die jeweiligen Anforderungen an die Leitungen behandelt. Im folgenden Abschnitt wird die fachgerechte Verwendung besprochen.

15.2 Abmanteln

Das Abmanteln von Kabeln und Leitungen gehört zu den unfallträchtigsten Arbeiten im Bereich der Elektroinstallation. Werden falsche Werkzeuge verwendet, besteht absolute Verletzungsgefahr. Ein Teppichmesser ist kein Abmantelwerkzeug!

Dazu einige Sicherheitshinweise in **Tabelle 15.1.**

Belastung/Gefährdung	Anforderungen/Maßnahmen	Quellen
Schnittverletzungen	Geeignete Werkzeuge zum Abmanteln zur Verfügung stellen und benutzen.	DGUV Information 209-001, bisher BGI 533 – Arbeiten mit Handwerkzeugen, 13.1 Sicherheitstechnische Überlegungen
	Möglichst Messer mit verdeckter Schneide und Kabelmessergriffe mit umlaufender Wulst gegen das Abgleiten in Richtung Klinge verwenden.	
	Beim Einsatz von Messern mit feststehender Klinge die Nutzungsmöglichkeit von Schutzhandschuhen prüfen.	
	Messer mit offen liegender Klinge nicht im Arbeitsanzug oder in der Werkzeugtasche aufbewahren.	

Tabelle 15.1 Sicherheitshinweise zum Abmanteln

Kabelmesser mit Abmantelvorrichtung

Um die Leitungen anzuschließen, müssen diese zunächst abgemantelt werden, um die isolierten Kupferleiter freizulegen. Damit die Leitersolierungen beim Abmanteln nicht verletzt werden, sind spezielle Werkzeuge einzusetzen, zum Beispiel ein spezielles Kabelmesser mit Abmantelvorrichtung (**Bild 15.1**). Besondere Aufmerksamkeit ist der Schnitttiefe zu widmen. Die einzelnen Leiterisolierungen dürfen beim Aufschneiden des Mantels nicht verletzt werden. Bei dem gezeigten Kabelmesser kann die Klingenlänge mit einer Schraube an der Unterseite des Heftes in der Schnitttiefe verändert werden.

Anleitung zum Abmanteln:

1. Schritt: das Messer mit leichtem Daumendruck ansetzen,
2. Schritt: ein bis zwei Umdrehungen rund schneiden,
3. Schritt: den Längsschnitt durchführen,
4. Schritt: die Isolierung abstreifen.

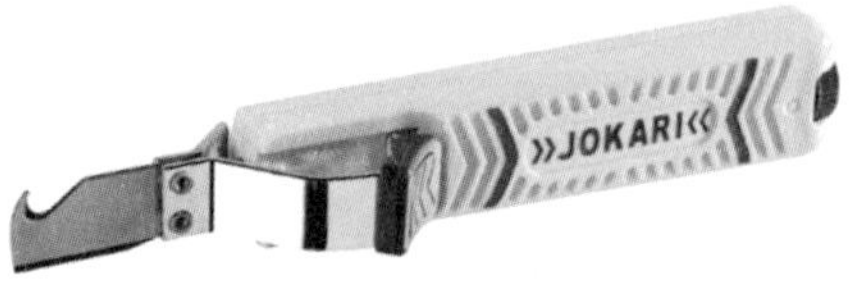

Bild 15.1 Abmantelwerkzeug mit Hakenklinge

Die Hakenklinge am Messer unterstützt das Abziehen des Mantels. Die Mantelreste sind als Reststoffe zu entsorgen.

15.3 Abmanteler

An schwer zugänglichen Stellen geht es mit dem Abmanteler in **Bild 15.2** komfortabler.

Nachdem die Sperre gelöst wurde, wird die Leitung eingelegt und der Abmanteler wieder geschlossen. Je eine Vierteldrehung nach links und nach rechts, dann lässt sich die Isolierung abstreifen.

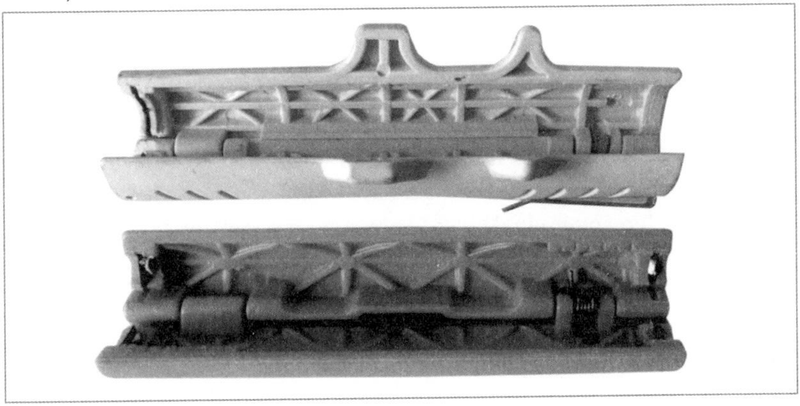

Bild 15.2 Abmanteler

15.4 Abisolieren

Beim Abisolieren wird die Leiterisolierung von dem Leiter entfernt. Zum Abisolieren werden verschiedene Werkzeuge verwendet. Es stehen neben verschiedenen mechanischen Abisolierzangen auch thermische Abisolierwerkzeuge und Messer zur Verfügung. Grundsätzlich ist beim Abisolieren darauf zu achten, dass:

- die korrekte Abisolierlänge eingehalten wird, damit keine Berührungsgefahr besteht,
- die Ader nicht angeschnitten wird, damit keine mechanische Schwachstelle entsteht,
- die Ader nicht verletzt wird, damit keine Querschnittsverjüngung entsteht.

Die genannten Bedingungen lassen sich dann mit den nachfolgend gezeigten Abisolierzangen nach **Bild 15.3** und **15.4** einhalten, wenn sie richtig eingestellt sind. Andere Werkzeuge, wie Seitenschneider, Kombizangen und Messer, sollten nicht verwendet werden, weil mit diesen Werkzeugen die Gefahr der Verletzung der Leiter besteht.

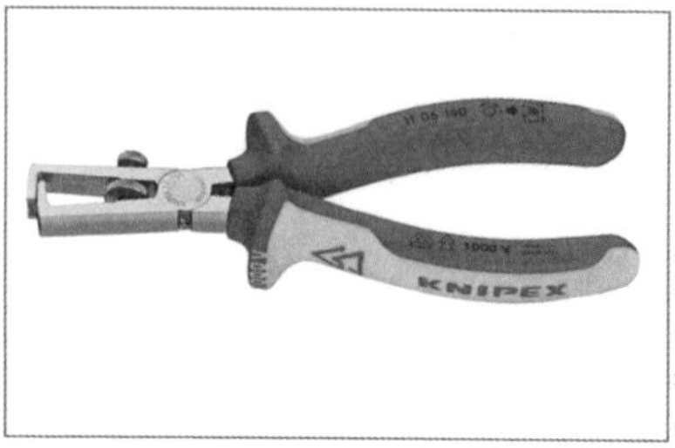

Quelle: Fa. Knipex

Bild 15.3 Abisolierzange

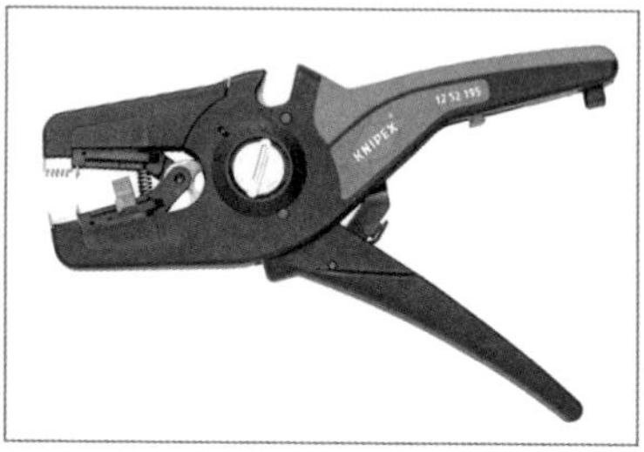

Quelle: Fa. Knipex

Bild 15.4 Abisolierzange

So wenden Sie die Abisolierzange richtig an:

- Stellen Sie den Längenanschlag auf das gewünschte Maß ein.
- Legen Sie den Leiter ein. Das spezielle Abtastsystem der Zange stellt sich automatisch ein.
- Drücken Sie die Zange einfach zu – und fertig.

Eine Abisolierzange aus Bild 15.4 wenden Sie wie nachfolgend beschrieben korrekt an:

- Stellen Sie den Drahtdurchmesser auf den Leiterquerschnitt ein, damit der Leiter nicht beschädigt wird.
- Stecken Sie den Leiter so weit in die Zange, wie er abisoliert werden soll.
- Drücken Sie die Zange einfach zu – und ziehen Sie die Aderisolierung ab.

Zum Ablängen von Adern setzen Sie den Seitenschneider ein. Danach werden die einzelnen Adern mit Klemmen verbunden.

15.5 Herrichten von Leitungen zum Anschluss

15.5.1 Ösen biegen

Werden Betriebsmittel fest montiert und angeschlossen, so ist der Anschluss oft mit einer Schraube ausgeführt. Das gilt besonders für Motoren.

Normalerweise erfolgt der Anschluss in derartigen Fällen mithilfe von Kabelschuhen. Bei kleineren Querschnitten wird zum Anschluss jedoch oft eine Öse gebogen. Der Ablauf ist in **Bild 15.5** dargestellt. **Bild 15.6** zeigt fehlerhaft gebogene Ösen. Bei der Arbeit ist eine Flach-Rundzange (**Bild 15.7**) hilfreich.

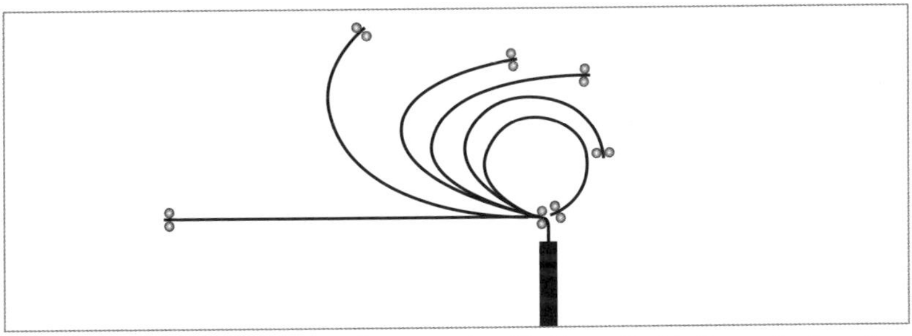

Bild 15.5 Phasen zum Biegen einer Öse aus Draht, abisolieren, Start festlegen, in einem Zug biegen.

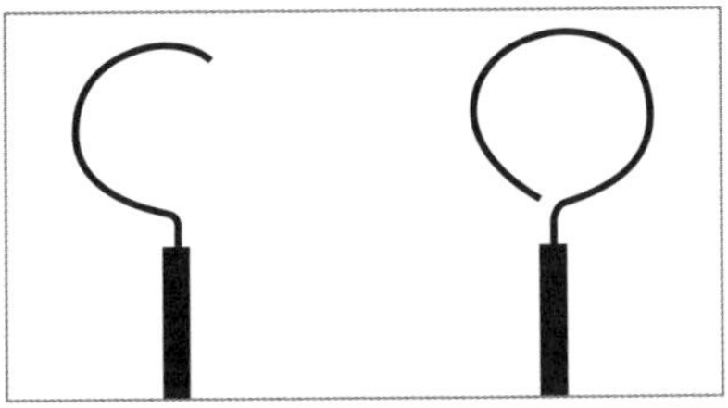

Bild 15.6 Falsch gebogene Ösen;
links: Öse offen,
rechts: Biegerichtung falsch

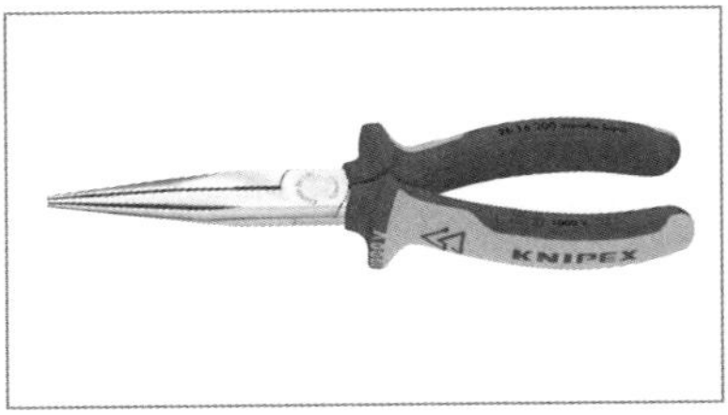

Bild 15.7 Flach-Rundzange zum Biegen von Ösen

Quelle: Fa. Knipex

Folgendes Werkzeug ist erforderlich:

- Kabelschere,
- Abmanteler,
- Abisolierzange und
- Rundzange.

Folgende Arbeitsschritte sind erforderlich:

- Abmessen der Abmantellänge und Abmanteln der Leitung,
- Abmessen der Abisolierlänge und Abisolieren,
- Festlegen des Startpunkts der Öse,
- Ader an der Spitze anfassen und die Aderspitze in einem Zug zum Startpunkt der Öse führen,
- Anpassen an die Schraube und eventuell Verkürzen der Aderspitze und erneutes Schließen der Öse.

Die Öse sollte ohne Pressung auf die Schraube passen und komplett unterhalb der Unterlegscheibe verschwinden.

Bei der Abisolierlänge ist zu beachten, dass die Anschlussstelle zwischen zwei Unterlegscheiben liegt. Deshalb ist die Aderisolierung etwas weiter zu entfernen, als es der Umfang der Schraube erfordert. Die Öse wird zwischen zwei Unterlegscheiben so auf die Schraube gelegt, dass sich die Öse beim Anziehen zuzieht. Die Isolierung darf auf keinen Fall eingeklemmt werden.

15.5.2 Aderendhülsen aufbringen

Flexible Leiterenden sind mit Ausnahme von einigen Federzugklemmen beim Anschluss mit Aderendhülsen zu schützen. **Bild 15.8** zeigt verschiedene Aderendhülsen. Nach dem Abmanteln der Leitung und dem Ablängen der Adern auf die passende Anschlusslänge sind folgende Arbeitsschritte erforderlich:

- Auswahl der Aderendhülsen; dabei ist der Bemessungsquerschnitt der Ader und der der Aderendhülse aufeinander abzustimmen.
- Festlegen der Abisolierlänge; dabei steckt die gesamte abisolierte Länge in der Aderendhülse. Die abisolierte Ader schließt vorne mit der Aderendhülse bündig ab.
- Abisolieren; dabei ist auf die genaue Einstellung der Abisolierzange zu achten, weil die feinen Drähte der Adern sehr schnell beschädigt werden und dann abbrechen. Das führt zu einer Querschnittsreduzierung, die unbedingt vermieden werden muss. Im Extremfall führen derartige Beschädigungen zu einem Brand.
- Aufschieben der Aderendhülse auf die Leiter. Dazu werden die einzelnen Drähte der Leiter nicht zusammengedreht. Sie bleiben so liegen, wie sie unterhalb der Leiterisolierung liegen.

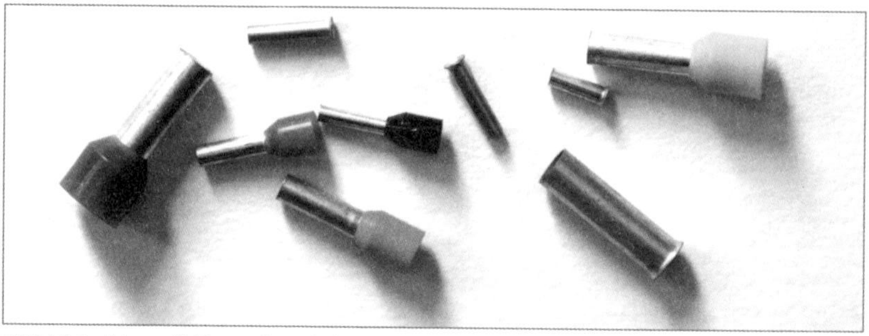

Bild 15.8 Aderendhülsen mit und ohne Isolierkragen

- Bei Aderendhülsen verschwindet die Leiterisolierung unter dem Isolierkragen.
- Kerben der Aderendhülse mit der Krimpzange, ein Beispiel zeigt **Bild 15.9**. Dabei ist auf eine gleichmäßige Kerbung auf der gesamten Hülsenlänge zu achten.

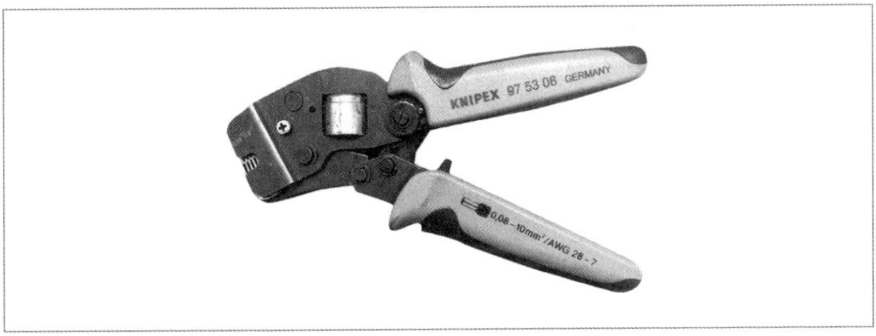

Bild 15.9 Krimpzange für Aderendhülsen

15.5.3 Kabelschuhe aufpressen

Kabelschuhe werden immer dann verwendet, wenn ein Leiter an einer Schraube befestigt werden muss. Die Kabelschuhe sind unter Berücksichtigung des Leiterquerschnitts, des Leitermaterials und des Durchmessers der Befestigungsschraube auszuwählen. Zur Pressung sind spezielle Zangen erforderlich. Ein Beispiel zeigt **Bild 15.10**. Verschiedene Arten von Kabelschuhen sind in **Bild 15.11** gezeigt.

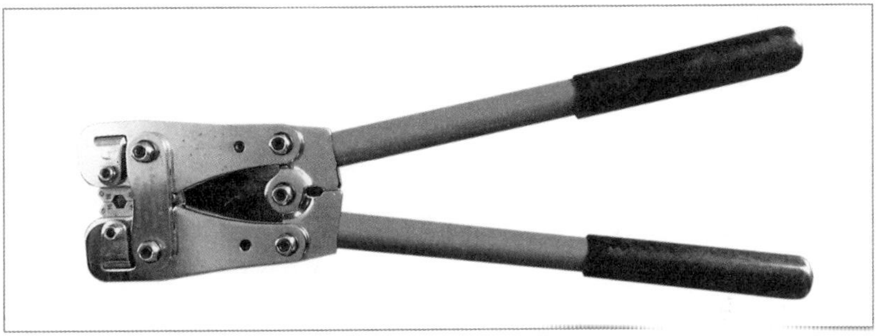

Bild 15.10 Kerbzange für Rohrkabelschuhe

Bild 15.11 Sammlung verschiedener Kabelschuhe

15.5.4 Herrichten für Federzugklemmen

Federzugklemmen finden immer häufiger Anwendung. Sie bieten eine sichere Verbindung unter allen Umweltbedingungen. Ein Nachziehen einer Verbindung ist nicht erforderlich. Federzugklemmen wie in **Bild 15.12** werden als Anschluss-, Verbindungs- und wie im Bild als Reihenklemmen verwendet.

Quelle: Fa. Phoenix Contact GmbH

Bild 15.12 Reihenklemmen

Bei der Verwendung von Federzugklemmen sind die Herstellervorschriften für die Montage zu beachten (**Bild 15.13**). Klemmen nehmen jeweils nur eine Ader je Anschlussstelle auf. Folgende Arbeitsfolge ist bei der Verwendung von Federzugklemmen (**Bilder 15.14** und **15.15**) zu beachten:

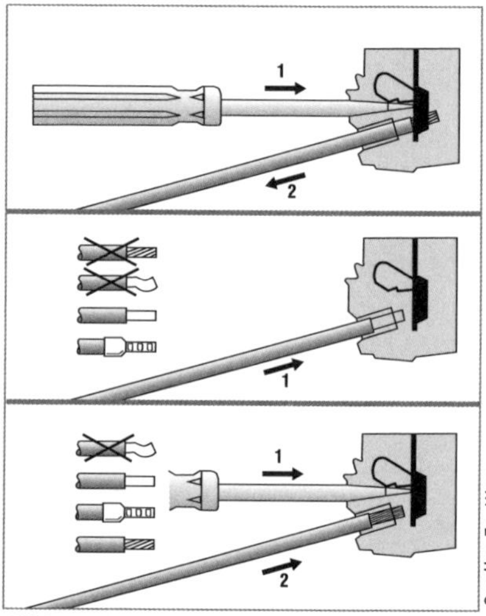

Quelle: Fa. Wago

Bild 15.13 Montageanleitung für Federzugklemmen

Festlegen der Abisolierlänge nach den Vorgaben des Klemmenherstellers, bei Massivdrähten Einstecken der abisolierten Leiter, bei flexiblen Leitern, Öffnen der Klemme und Einstecken der Leiter. Der Leiter ist bis zum Beginn der Klemme isoliert. Es ist kein blankes Leiterstück zu sehen. Es besteht keine Gefahr der Berührung des Spannung führenden Leiters.

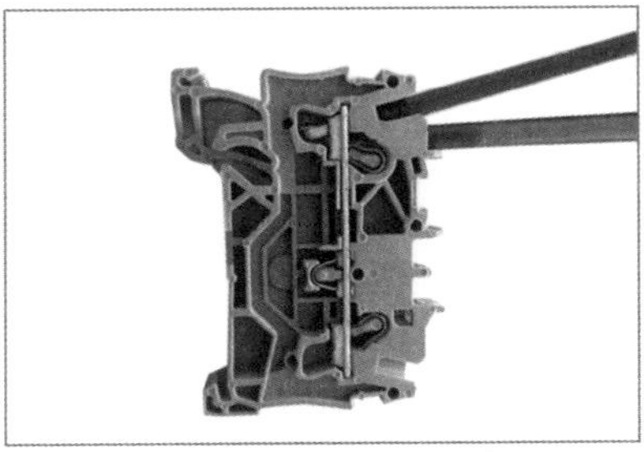

Bild 15.14 Federzugklemme mittels Montagewerkzeug für feindrahtige Leiter geöffnet, Leiter eingesteckt

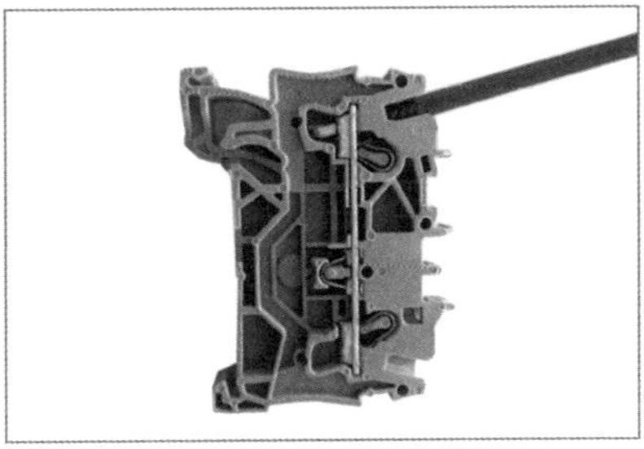

Bild 15.15 Federzugklemme fertig angeschlossen

15.5.5 Reihenklemmen mit der Push-In-Technik

Reihenklemmen der Bauart wie in **Bild 15.16** gezeigt, benötigen keine Werkzeuge mehr zum Anschluss. Die Leiter mit dem zugelassenen Querschnitt können mit der Aderendhülse oder dem Massivleiter direkt in die Klemme gesteckt werden. Sie kontaktiert danach und ist angeschlossen.

Quelle: Fa. Phoenix Contact GmbH

Bild 15.16 Reihenklemmen mit der Push-In-Technik

15.5.6 Anschlüsse mittels Schraubklemmen

Sind an den Betriebsmitteln Schraubklemmen vorhanden, gilt es zunächst die Betriebsanleitung des Klemmenherstellers oder des Geräteherstellers zu beachten. Darin finden sich Vorgaben für das Anzugsmoment der Schraubklemmen. Den Aufbau der Klemme zeigt **Bild 15.17**.

Quelle: Fa. Phoenix Contact GmbH

Bild 15.17 Schraubklemmen

Ein Drehmomentschraubendreher wie in **Bild 15.18** gezeigt, ist erforderlich. Dieser ist vor Beginn auf den in der Montageanweisung des Betriebsmittels vorgegebenen Wert einzustellen. **Bild 15.19** zeigt einen Ausschnitt aus dem Datenblatt eines Schaltgerätes.

Bild 15.18 Drehmoment-Schraubendreher

Technische Daten

Normen	DIN VDE 0664, Teil 2
Bemessungsstrom	6, 10, 13, 16, 20 A
Bemessungsfehlerstrom	$I_{\Delta N}$ 10 mA, 30 mA
Bemessungsspannung	230 V~
Frequenz	50 / 60 Hz
Auslösecharakteristik des LS-Schalters*	B/C nach DIN VDE 0641, Teil 11/8.92
Bemessungsschaltvermögen	6 kA
Energiebegrenzungsklasse	3
pulsstromsensitiv und stoßstromfest bis	250 A (8/20)
Anschluss	mehrdrähtig bis 16 mm^2 massiv bis 25 mm^2
Polzahl	2 (1polig geschützt)
Umgebungstemperatur **Lagertemperatur**	-25°C bis 40°C -25°C bis +80°C
→ **Anzugsdrehmoment**	2,8 Nm

Bild 15.19 Datenblattauszug mit Hinweis auf Anzugsmoment und Leiter zum Anschluss

15.6 Anschließen von Betriebsmitteln

15.6.1 Allgemeine Anforderungen

Ortsfeste Betriebsmittel, deren Standort zum Zwecke des Anschließens, Reinigens oder dergleichen vorübergehend geändert werden muss und die bei bestimmungsgemäßem Gebrauch in begrenztem Ausmaß Bewegungen ausgesetzt sind, müssen mit flexiblen Leitungen angeschlossen werden.

Ortsveränderliche Betriebsmittel müssen immer mit flexiblen Leitungen angeschlossen werden. Dies gilt nicht, wenn sie über Schleifleitungen angeschlossen werden. Betriebsmittel, die Schwingungen ausgesetzt sind, müssen ebenfalls mit flexiblen Leitungen angeschlossen werden.

Die Leitungen können über Steckvorrichtungen oder über Klemmen in ortsfesten Gehäusen, z. B. über Geräteanschlussdosen, angeschlossen werden. Bestimmte Bauarten flexibler Leitungen dürfen nach DIN VDE 0298-3 (VDE 0298 Teil 3) und DIN VDE 0298-300 (VDE 0298 Teil 300) auch fest verlegt werden.

Das ist zum Beispiel die Steuerleitung H05VV5-F, die für feste Verlegung sowie für gelegentliche, nicht ständig wiederkehrende Bewegungen auch in nassen Räumen geeignet ist.

Beim Anschluss von Betriebsmitteln sind neben der Funktionsfähigkeit der Betriebsmittel, im Hinblick auf Versorgungsspannung und Absicherung gegen Kurzschluss und Überlast, auch der Schutz gegen Eindringen von Feuchtigkeit an der Anschlussstelle und der Berührungsschutz sowie die mechanische Festigkeit der Verbindung zu beachten. Im Folgenden soll auf die zuletzt genannten Bedingungen eingegangen werden.

15.6.2 Besondere Vorschriften für Leiterquerschnitte und Leitungsarten

Für den Anschluss an Betriebsmittel gelten Mindestquerschnitte. Diese sind von der Strombelastung und von der mechanischen Belastung abhängig. Die **Tabelle 15.3** gibt Auskunft über die erforderlichen Leiterquerschnitte für allgemeine Anwendungen.

Für bestimmte Betriebsmittel und besondere Einsatzgebiete bestehen besondere Festlegungen.

Bedingungen für Leiterarten und Querschnitte

Leitungen an Betriebsmitteln werden je nachdem, wo das Betriebsmittel eingesetzt wird, unterschiedlich mechanisch belastet. Deshalb gelten für die Art der angeschlossenen Leitung besondere Regeln. Grundlagen dafür sind:

- die Unfallverhütungsvorschriften,
- die Installationsvorschriften nach DIN VDE 0100,
- die Anwendungsvorschriften der Hersteller.

Bei einer festen Installation in einem Gebäude ist für Energieleitungen ein Kupferleiter mit einem Mindestquerschnitt von 1,5 mm^2 oder ein Alumini umleiter mit mindestens 16 mm zu verlegen. Melde-, Steuer- oder Signalleitungen dürfen mit kleineren Querschnitten verlegt werden. Übliche Kennzeichnung bei Datenleitungen ist allerdings nicht der Querschnitt sondern der Durchmesser z. B. 0,6 mm (ca. 0,3 mm^2) oder 0,8 mm (ca. 0,5 mm^2).

15.6.3 Baustellen nach DGUV Information 203-005

Für die Verwendung von Leitungen im gewerblichen Bereich gelten besondere Vorschriften. Diese sind in dem berufsgenossenschaftlichen Regelwerk zu finden. Betriebsmittel, deren Verwendung auf Baustellen vorgesehen ist, werden in zwei Kategorien eingeteilt:

- Kategorie K1,
- Kategorie K2.

Geräte, die den einzelnen Kategorien zugeordnet werden, müssen bestimmte Anforderungen erfüllen.

Anforderungen der Kategorie K1

Elektrische Betriebsmittel der Kategorie K1 sind geeignet zur Benutzung in Industrie, Gewerbe und Landwirtschaft, z.B. in der gewerblichen Hauswirtschaft, in Hotels, Küchen, Wäschereien, an Montagebändern in der Serienfertigung für kleinere und mittlere Seriengeräte, in Laboratorien, bei der Montage, in Schlossereien, beim Werkzeugbau, in Maschinenfabriken, im Automobilbau, beim Innenausbau, bei der Fahrzeuginstandhaltung, in Fertigungsstätten, bei der Kunststoffverarbeitung jeweils in Innenräumen, mit Einschränkungen auch im Freien.

Die Mindestanforderungen sind:

- Schutzart: IP43; Ausnahmen: handgeführte Elektrowerkzeuge nach DIN EN 62841-1,
- Schutzklasse: vorzugsweise Schutzklasse II,
- mechanische Festigkeit: Schlagprüfung alle Teile 1 Nm und Fallprüfung,
- Leitungen: HO5RN-F oder mindestens gleichwertig,
- Steckvorrichtungen: Gummi oder Kunststoff.

Anforderungen der Kategorie K2

Elektrische Betriebsmittel der Kategorie K2 sind geeignet zur Benutzung in Räumen und Anlagen besonderer Art, z. B. in der Landwirtschaft, im Tagebau, Stahlbau, auf Baustellen, in Gießereien, bei der Großmontage, in der chemischen Industrie, bei Arbeiten unter erhöhter elektrischer Gefährdung, jeweils in Innenräumen oder im Freien. Die Einwirkungen dürfen sein: hohe mechanische Beanspruchung, Verwendung in nasser Umgebung, Korrosion, Öle, Säuren und Laugen (mittel bis hoch), hohe Staubeinwirkung, auch leitfähige Stäube.

Die Mindestanforderungen sind:

- Schutzart: IP54; Ausnahmen: handgeführte Elektrowerkzeuge nach Normenreihe DIN EN 62841,
- sind spritzwassergeschützte oder wasserdichte Betriebsmittel erforderlich: mindestens IPX4 bzw. IPX7,
- Leuchten IPX3, Handleuchten IPX5,
- Schutzklasse: Vorzugsweise Schutzklasse II,
- mechanische Festigkeit: Schlagprüfung alle Teile 1 Nm und Fallprüfung.

Anschließen von Betriebsmitteln

- Leitungen: HO7RN-F oder mindestens gleichwertig,
- Leitungsroller müssen für erschwerte Bedingungen geeignet und nach den Festlegungen für schutzisolierte Betriebsmittel gebaut sein, Steckvorrichtungen: geeignet für erschwerte Bedingungen und rauen Betrieb.

15.6.4 Büro und ähnliche Bereiche

Auch für elektrische Anschlussleitungen in Büros existieren Mindestanforderungen. Es werden Verlängerungs- und Anschlussleitungen vom Typ H05VV-F benötigt.

15.6.5 Handgeführte Betriebsmittel

Für die Anschlussleitung handgeführter Betriebsmittel gelten die Mindestquerschnitte nach **Tabelle 15.3.**

Geräte	Mindestquerschnitt in mm²
leichte Handgeräte bis $I_n = 1$ A und $l = 2$ m	> 0,1
Geräte bis $I_n = 2,5$ A und $l = 2$ m	> 0,5
Geräte bis $I_n = 10$ A	> 0,75
Geräte über 10 A	> 1,0

Tabelle 15.3 Handgeführte Geräte und Mindestquerschnitte

15.7 Schutz gegen Eindringen von Feuchtigkeit und Fremdkörpern

Wird eine Leitung in ein Betriebsmittel eingeführt, so ist diese Einführungsstelle entsprechend den vorhandenen Umwelteinflüssen gegen Eindringen von Fremdkörpern und Feuchtigkeit zu schützen. Ein Berührungsschutz aktiver Teile ist darin eingeschlossen. Um diesen Schutz zu erreichen, stehen verschiedene Varianten zur Verfügung.

Das Betriebsmittel besitzt eine Tülle, durch die die Leitung geführt werden kann.

Eine derartige Abdichtung findet sich oft bei Steckvorrichtungen. Bei der Einführung ist darauf zu achten, dass die Tülle nicht zu weit aufgeschnitten wird und die Leitung fest in der Tülle sitzt. Oft sind an derartigen Tüllen Markierungsringe angebracht, an denen sich der Monteur orientieren kann.

Das Betriebsmittel besitzt ein Gummi- oder Kunststoffgehäuse oder Gehäuseteil, das eine Vorstanzung zur Aufnahme der Leitungen besitzt. **Bild 15.20** zeigt eine Abzweigdose mit Abdichtung bis IP54.

Bei dieser Art ist es besonders wichtig, auch das richtige Werkzeug zur Ausstanzung der Öffnung zu verwenden. Keinesfalls darf hier ein Messer benutzt werden, um die Öffnung auszuschneiden. Da das Kabel gleichmäßig von der Dichtungslippe umschlossen werden muss, ist auf ein kreisrundes Öffnen zu achten. Beispiele finden sich an Betriebsmitteln der Schutzart IP54. Ein weiteres Beispiel ist der Würgenippel oder der Einführungsstutzen wie in **Bild 15.21** gezeigt. Hier sind zwar die Öffnungen bereits vorgestanzt, es ist jedoch auch darauf zu achten, dass die Leitungsdurchmesser nicht zu klein sind und damit die Abdichtung nicht hinreichend erfolgen kann. Ein Einschneiden der Dichtungsöffnungen zur Vergrößerung der Öffnung bei Verwendung dickerer Leitungen ist dabei ebenso verboten und führt zu einem mangelhaften Arbeitsergebnis.

Für Betriebsmittel der Schutzart IP54 und höher werden Kabelverschraubungen nach **Bild 15.22** verwendet. Diese

Bild 18.20 Abzweigdose IP 55 mit Ausstanzwerkzeug

Bild 18.21 Einstecknippel, der auf den Außendurchmesser der Leitung zugeschnitten werden kann.

Bild 18.22 Kabelverschraubung mit Zugentlastung bis IP68

sind für einen Abdichtungsbereich hergestellt, der bei der Auswahl der Verschraubung beachtet werden muss.

15.8 Anschließen von Betriebsmitteln

Beim Anschließen von Betriebsmitteln sind folgende Punkte zu beachten:

- Zugentlastung,
- Abdichtung gegen Fremdkörper und Wasser,
- korrekte Verwendung der Anschluss-Klemmen (Leiterart, Abisolierlänge, Anzugsmoment bei Schraubanschluss, Öffnen bei Federzugklemmen).

Die jeweiligen Anforderungen sind in der Regel in den Montagevorschriften der Gerätehersteller und der Klemmenhersteller zu finden.

Zur Montage mit einer Kabelverschraubung wird zunächst die Leitung auf die richtige Länge abgemantelt. Danach wird die Verschraubung aufgeschoben. Es folgen ein Schutzring und das Dichtungsgummi. Dieses kann mehrlagig aufgebaut sein, sodass es auf den Manteldurchmesser angepasst werden kann. Danach folgt ein weiterer Schutzring. Nun kann das Kabel in den fest eingeschraubten Teil der Kabelverschraubung eingeführt werden. Der Mantel der Leitung ragt, abhängig von dem im Anschlussraum vorhandenen Platz um 5 mm bis 10 mm in das Betriebsmittelgehäuse hinein. Das Oberteil der Kabelverschraubung wird fest angezogen, sodass das Gummi den Kabelmantel fest umschließt und gegen eindringendes Wasser abdichtet. Zum Schluss wird die Kabelverschraubung mit Kabelkitt abgedichtet. Bei verschiedenen Herstellern ist die Abdichtung der Kabelverschraubung mit einem besonderen Klemmring versehen und mit einer Zugentlastung verbunden. Bei diesen Verschraubungen wird keine zusätzliche Abdichtung mit Kabelkitt verwendet.

15.8.1 Zugentlastung

Jede Leitung, die in ein Betriebsmittel eingeführt wird, muss gegen Zug entlastet werden. Diese Zugentlastung kann dadurch erfolgen, dass eine fest verlegte Leitung direkt in ein fest installiertes Betriebsmittel eingeführt wird. Eine Zugentlastung ist erforderlich, damit die Anschlussklemmen der Betriebsmittel keiner zusätzlichen mechanischen Belastung ausgesetzt werden. Dabei kann die Zugentlastung auf verschiedene Arten erreicht werden:

- mit einer separaten Zugentlastungsschelle,
- mit einer Zugentlastung in Verbindung mit der Abdichtung gegen Feuchtigkeit und Fremdkörper,
- mit einer Zugentlastung direkt vor der Einführung des Kabels in das Betriebsmittel.

Hierzu sind auch die Vorgaben von PV-Steckerherstellen zu beachten.

Die Zugentlastungsschelle hat die Aufgabe, die Klemmstelle vor Zug der Leitung zu schützen. Sollte dennoch einmal die Zugentlastung versagen, so ist es zum Schutz der Nutzer sinnvoll, dass die Leitungen so angeschlossen sind, dass der Schutzleiter beim Herausziehen der Leitung als letzter Leiter von seiner Klemme abreißt. Dazu ist er, abhängig von der Lage der Klemmstelle zu den aktiven Leiterklemmen, länger zu lassen als alle anderen Leiter. **Bild 15.23** zeigt die Situation mit der Zugentlastungsschelle und dem längeren Schutzleiter am Beispiel eines Schukosteckers und **Bild 15.24** an einer Geräteanschlussdose.

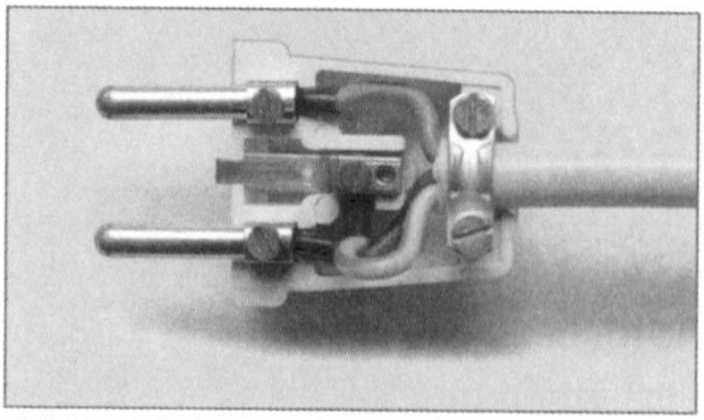

Bild 15.23 Schutzleiteranschluss an einem Schukostecker

Bild 15.24 Anschluss einer Geräteleitung in einer Geräteanschlussdose mit Zugentlastungsschelle

15.8.2 Leiteranschlüsse

Die Anschlüsse der Leiter in den Betriebsmitteln, zum Beispiel am Wechselrichter oder am Modul, erfolgen entweder über Klemmen oder über Schrauben. Entsprechend der Anschlussart sind die Leiter herzurichten. Schutzleiteranschlüsse sind dabei immer gegen Selbstlockern zu sichern. Eine Möglichkeit ist in **Bild 15.25** dargestellt. Das geschieht zum Beispiel durch einen Federring oder eine Zahnscheibe. In

Bild 15.25 Schutzleiteranschluss an ein Betriebsmittel

Betriebsmitteln ist der Schutzleiter so anzuschließen, dass er bei Versagen der Zugentlastung zuletzt abreißt. Bild 15.24 zeigt diese Situation.

15.8.3 Leiterverbindungen

Leiterverbindungen sind ausschließlich in Verteilerdosen oder in dafür vorgesehenen Klemmräumen von Betriebsmitteln erlaubt. Die Verbindungen müssen für Prüfungen der Anlage zugänglich sein. Eine Ausnahme besteht für Kabelmuffen. Die Verteilerdosen müssen befestigt sein und die eingeführten Leitungen sind gegen Zug auf die in der Verteilerdose befindlichen Klemmen zu entlasten. Als Zugentlastung gilt ein Befestigungspunkt der Leitung, der nicht weiter als 5 cm von der Einführungsstelle entfernt ist. Bei Verteilerdosen in der Schutzart IP54 und höher können auch flexible Leitungen eingeführt werden, wenn eine Kabelverschraubung mit Zugentlastung verwendet wird.

15.8.4 Abzweig- oder Verbindungsdosen

Abzweig- oder Verbindungsdosen, auch oft als Verteilerdosen bezeichnet, dienen dazu, Stromkreisleitungen zu verteilen. Sie sind zugänglich zu installieren. Sollten sie nicht direkt sichtbar sein, ist eine Kennzeichnung erforderlich. Das ist besonders wichtig, wenn sich Verteilerdosen in abgehängten Decken oder unter Doppelböden befinden. Auf eine örtliche Kennzeichnung kann verzichtet werden, wenn die Verteilerdosen lagerichtig in einem Revisionsplan eingetragen sind.

15.9 Übungsaufgaben

(Die Lösungen zu den Aufgaben finden Sie im Anhang.)

Aufgabe 15.1

Welches Kennzeichen muss ein Werkzeug für Arbeiten an unter Spannung stehenden Teilen tragen?

Aufgabe 15.2

Erklären Sie die beiden Begriffe „Abmanteln“ und „Abisolieren“.

Aufgabe 15.3

Welche Maßnahmen sind zur Vermeidung von Schnittverletzungen beim Abmanteln von Leitungen zu treffen? Nennen Sie beispielhaft zwei Maßnahmen.

Aufgabe 15.4

Nennen Sie die Punkte, die zu beachten sind, wenn ein flexibler Leiter mit einer Aderendhülse versehen werden soll.

Aufgabe 15.5

Was müssen Sie besonders beachten, wenn Sie mehrdrähtige Leiter an Federzugklemmen klemmen?

Aufgabe 15.6

Nennen Sie zwei Regelwerke, aus denen Vorgaben für die Art und Dimension für Leitungen zu entnehmen sind.

Aufgabe 15.7

Was muss berücksichtigt werden, wenn Leitungen mittels Schraubklemmen angeschlossen werden?

Aufgabe 15.8

Was ist beim Herrichten eines Leiters zum Anschluss in eine Federzugklemme zu beachten?

Aufgabe 15.9

Welcher Leitungstyp ist auf Baustellen für Leitungsroller und Verlängerungsleitungen vorgeschrieben?

Aufgabe 15.10

Was ist beim Aufpressen einer Aderendhülse besonders zu beachten?

16 Praktische Ausführung der Montage

Die folgenden Abschnitte zeigen die Gliederung der Montage von der Arbeitsvorbereitung bis zur Übergabe der Anlage an den Kunden. Die einzelnen Arbeitsschritte werden in den individuell erstellten Arbeitsanweisungen gemäß DGUV Grundsatz 303-001 erläutert und praktisch geübt.

16.1 Arbeitsvorbereitung

Arbeitsvorbereitung ist das systematische Erfassen der notwendigen Maßnahmen, um die Arbeit gemäß Auftrag und technischen und arbeitssicherheitstechnischen Maßnahmen korrekt auszuführen. Die Materialien und Hilfsstoffe sowie die persönliche Schutzausrüstung (PSA) sind zeitgerecht bereitzustellen.

16.1.1 Materialbereitstellung

Für die Befestigung der Module auf der Tragkonstruktion, muss die richtige Zuordnung der Materialien geprüft werden:

- DC-Leitungen mit geplantem Querschnitt,
- Werkzeuge bereitstellen, Schraubenschlüssel, Drehmomentschlüssel, produktgebundenes Krimp- oder Montagewerkzeug der Stecker,
- Strangverteiler, falls geplant.

16.1.2 Arbeitssicherheitsmaßnahmen prüfen

- PSA, Gerüstfreigabeschein, Hubsteigereignung (Bedienungserlaubnis),
- Handhabung beim Auspacken verpackter Module und Geräte,
- Module nicht auf die Ecke setzen, Modulnummer notieren und in den Lageplan eintragen,
- Entsorgung von Verpackungsmaterial koordinieren.

16.1.3 Materialtransport zum Montageort

- Absturzsicherung, fester Stand, Windeinwirkung und Regen berücksichtigen, Ablegen auf dem Tragwerk.

16.2 Montage auf verschiedenen Tragkonstruktionen

- Werkzeugauswahl,
- systemgebundenes Material zur Befestigung,
- Herstellervorgaben,
- Drehmoment der Befestigungsschrauben,
- Annäherung an Blitzschutzbauteile von einer Blitzschutzfachkraft prüfen lassen.

16.3 Leitungsverlegung

- Befestigungsabstände,
- Scheuerstellen, Knicke, Biegeradien, Schleifenbildung,
- Annäherung an Blitzschutzbauteile,
- Kennzeichnung der Leitungen (Zuordnung zu den Strängen, Spannungspolarität).

16.4 Steckermontage

- Herstellervorgaben,
- herstellerspezifische Werkzeuge,
- Leitungsquerschnitte,
- Abdichtung,
- Anzugsmomente,
- Leitungsverlegung und Befestigung am Stecker,
- Abstand von Leitungsbögen vom Stecker,
- Kennzeichnen der Stränge und Leitungen gemäß Montageplan.

16.5 Dokumentation der Anlage

- Betriebsmitteldokumentation,
- Modullisten,
- Strangpläne,
- Wartungshinweise für den Betreiber,
- Wiederholungsprüfungen.

16.6 Prüfung und Dokumentation der Prüfung

- Sichtprüfung,
- elektrische Prüfung DC,
- elektrische Prüfung AC,
- Leistungsmessung.

16.7 Abnahme durch den Kunden oder den Kundenvertreter

- Kundengespräch,
- Erläuterung der Dokumentation und der Aufgaben des Betreibers,
- Hinweise auf Prüfungen und Inspektionen.

16.8 Übungsaufgaben

(Die Lösungen zu den Aufgaben finden Sie im Anhang.)

Aufgabe 16.1

Was versteht man unter Arbeitsvorbereitung?

Aufgabe 16.2

Nennen Sie zwei Bereiche, die in der Arbeitsvorbereitung vorkommen.

Aufgabe 16.3

Nennen Sie zwei Punkte, die bei der Modulmontage zu berücksichtigen sind.

Aufgabe 16.4

Was gilt es nach korrekter Steckermontage bei der Leitungsbefestigung zu beachten?

17 Prüfen der elektrischen und funktionalen Sicherheit

Die Prüfung einer PV-Anlage bezieht sich auf eine Reihe von Prüfungen, von denen die elektrische Prüfung nur eine darstellt. Grundsätzlich sind folgende Fragen während der Errichtung und nach Fertigstellung zu beantworten:

- Ist die Dacheindeckung nach der Installation noch im sicheren Zustand?
- Ist die Anlage und das Dach statisch sicher?
- Ist die elektrische Sicherheit gewährleistet?
  - Gleichspannungsseitig,
  - Wechselspannungsseitig – Niederspannung,
  - Wechselspannungsseitig – Hochspannung,
  - Erdung,
  - Blitzschutz und Überspannungsschutz.
- Ist die Funktion der Anlage, also die Energieausbeute, wie geplant erreicht?

Das Prüfen der elektrischen Anlagen erfordert ein hohes Maß an Qualifikation und Erfahrung. Grundsätzlich sagen die Normen dazu, dass eine Prüfung der Anlage auch während der Errichtung durchgeführt werden muss. Ein weiter Blick zurück wird aber zeigen, dass bereits zu Beginn der Planung sowie zu Beginn der Materialbestellung und Anlieferung Prüfaufgaben anstehen.

Im Gleichstromkreis wie auch im Wechselstromkreis einer PV-Anlage können eine Reihe von Fehler auftreten, durch die es zu gefahrbringenden Situationen kommen kann, die Menschen und Sachen gefährden. Das ist unbedingt zu vermeiden, und es gilt die Schutzmaßnahmen auf Wirksamkeit zu prüfen.

Die Prüfung teilt sich auf in die Funktionsbereiche

- DC,
- AC – Niederspannung,
- AC – Hochspannung,
- Informationstechnik(IT),
- Mess-Steuer-Regeltechnik (MSR).

Dazu werden in den jeweiligen Funktionsbereichen die Prüfungen hinsichtlich der

- Sichtprüfung,
- Messung und
- Erprobung

unterschieden.

Für die Prüfung der AC-Niederspannung sowie für die Prüfung der AC-Hochspannung kommt nur eine EFK mit entsprechenden Fachkenntnissen und Eintragung in das Installateurverzeichnis in Frage. Dieser Arbeitsbereich ist nicht Gegenstand der Ausführungen in diesem Buch, da die EFKffT diese Arbeiten nicht eigenverantwortlich durchführen darf.

Eine Sichtprüfung besteht aus einer vollständigen Untersuchung der Anlage oder eines Anlagenteils. Ziel der Besichtigung ist es, festzustellen ob die verwendeten Betriebsmittel richtig ausgewählt wurden und entsprechend den Herstellervorschriften verwendet wurden.

17.1 Sichtprüfung im DC-System

Ohne korrekte Planung und Kontrolle der angelieferten Betriebsmittel können Fehler auftreten und die regelkonforme Errichtung in Frage stellen.

Für eine sachgerechte Montage ist auch die vorhandene Dachkonstruktion auf Tragfähigkeit und das Tragsystem auf herstellerkonforme Errichtung zu prüfen. Die dazu erforderlichen Prüfungen liegen außerhalb des elektrotechnischen Bereichs. Diese sind von entsprechenden befähigten, fachkundigen Prüfern zu prüfen und deren ordnungsgemäße Errichtung ist vor Montagebeginn der Module zu bestätigen.

17.1.1 Prüfen der Montagebedingungen

Um die Montagebedingungen zu prüfen, sind die zuständigen DIN VDE Bestimmungen und die Herstelleranweisungen bereit zu stellen.

Die Einhaltung der Montagebedingungen ist in den VDE-Bestimmungen gefordert.

Eckdaten dazu sind:

- Modulbefestigung auf der Tragkonstruktion gemäß Herstellervorgaben,
- Leitungsverlegung der Strangleitungen unter Berücksichtigung von Wind, Schnee, Eis, UV-Strahlung, Sonneneinstrahlung (Temperatur), Schlaufenbildung,
- Biegeradien der Leitungen und an den Steckern und Einführungen,

- Steckverbindungen der Strangleitungen gleichen Typs und Herstellers,
- Einführung von Leitungen in Betriebsmittel und Abdichtung gegen Wasser und Fremdkörper,
- Zugentlastung von Leitungsanschlüssen,
- Bemessung der Module hinsichtlich der höchstmöglichen Systemspannung,
- Auslegung der Komponenten auf die höchstmögliche Spannung und den höchstmögliche Strom,
- Schaltgeräteauswahl für den DC-Anwendungsfall ausgewählt,
- Sperrdioden korrekt bemessen.

17.1.2 Schutz gegen elektrischen Schlag

Im Gleichstromkreis einer PV-Anlage können Fehler auftreten, bei deren Auftreten es zu gefahrbringenden Situationen kommt, die Menschen und Sachen gefährden und die es zu vermeiden gilt und deren Schutzmaßnahme auf Wirksamkeit zu prüfen ist.

Folgende Fragen sind zu beantworten:

A) Wird der Schutz durch Kleinspannung eingehalten?
Der Nachweis der Einhaltung der Grenzwerte der Kleinspannung 120 V DC ist durch Messung nachzuweisen. Bei Spannungen >30 V DC ist ein Schutz gegen direktes Berühren erforderlich.

B) Wird der Schutz durch Schutzklasse II von den Betriebsmitteln erfüllt?
Der Nachweis für die einzelnen Betriebsmittel ist mittels Kennzeichnung oder Datenblatt zu erbringen. Die Einhaltung der doppelten oder verstärkten Isolation gilt auch für Leitungen, insbesondere für DC-Leitungen innerhalb des Gebäudes.

17.1.3 Schutz gegen die Wirkung von Isolationsfehlern

Folgende Fragen sind zu stellen:

- Ist eine galvanische Trennung vorhanden (im Wechselrichter oder auf der AC-Seite)?
- Ist eine Funktionserdung der DC-Seite vorhanden?
- Ist ein Überwachungssystem für den Isolationswiderstand installiert und funktionsfähig? (siehe Wechselrichterfunktion)
- Ist ein Überwachungs- und Alarmsystem für einen Fehlerstrom gegen Erde installiert und funktionsfähig? (siehe Wechselrichterfunktion)

17.1.4 Schutz gegen Überstrom

A) Für Systeme ohne Überstrom-Schutzeinrichtung im Strang ist zu überprüfen, ob die Strangleitungen den höchste Bemessungswert und die Strangleitungen den höchste Fehlerstrom der zusammengefassten Parallelstränge aufnehmen können.
B) Für Systeme mit Überstrom-Schutzeinrichtung ist zu prüfen ob die Überstrom-Schutzeinrichtung des Stranges korrekt ausgelegt ist und die Strangkabel für den höchsten vorkommenden Fehlerstrom, auch unter den Bedingungen der Verlegeart, Umgebungstemperatur und Häufung, ausgelegt sind.
C) Für Systeme mit Überstrom-Schutzeinrichtung in Arrays oder Teilarrays ist zu prüfen ob die Überstrom-Schutzeinrichtung des Stranges korrekt ausgelegt ist.

17.1.5 Erdung und Potentialausgleich

Es ist zu prüfen ob:

- die Potentialausgleichsverbindungen der Rahmen und der Tragkonstruktion ordnungsgemäß ausgeführt sind und den eventuell vorhandenen besonderen Anforderungen der örtlichen TAB entsprechen,
- die Erdungs- und Potentialausgleichsleitungen parallel und in engem Kontakt zu den Gleichstromleitungen verlegt sind (Schleifenbildung),
- ein Fehlerstrom-Schutzschalter für die Funktionserde vorhanden ist, wenn die Gleichstromseite direkt mit Erde verbunden ist.

17.1.6 Blitz und Überspannungsschutz

Es ist zu prüfen, ob

- die Fläche der Leiterschleife so klein wie möglich gehalten ist,
- bei langen Leitungen (> 10 m) Maßnahmen zum Schutz gegen elektromagnetische Felder vorgenommen wurden,
- Überspannungs-Schutzeinrichtungen gemäß DIN VDE 0100-443 errichtet wurden,
- eine Risikobewertung für das Blitzschutzsystem gemäß DIN EN 62305-2 (DIN VDE 0185-305-2) und VdS 2010 und VdS 2031 durchgeführt wurde, die Anlage gemäß dem Ergebnis der Risikobewertung errichtet wurde und eine Bestätigung von einer Blitzschutzfachkraft darüber vorliegt.

17.2 Erproben des DC-Systems

17.2.1 Grundsätzliches

Es werden mehrere Prüfungs-Kategorien unterschieden.

Die Prüfungen (Erprobungen) der Kategorie 1 sind unabhängig von der Anlagengröße auszuführen. Hierbei werden die Mindestanforderungen an ein PV-System erfasst.

Die Erprobungen der Kategorie 2 stellen eine erweiterte Prüffolge dar. Sie wird angewendet, wenn die Prüfergebnisse der Prüf-Kategorie 1 erfolgreich abgeschlossen wurden.

Zusätzliche Prüfungen, die über die Prüfungen der Kategorie 1 und 2 hinaus gehen, können in Abhängigkeit von der Anlage und dem Kundenwunsch ausgeführt werden.

Bei der Erprobung werden Messergebnisse der Anlage erfasst. Dabei geht es um Widerstandsmessungen, Spannungsmessungen und Strommessungen. Der Prüfer sollte bei seiner Bewertung der Ergebnisse auch die Fehler seiner Messgeräte berücksichtigen.

Diese sind auch von den Umweltparametern, wie der Temperatur, abhängig. Einige Werte eines Herstellers sollen näher betrachtet werden:

Messgenauigkeit gilt beispielhaft für Temperaturen von 24 °C (± 6 °C) bei einer Luftfeuchtigkeit < 80 %.

Für die Messungen der einzelnen Werte gelten dabei folgende Fehler:

- Schutzleiterwiderstand ± (2 % + 2 Digits),
- Isolationswiderstand Messbereich < 100 MΩ ± (5 % + 5 Digits),
- Isolationswiderstand Messbereich > 100 MΩ ±(10 % + 5 Digits),
- Leerlaufspannung eines Moduls ± (0,5% + 2 Digits),
- Kurzschlussstrom ± (1 % + 5 Digits),
- Kurzschlussstrom mit der Strommesszange ± (5 % + 5 Digits).

Die beispielhafte Auswertung einer Messung soll die Behandlung der Messergebnisse zeigen:

Das Messgerät zeigt einen Leiterwiderstand von 0,10 Ω im Messbereich 0,05 Ω bis 199 Ω mit einer Auflösung von 0,01 Ω an. Der Messfehler des Gerätes beträgt ± (2 % + 2 Digits).

Der Messbereich 199,00 Ω entspricht einem Anzeigebereich von 20.000 Digits.

1 Digit entspricht somit 199,00 Ω/20.000 = 0,01 Ω

Die gemessene Widerstandsdifferenz ΔR beträgt somit:

$\Delta R = \pm$ (2% von 0,1 Ω + 2 · 0,01 Ω) = 0,002 Ω + 0,02 Ω)
= 0,022 Ω oder 22 mΩ
oder absolut: 0,044 Ω

Der tatsächliche Widerstandswert liegt also zwischen:

R = 0,1 Ω + 0,022 Ω = 0,122 Ω

R = 0,1 Ω - 0,022 Ω = 0,078 Ω

Es besteht also bei einem Leiter aus 16 mm² mit einem Widerstand von 1,1858 mΩ/m eine Unsicherheit von ± 22 %.

± 22 mΩ/1,1858 mΩ/m = ± 18 m bei einer nominalen Leiterlänge von 53 m

17.2.2 Erprobungen Kategorie 1

Die Prüfungen werden in zwei Kategorien eingeteilt. Diese unterscheiden sich hinsichtlich des Prüfumfangs. Die Prüfungen nach Kategorie 1 sind für alle Systeme auf der AC- wie auf der DC-Seite anzuwenden. Die Kategorie 2 bezieht sich auf umfangreichere Anlagen. Eine Anwendung in einfachen Anlagen kann vereinbart werden.

Auf der DC-Seite gilt DIN VDE 0126-23-1 für die elektrotechnische Prüfung gemäß Kapitel 6. Zusätzliche Prüfungen nach Kapitel 8 können angewendet werden.

Auf der Niederspannungs-AC-Seite sind alle Prüfungen gemäß IEC 60364-6 (DIN VDE 0100-600) durch eine für die Prüfung befähigte Elektrofachkraft auszuführen.

Auf der Hochspannungs-AC-Seite sind die Prüfungen gemäß DIN EN IEC 61936-1 (VDE 0101-1) durch eine für die Prüfung befähigte Elektrofachkraft auszuführen.

Folgende Prüfungen der Kategorie 1 sind im DC-System erforderlich:

- Durchgangsprüfung der Erdungs- und/oder Potentialausgleichsleiter, sofern vorhanden,
- Polaritätsprüfung,
- Prüfung von Generatoranschlusskästen,
- Prüfung der Leerlaufspannung des Strangs oder des HSA,
- Stromprüfung des Strang- oder HSA-Kreises (Kurzschluss- oder Betriebsstrom),
- Funktionsprüfungen,
- Isolationswiderstand der Gleichstromkreise.

Eine Prüfung der *I*/*U*-Kennlinie als Alternative zur Strom- und Spannungsprüfung ist möglich.

17.2.3 Prüfverfahren der Kategorie 2

Bevor die Prüfung nach Prüfkategorie 2 durchgeführt werden darf, sind die Prüfungen der Prüfkategorie 1 vollständig abzuschließen. Die Prüfung nach Kategorie 2 darf auch als eine Stichprobenprüfung durchgeführt werden. Die Prüftiefe ist vor Beginn festzulegen.

In die Prüfung der Kategorie 2 fallen:

- *I*/*U*-Kennlinienprüfung des Strangs oder des HSA,
- Infrarot-Prüfung.

17.2.4 Zusätzliche Prüfungen

Für größere und umfangreichere Anlagen können zusätzlich zu den Prüfungen der Prüfkategorie 1 und 2 weitere Prüfungen gefordert werden. Darunter können folgende Prüfungen fallen:

- Spannung gegen Erde bei Systemen mit Widerstandserdung,
- Prüfung der Sperrdioden,
- Isolationsprüfung im Nasszustand,
- Bewertung der Schattenverhältnisse.

17.3 Prüfverfahren der DC-Prüfkategorie 1

17.3.1 Durchgängigkeit der Schutz- und Potentialausgleichsleiter

Die Prüfung erfolgt zwischen den leitfähigen Teilen, die am Schutz- oder PA-Leiter angeschlossen sind und der Haupterdungsschiene. Beispielhaft zeigt das **Bild 17.1**. Als Sollwert ist gemäß Prüfverfahren nach DIN VDE 0100-600 der tatsächliche Leiterwiderstand zuzüglich eventuell vorhandener Übergangswiderstände zu berücksichtigen. Der Istwert ergibt sich aus der Messung mit einem Messgerät gemäß DIN VDE 0413 und einem Mindeststrom von 200 mA.

Um die gemessenen Werte mit den tatsächlich vorhandenen Widerstandswerten der Leiter zu vergleichen, folgen einige Widerstandsbeläge von Leitern:

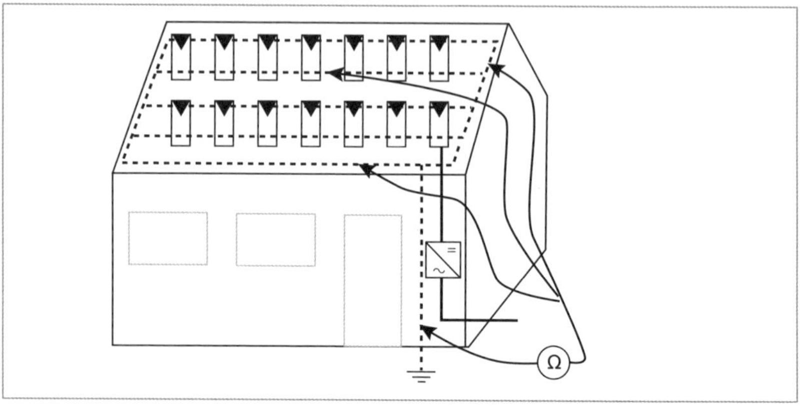

Bild 17.1 Messung der Schutz- und Funktionspotentialausgleichsleiter

Leiterquerschnitt 6 mm^2 Widerstand bei 30 °C = 3,149 mΩ/m
Leiterquerschnitt 10 mm^2 Widerstand bei 30 °C = 1,881 mΩ/m
Leiterquerschnitt 16 mm^2 Widerstand bei 30 °C = 1,185 mΩ/m

17.3.2 Polaritätsprüfung

Die Polarität der anzuschließenden Leitungen ist auf richtige Kennzeichnung und richtigen Anschluss an das System zu prüfen. Dazu ist vor dem Anschluss die richtige Polarität der einzelnen Stränge festzustellen.

Das geschieht insbesondere am Generatoranschlusskasten, da eine Verwechselung der Polarität einzelner Stränge nicht so schnell auffällt.

Die geforderte Kennzeichnung bezieht sich auf die Polarität und die Zuordnung der Leitung zu den jeweiligen Strängen oder Arrays. Diese Kennzeichnung ist identisch mit den geforderten Dokumentationen der Anlage. Sie besteht aus der Strangkennzeichnung, die auch in der Anlage zu finden ist, und der Polarität.

Da Fehler in der Anlage vorhanden sein können, ist das Prüfgerät für das Doppelte der zu erwartenden Systemspannung auszuwählen.

17.3.3 Leerlaufspannung

Die Leerlaufspannung eines Stranges ist zu messen und eventuell mit anderen gleichen Strängen zu vergleichen. Dabei ist die Spannung am Strang mit der Modulspannung aus dem Datenblatt unter Berücksichtigung der Zelltemperatur und der Anzahl der Module mit dem Messwert zu vergleichen. Der Messwert kann bis zu 5 % von dem erwarteten Wert abweichen.

Alternativ kann die Leerlaufspannung eines einzelnen Moduls gemessen werden und mit der Anzahl der Module multipliziert und als Sollwert der Leerlaufspannung des Stranges festgelegt werden. Identische Stränge lassen sich bei konstanter Bestrahlung miteinander vergleichen.

17.3.4 Kurzschlussstrom im Strang

Am Anfang des zu prüfenden Strangs ist ein Kurzschluss herzustellen. Dies kann auf verschiedene Weise geschehen:

- spezielle Prüfgeräte zur Prüfung von PV-Systemen,
- Kurzschlussschalter in Verbindung mit einer DC-Strommesszange.

Letzteres Verfahren birgt allerdings Gefahren, die eine sichere Bedienung der Geräte voraussetzt. Der Anschluss an den Schalter darf nur erfolgen, wenn der Schalter geöffnet ist, und die Anschlüsse dürfen erst nach dem Öffnen des Schalters entfernt werden (**Bild 17.2**).

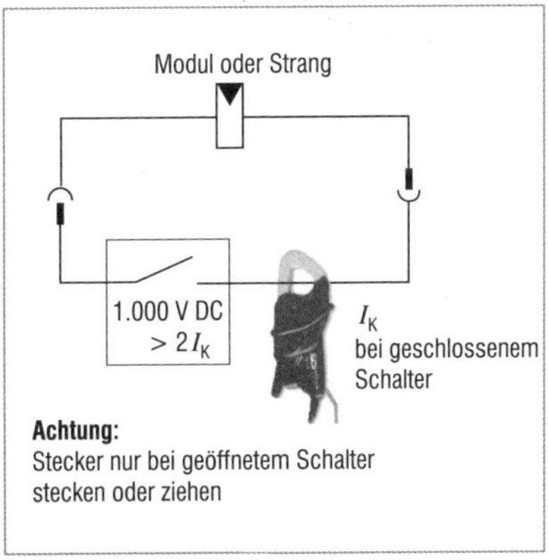

Bild 17.2 Prüfverfahren zur Kurzschlussstromprüfung

17.3.5 Betriebsprüfung des Stromes im Strang

Bei der Betriebsprüfung ist der Strom im Strang bei eingeschaltetem Wechselrichter zu messen. Ergänzend zur Messung eines einzelnen Strangs können auch zu Arrays zusammengefasste Stränge oder auch eine Gruppe von parallel geschalteten Strängen (HSA) gemessen werden. Da der Betriebsstrom von der solaren Einstrahlung abhängt, ist der Messwert mit den Planungswerten und mit den Werten anderer gleichartiger Stränge zu vergleichen. Dabei ist es hilfreich, wenn ein Bezugsstrang gewählt wird und die anderen Stränge mit den Ergebnissen dieses Bezugsstranges zeitgleich verglichen werden. Dazu sind jedoch zwei gleiche Messanordnungen erforderlich. Bei stark unterschiedlichen Einstrahlungen bestehen die folgenden weiteren Möglichkeiten zur Bewertung der Messergebnisse:

- ein Bestrahlungsmessgerät wird zur Vergleichsmessung herangezogen,
- es wird eine spezielle PV-Prüfvorrichtung verwendet,
- es wird eine *I*/*U*-Kennlinienaufnahme des jeweiligen Stranges durchgeführt.

Die Ergebnisse sind zu dokumentieren, wobei ein aussagefähiges Ergebnis nur dann vorhanden ist, wenn ein Bezug zur Standardeinstrahlung hergestellt werden kann, also die Strahlungsintensität bekannt ist. Bei zu großen Abweichungen zwischen gleich aufgebauten Strängen oberhalb der Messfehler der Messgeräte sind Untersuchungen zur Fehlerursache und Beseitigung erforderlich, bevor die Anlage an den Kunden übergeben werden kann.

17.3.6 Isolationswiderstand des Arrays

Der Isolationswiderstand kann sowohl an den Enden des Stranges oder Arrays als auch im Anschluss an die Kurzschlussstrommessung unter Verwendung des Kurzschlussschalters sowie mit dafür vorgesehenen speziellen PV-Messgeräten erfolgen. Grundsätzlich ist eine Verbindung zum Potentialausgleich des Gebäudes herzustellen. **Bild 17.3** zeigt die prinzipielle Anordnung einer Isolationswiderstandsmessung. In jedem Fall sind beide Seiten des Stranges bei der Messung zu berücksichtigen.

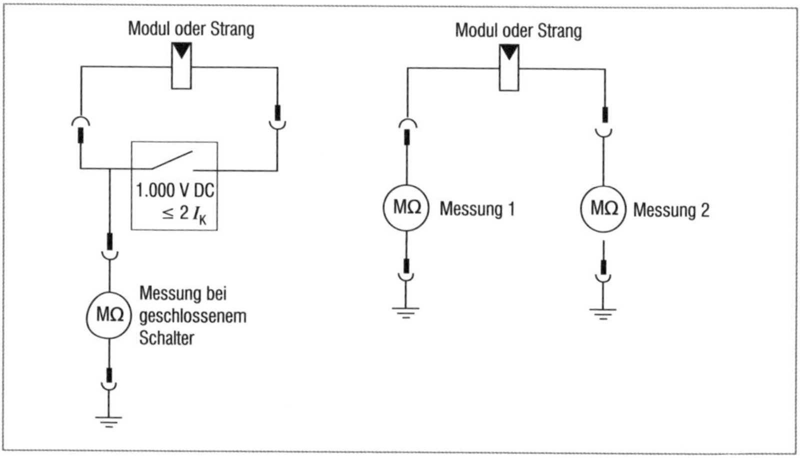

Bild 17.3 Messen des Isolationswiderstands

17.4 Zusätzliche Prüfungen

Ergänzend zu den bisher aufgeführten Prüfungen ist es sinnvoll, dem Betreiber zu zeigen, dass die Anlage den gewünschten Ertrag erbringen kann. Dazu ist ein Messverfahren anzuwenden, das in Bezug auf die momentane Sonneneinstrahlung und der vorherrschenden Außentemperatur den Ertrag darstellt. Eine Messung erfasst die vorgenannten Werte sowie die AC- und DC-Ströme und Spannungen. Aus diesen Werten ermittelt ein spezielles Messgerät die erzeugte Leistung zum Zeitpunkt der Messung. Eine Umrechnung der Beeinflussungsparameter Sonneneinstrahlung und Temperatur erlaubt den Rückschluss auf die bei der Dimensionierung zugrunde gelegten Daten. Mithilfe dieser Messung kann auch eine Grundleistung definiert werden, die insbesondere bei Verschmutzung der Anlage als Bewertungskriterium herangezogen werden kann. In den Wechselrichtern kann ebenfalls eine Auswertung dieser Daten erfolgen. **Bild 17.4** zeigt das Grundprinzip der Messung.

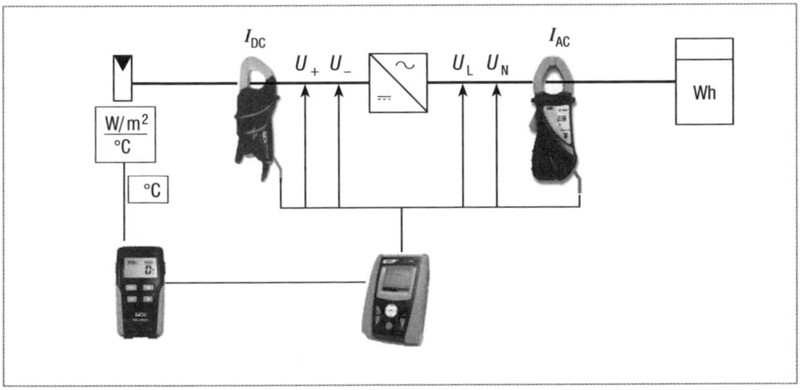

Bild 17.4 Grundprinzip der Leistungsmessung einer PV-Anlage

17.5 Prüfung im AC-System

Die Prüfung im Niederspannungssystem der PV-Anlage erfordert umfassende Kenntnisse der Errichternorm und der angrenzenden Normen. Dazu ist eine zum Prüfen befähigte Person mit Erfahrungen in der Prüfung von PV-Anlagen erforderlich.

17.5.1 Prüfen der Montagebedingungen AC-Niederspannung

Um die Montagebedingungen zu prüfen, sind die zuständigen DIN-VDE-Bestimmungen und die Herstelleranweisungen bereit zu stellen. Folgende Eckdaten sind für die Prüfung der AC-Niederspannungsseite wichtig:

- AC-Trennvorrichtung,
- Anschluss der Trennvorrichtung (Lastseite = PV-Anlage – Einspeiseseite = öffentliche Versorgung),
- Programmierung der Betriebsparameter,
- Auswahl eines RCD,
- Dimensionierung der Wechselspannungsleitungen,
- Leitungsverlegung der Wechselspannungsleitungen,
- Vorhandensein von Schutzleitern und Potentialausgleichsleitungen sowie deren Dimensionierung,
- Einführung von Leitungen in Betriebsmittel und Abdichtung gegen Wasser und Fremdkörper,
- Zugentlastung von Leitungsanschlüssen,
- Klimatische Bedingungen des Wechselrichters (Sonneneinstrahlung, Temperatur, Luftfeuchtigkeit),
- Abstände zu anderen Wechselrichtern und Geräten sowie zu Wänden und Decken.

Grundsätzlich sind die in DIN VDE 0100-600 beschriebenen Prüfungen zur Erstprüfung einer elektrischen Anlage oder eines Anlagenteils anzuwenden.

Darüber hinaus ist die Einhaltung der VDE-Anwendungsregeln, die sich auf den Aufbau und Anschluss der PV-Anlage an das öffentliche Netz beziehen, zu prüfen.

17.5.2 Prüfen der Montagebedingungen AC-Hochspannung

Die Prüfung der Hochspannungsinstallation gehört ebenfalls in den Aufgabenbereich einer befähigten Elektrofachkraft mit entsprechenden Spezialkenntnissen über die Errichtung und den Betrieb von Hochspannungsanlagen. Auch hier gelten spezielle VDE-Anwendungsregeln, deren Einhaltung zu prüfen ist.

17.5.3 Prüfen der MSR- und IT-Komponenten

Die Prüfung der MSR- und IT-Komponenten ist von Elektrofachkräften mit der Erfahrung in der Errichtung und dem Betrieb der zu einer PV-Anlage gehörenden Komponenten durchzuführen. Dazu gehören Erfahrungen in den Bereichen der Installation der elektrischen Anlage und der Beeinflussung der MSR- und IT-Systeme sowie Kenntnisse der Funktion der einzelnen Komponenten.

Folgende Fragen sind zu beantworten:

- Sind die Betriebsmittel ordnungsgemäß entsprechend der Herstellervorgabe installiert?
- Sind die Leitungsführungen gegen mechanische Belastung, Wind, Schnee und Sonneneinstrahlung hinreichend geschützt?
- Sind die Betriebsmittel sicher montiert?
- Sind die Leitungsführungen gemäß DIN VDE 0100-444 hinreichend gegen elektromagnetische Störungen geschützt?
- Sind die Schnittstellen zur Netzeinspeisung definiert und ordnungsgemäß eingestellt?
- Sind die Schutzmaßnahmen gegen auftretende Überspannungen aus atmosphärischen Entladungen oder Schalthandlungen vorhanden und ordnungsgemäß ausgeführt?
- Sind die Komponenten der betreffenden Anlage weit genug von Blitzschutzbauteilen entfernt und bei Bedarf gegen direkten Einschlag geschützt?

17.6 Prüfverfahren im Niederspannungs-AC-System

17.6.1 Durchgängigkeit der Leiter

Die Durchgängigkeitsmessung der Leiter soll belegen dass alle Leiter, die dem Schutz dienen, tatsächlich ihre Aufgabe erfüllen. Die Messung erfolgt mit speziell dafür gebauten Prüfgeräten, die einem Mindestmessstrom von 200 mA bereitstellen.

Der gemessene Widerstand der Leitungsverbindung ist mit dem tatsächlich vorhandenen Widerstand des Leiters zu vergleichen. Abweichungen, die durch Kontakte entstehen, dürfen berücksichtigt werden. Sie liegen jedoch im kleinen Milliohm-Bereich bis ca. 10 mΩ.

17.6.2 Isolationswiderstand

Der Isolationswiderstand muss zwischen den Leitern und zwischen den Leitern und dem Erdungssystem gemessen werden.

Darüber hinaus ist auch die sichere Trennung bei Schutztrennung zwischen dem trafolosen Wechselrichter und der AC-Seite sowie für das eventuell vorhandene SELV- oder PELV-System erforderlich.

Die sichere Trennung wird durch Messung des Isolationswiderstands zwischen der Einspeisung und der getrennten Seite gemessen. Bei SELV-Systemen ist zusätzlich die Erdfreiheit der aktiven Leiter und der Betriebsmittel nachzuweisen. Folgende Werte sind einzuhalten:

- SELV und PELV, Messspannung 250 V DC, Isolationswiderstand mindestens 0,5 MΩ,
- Netz bis 500 V, Messspannung 500 V DC, Isolationswiderstand mindestens 1 MΩ.

Üblicherweise sind die Werte in einer Neuanlage wesentlich höher und erreichen Werte oberhalb der Messgrenze der Prüfgeräte. Abweichung in den 10-Megaohmbereich zeigen Fehler an.

Sollten im Versorgungssystem Überspannungsableiter installiert sein, können diese den Messwert beeinflussen. In diesem Fall kann mit 250 V DC gemessen werden.

17.6.3 Prüfung der Spannungspolarität

Es soll bestätigt werden, dass in den Neutralleitern keine Schaltgeräte eingebaut sind.

Kabel und Leitungen sind fachgerecht und nach den Herstellervorgaben an den Betriebsmitteln angeschlossen. Die ordnungsgemäße Abdichtung gegen Fremdkörper und Wasser sowie der Berührungsschutz wurde bereits im Rahmen der Sichtprüfung festgestellt.

17.6.4 Schutz gegen elektrischen Schlag

Automatische Abschaltung der Spannungsversorgung im Kurzschluss oder Körperschlussfall ist eine grundlegende Anforderung an Anlagen in den Versorgungsnetzsystemen. Sie gilt auch für die Anschlüsse von Wechselrichtern an elektrische Anlagen.

Bei der Errichtung von PV-Anlagen kommen im Wesentlichen zwei Verfahren zur Anwendung:

- Abschaltung im TN-System durch die vorgeschaltete Überstrom-Schutzeinrichtung,
- Abschaltung durch eine Fehlerstrom-Schutzeinrichtung.

Abschaltung im TN-System

Bei der Abschaltung im TN-System ist die Fehlerschleifenimpedanz und der daraus resultierende Kurzschlussstrom mit der Auslösecharakteristik der vorgeschalteten Überstrom-Schutzeinrichtung zu vergleichen.

Die Messung der Schleifenimpedanz erfolgt mit einem zugelassenen Prüfgerät, das die Normenreihe DIN VDE 0413 erfüllt. Die in DIN VDE 0100-600 beschriebenen Korrekturfaktoren sind bei der Bewertung der Messung zu berücksichtigen. Beachtet werden muss ebenfalls der Messbereich des Gerätes. Sehr kleine Schleifenimpedanzen (< 10m Ω oder > 200 kA), wie sie zum Beispiel bei leistungsstarken Einspeisungen oder direkt nach Transformatoren vorkommen, können den Messbereich einfacher Prüfgeräte über- bzw. unterschreiten.

Die gemessene Fehlerschleifenimpedanz und die vorgeschaltete Überstrom-Schutzeinrichtung ist nach Art und Nennstrom zu dokumentieren. Die Auslösung der Überstrom-Schutzeinrichtung ist nach den vorgenannten Werten in der festgelegten Zeit zu dokumentieren. In der Regel gilt für Verteilerstromkreise eine Auslösezeit von 5 s zwischen zwei Schaltgerätekombinationen. Der Anschluss des Wechselrichters an einen Verteiler gilt bei < 32 A als Endstromkreis mit 0,4 s.

Abschaltung mittels RCD

Bei der Abschaltung mittels RCD ist zunächst zu prüfen, welche Vorgaben der Wechselrichterhersteller für sein System macht. Handelt es sich um einen trafolosen Wechselrichter, können Gleichstromkomponenten im Netz auftreten. In diesen Fällen ist ein RCD Typ B erforderlich.

Im Fall des Einsatzes von RCD ist auch auf eine eventuell vorhandene Reihenschaltung in dem Versorgungssystem zu achten. Ein selektiver RCD könnte dann im System eingebaut sein. Dieser ist auf dem Prüfgerät einzustellen.

Folgende Einstellungen sind üblicherweise erforderlich:

- RDC-Auslösestrom,
- RCD Typ,
- Selektivität,
- Kurvenform bei AC.

Erforderlich sind die folgenden Messwerte, die mit den Sollwerten zu vergleichen und zu dokumentieren sind:

- Auslösezeit bei Auftreten des Fehlerstromes,
- Berührungsspannung bei Auslösung durch Fehlerstrom.

Die Abschaltzeit beträgt im TT-System 0,2 s im Endstromkreis und 0,4 s im TN-System.

17.6.5 Drehfeld

Das vom Wechselrichter am Netzanschlusspunkt ankommende Drehfeld sollte ein rechtes sein, wie auch das Drehfeld an der Einspeisestelle des Netzes ein rechtes Drehfeld hat.

17.7 Prüfen der Niederspannungsschaltgerätekombination

Niederspannungs-Schaltgerätekombinationen sind in aller Regel fabrikfertig angeliefert. Sie entsprechen in ihrer Ausführung den einzelnen Teilen der DIN EN 61439 (VDE 0660-600). Der Hersteller erklärt die Konformität mit der vorgenannten Regel mit einer Konformitätserklärung und dem CE-Kennzeichen. Die Prüfung der PV-Anlage bezieht sich somit nicht auf das „Innere" der Schaltanlage, sondern auf die ordnungsgemäße Montage entsprechend den Informationen der technischen Dokumentation des Herstellers sowie auf den korrekten Anschluss der Leitungen.

Prüfpflichtig ist also der Solarinstallateur zunächst im Hinblick auf die ordnungsgemäße Verwendung, also die Montage und die Anschlüsse. Dazu zählt:

- das Vorhandensein der ordnungsgemäßen Dokumentation,
- die angeschlossene Versorgungsspannung,
- die maximale Kurzschlussleistung an der Einspeisung,
- die gewählte Vorsicherung,
- die Klemmanschlüsse im Hinblick auf maximale Querschnitte und Leiterart,
- die Anzugsmomente bei Schraubklemmen,
- die Verlegung der Anschlussleitungen im Innern der Kombination,
- die Abdichtung gegen Eindringen von Fremdkörpern und Wasser an den Leitungseinführungen.

Da Schaltanlagen in der Regel im Sommer bei hohen Umgebungstemperaturen den maximalen Strom verteilen, wird im Innern auch die maximale Wärme umgesetzt. Die Schaltgeräte sind mit den Nennwerten auf eine bestimmte Umgebungstemperatur bezogen. Werden sie wärmer erfolgt die Auslösung früher. Auf die Umgebungstemperatur und eventuelle Sonnenbestrahlung sollte deshalb besonders geachtet werden, um Störungen durch den Ausfall von Überstrom-Schutzeinrichtungen zu vermeiden.

17.8 Prüfen der IT-/MSR-Installation

Wechselrichter erhalten neben den Anschlüssen der DC- und AC-Versorgungsanschlüsse, auch Anschlüsse zur Kommunikation. Diese sind für den ordnungsgemäßen Betrieb wie auch für die Überwachung des Systems wichtig. Eine störungsfreie Kommunikation mit dem Energieversorger, der den erzeugten Strom abnimmt, wie auch die interne Kommunikation mit Betriebsmitteln, Speichern und Ladepunkten muss gewährleistet werden. Um das sicherzustellen, sind zunächst die Schnittstellenanschlüsse zu prüfen. Daneben ist aber auch die Auswahl und Verlegung der Kommunikationsleitungen für eine sicheren Betrieb wichtig.

Kommunikationsleitungen sind als abgeschirmte Leitungen zu verlegen. Diese Abschirmung verhindert Einwirkungen von elektromagnetischen Feldern auf die transportierten Informationen. Dazu ist der Schirm der Leitungen mit dem entsprechenden Anschluss, üblicherweise an der Zugentlastung, der Geräte zu verbinden.

Auch die Verlegung der Leitungen ist wichtig für die korrekte Funktion des Datentransports. Energieleitungen und IT-/MSR-Leitungen sind mit einem Abstand zu verlegen. Es muss ein Mindestabstand zwischen den Energieleitungen und den IT-/MSR-Leitungen von mindestens 200 mm eingehalten werden.

Bei der Verwendung von Kabelbühnen oder Kabelwannen kann der Abstand auch verringert werden. Wenn die Leitungen gemeinsam geführt werden müssen, erfolgt die Verlegung idealerweise in einem metallisch geschlossenen Verlegesystem. Damit können die Leitungen auch direkt nebeneinander verlegt werden.

Um die ordnungsgemäße Installation festzustellen, sind folgende Sichtprüfungen erforderlich:

- korrekte Aderbelegung der Anschlüsse am Stecker oder der Klemme,
- Bauart der Schnittstellenkabel (twisted Pair),
- geschirmte Leitungen,
- korrekter Schirmanschluss,
- korrekte Abstände zwischen Energieleitungen und IT-/MSR-Leitungen,
- keine Schleifenbildung (keine Verlegung mit größerem Abstand auch zu Erd-, PA- und anderen parallel geführten Datenleitungen).

17.9 Übungsaufgaben

(Die Lösungen zu den Aufgaben finden Sie im Anhang.)

Aufgabe 17.1

Welche Sichtprüfungen sind bei der DC-Prüfung einer PV-Anlage erforderlich? Nennen Sie Stichpunkte.

Aufgabe 17.2

Bei welchem Strom muss ein Schutzgerät zum Leitungsschutz nach einer Stunde spätestens abschalten?

Aufgabe 17.3

Welche Aufgabe hat eine Sicherung oder ein Leitungsschutzschalter in einer elektrischen Anlage, welche ein Fehlerstrom-Schutzschalter?

Aufgabe 17.4

Welche Faktoren beeinflussen die Belastbarkeit einer Leitung? Nennen Sie mindestens zwei.

Aufgabe 17.5

Welche Maßnahmen sind zum Personenschutz einer elektrischen Anlage notwendig?

Aufgabe 17.6

Welche Stichpunkte sind bei einer Sichtprüfung eines elektrischen Systems zu prüfen?

Aufgabe 17.7

Beschreiben Sie den Unterschied zwischen „Messen“ und „Prüfen“.

Aufgabe 17.8

Wann müssen elektrische Systeme geprüft werden?

Aufgabe 17.9

Warum müssen elektrische Systeme geprüft werden?

Aufgabe 17.10

Welche Prüfungen sind grundsätzlich erforderlich, um die elektrische Sicherheit zu bestätigen?

Aufgabe 17.11

Was versteht die TRBS 1201 unter einer Ordnungsprüfung?

Aufgabe 17.12

Was versteht die TRBS 1201 unter der „technischen Prüfung“?

Aufgabe 17.13

Wer darf eine Sicherheitsprüfung an einem elektrischen System verantwortlich durchführen?

18 Wiederholungsprüfungen an PV-Systemen

Wiederholungsprüfungen dienen dazu, den sicheren Betriebszustand der Anlage aufrecht zu erhalten. Dazu sind zunächst Inspektionen erforderlich. Durch Inaugenscheinnahme kann eine Reihe von aufgetretenen Fehlern, die zu Gefährdung oder zu Mindererzeugung führen, frühzeitig beseitigt werden.

Dabei geht es in gleicher Weise um die elektrische Sicherheit, die natürlich im Laufe der Zeit auch gewährleistet bleiben muss. Elektrische Systeme sind nach den anerkannten Regeln der Technik sowie im gewerblichen Betrieb nach den Regeln der DGUV Vorschrift 3 regelmäßig zu prüfen. Die Art der Prüfung bezieht sich auf die anzuwendenden anerkannten Regeln der Technik.

Sichtprüfung der gesamten DC-Anlage sowie mindestens die

- Messung der PE- und PA-Verbindungen auf Durchgängigkeit,
- Messung des Isolationswiderstands der einzelnen Stränge/Arrays,
- Feststellung der Funktionsfähigkeit des Schutzes gegen elektrischen Schlag im Fehlerfall,
- bei Bedarf eine Leistungsmessung.

Bei den Prüfungen können Gefährdungen auftreten. Diese sind vor Beginn der Arbeiten in einer Gefährdungsbeurteilung zu erfassen. Im Einzelnen können dies sein:

- Absturzgefahr,
- Gefahr elektrischer Schlag,
- Gefahr durch Störbögen sowie
- weitere Gefährdungen aus dem Umfeld der Anlage.

Die für diese Gefährdungen anzuwendenden PSA sind einzuhalten.

18.1 Sichtprüfung

Im Zusammenhang mit der Sichtprüfung sind verschiedene Aspekte zu beachten, die unter den folgenden Abschnitten aufgeführt werden.

18.1.1 Module

- Verschmutzung von Modulen durch Staub aus der Umgebung von Industriebetrieben,

- Verschattung durch nachwachsende Bäume oder neue Bebauung,
- Verschmutzung durch Vogelexkremente,
- Risse in Modulen in windstarken Gegenden,
- Lage der Steckverbinder, z. B. auf der Dachhaut,
- Wärmebildaufnahmen von Anschlusskästen,
- stichprobenartige Wärmebildaufnahmen von Steckverbindungen.

18.1.2 Arrays

- Kennzeichnung der Stränge und Arrays noch lesbar und vorhanden,
- Kennzeichnung der Anfangs- und Endleitungen noch lesbar und vorhanden,
- Schädlingsbefall auf den Leitungen,
- Näherung zu Blitzschutzbauteilen und eventuelle Änderungen in der Anlage.

18.1.3 Verkabelung

- sichere Leitungsführung,
- Scheuerstellen, frei hängende Leitungen,
- Kennzeichnung der Leitungen,
- Bewuchs unter den Modulen,
- Schutzpotential- und Blitzschutzpotentialausgleichsleitungen,
- Schleifenbildung der Leitungen.

18.1.4 Wechselrichter

- Zugänglichkeit für Inspektion, Prüfung und Wartung,
- Signalleuchten und Anzeigenzustand,
- Gehäusekorrosion,
- innen kein Wasser und keine Korrosion, keine Tiere,
- Anschlussklemmen: Anzugsmarkierung prüfen, evtl. IR-Aufnahme,
- Staubablagerung.

18.1.5 Niederspannungsschaltgerätekombinationen

- Zugänglichkeit für Inspektion, Prüfung und Wartung,
- Dokumentation der Schaltanlage,
- Konformitätserklärung,
- Gehäusekorrosion,
- innen kein Wasser und keine Korrosion, keine Tiere,
- Staubablagerung,
- Anschlussklemmen: Anzugsmarkierung prüfen, evtl. IR-Aufnahme,

- Klemmenwartung nach Herstellervorgabe insbesondere bei Aluminiumkabeln,
- maximale Umgebungstemperatur der eingebauten Betriebsmittel bei direkter Sonnenbestrahlung prüfen.

18.1.6 Erdungsanlage

- Erdungsanschlüsse auf Korrosion und Festigkeit prüfen,
- Erdeinführung auf Korrosion prüfen,
- Messen des Erdübergangswiderstands.

18.1.7 Dach

- Wasserabfluss gewährleistet (Kabel im Wasser),
- Dachdurchdringungen für Kabel und Modulbefestigung,
- Bewuchs unter den Modulen,
- Veränderungen in der Modullage durch Absacken der Befestigungen,
- bei Freiflächen Absacken der Ständer,
- Korrosion an den Befestigungen.

18.1.8 Allgemeines

- Warn- und Hinweisschilder auf Lesbarkeit und Vollständigkeit prüfen.

18.2 Elektrische Prüfungen DC

Die Messungen werden wie bei der Erstprüfung in Abschnitt 17.3 beschrieben durchgeführt. Wichtig ist das Vorliegen der Erstprüfungsergebnisse sowie die Messergebnisse der zwischenzeitlich durchgeführten Wiederholungsprüfungen. Die Ergebnisse der durchgeführten Wiederholungsprüfung sind mit den vorangegangenen Prüfungen zu vergleichen. Bei gravierenden Abweichungen sind weitere Prüfungen erforderlich:

- Durchgängigkeit der Schutz- und Potentialausgleichsleiter,
- Isolationswiderstand der Stränge und Arrays,
- Kurzschlussstrom oder Leistungsmessung.

18.3 MSR-Anlage

Die Wiederholungsprüfung der MSR-Anlage bezieht sich auf die Erfassung der Messdaten und die Weitergabe.

Die Sichtprüfung umfasst dabei die Position, den Zustand und die Verschmutzung von:

- Sensoren,
- Leitungsverbindungen,
- Anzeigesystemen,
- Meldeleuchten und Displays.

Anzeigen und Auswertungen werden auf Plausibilität geprüft.

18.4 AC-Anlage

Der Wiederholungsprüfung der DC- und der MSR-Anlage folgt die Wiederholungsprüfung der AC-Anlage bis zur Übergabestation. Diese Prüfung ist nur einer Elektrofachkraft mit entsprechenden Kenntnissen und Erfahrungen als Prüfer übertragbar. Inwieweit die EFKffT dazu ausgebildet und bestellt ist, ist von ihr zu prüfen. Es besteht grundsätzlich die Gefahr des Übernahmeverschuldens.

18.5 Dokumentation der Prüfung

Alle während der Sichtprüfung aufgenommenen Bilder sind in die Dokumentation aufzunehmen und zu erläutern. Es werden alle Messwerte dokumentiert. In der Zusammenfassung sind alle sicherheitsrelevanten Fehler und notwendigen Maßnahmen, die zur Aufrechterhaltung der Sicherheit und Funktionsfähigkeit dienen, aufzuführen.

Eine Formvorgabe für die Dokumentation besteht nicht. Wichtig ist, dass alle Ergebnisse festgehalten werden.

18.6 Übungsaufgaben

(Die Lösungen zu den Aufgaben finden Sie im Anhang.)

Aufgabe 18.1

Nennen Sie zwei Beispiele, auf was bei einer Sichtprüfung der Module geachtet werden sollte.

Aufgabe 18.2

Welche Fehler können bei der Sichtprüfung der Verkabelung erkennbar sein?

Aufgabe 18.3

Welche Qualifikation ist erforderlich, um den AC-Teil einer PV-Anlage auf elektrische Sicherheit zu prüfen?

19 Vermeiden von Installationsfehlern

Installationsfehler können nur dann vermieden werden, wenn die Vorgaben des Herstellers zur Errichtung der Betriebsmittel eingehalten werden. Klassische Fehlerpunkte sind:

- Tragkonstruktion,
- Modulbefestigung auf der Tragkonstruktion,
- Leitungsverlegung der Strangleitungen,
- Leitungsverlegung der Wechselspannungsleitungen,
- Steckverbindungen der Strangleitungen,
- Einführung von Leitungen in Betriebsmittel und Abdichtung gegen Wasser und Fremdkörper,
- Zugentlastung von Leitungsanschlüssen,
- Niederspannungschaltgerätekombinationen,
- Annäherung an Blitzschutzbauteile.

Die **Bilder 19.1** bis **19.5** zeigen Installationsfehler.

Bild 19.1 Modulbefestigung Schraube

Bild 19.2 Unbefestigte Leitung

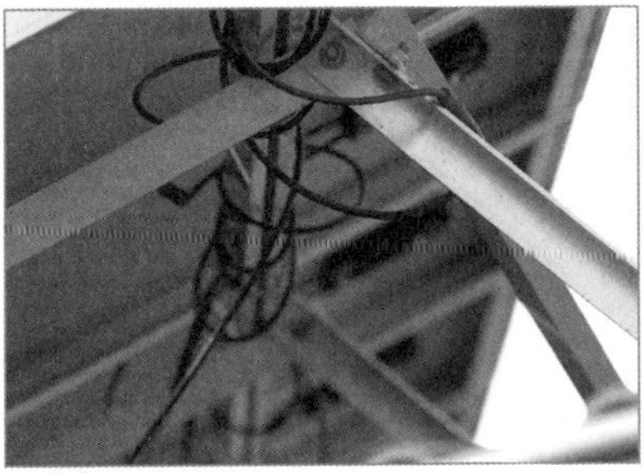

Bild 19.3 Leitungsverlegung am Tragsystem

Bild 19.4 Nicht ordnungsgemäß angezogene Klemme

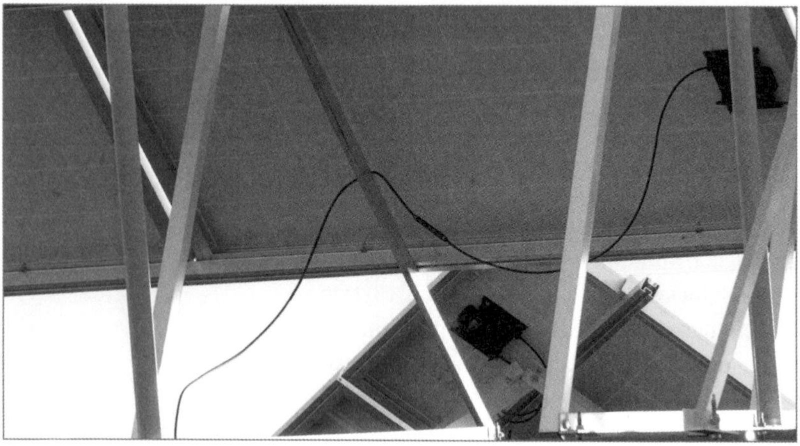

Bild 9.5 Hängende Leitungen

19.1 Übungsaufgaben

(Die Lösungen zu den Aufgaben finden Sie im Anhang.)

Aufgabe 19.1

Nennen Sie fünf Fehlerpunkte, die bei der Installation der Module auf dem Tragsystem vorkommen können?

Aufgabe 19.2

Was gilt es bei der Verlegung der Anschlussleitungen zum Modul besonders zu beachten?

Aufgabe 19.3

Wie sind Strang und Modulanschlussleitungen zu verlegen?

Aufgabe 19.4

Was ist zu tun, wenn auf dem Gebäude eine Blitzschutzanlage montiert ist?

Anhang

Gesetzlicher Rahmen

Abschließend eine Liste der geltenden Regelwerke zur Errichtung einer PV-Anlage. Diese besteht aus folgenden Regelwerken und Rechtsbereichen:

- Regeln zur Elektrotechnik,
- Normen aus der PV-Technik,
- Bauartzulassung/Konformitätserklärungen,
- Regeln aus dem Energiegesetzesbereich.

DIN-VDE-Bestimmungen

DIN VDE Bestimmungen gelten als anerkannte Regeln der Technik. Die Einhaltung dieser Regeln ist in verschiedenen Gesetzen und Verordnungen gefordert.

PV-Anlagen sind nach DIN VDE 0100 „Errichten von Niederspannungsanlagen“ zu errichten.

Niederspannungsanlagen sind elektrische Anlagen bis 1.000 V Wechselspannung und 1.500 V Gleichspannung. Speziell gilt DIN VDE 0100-712.

Ergänzend dazu existiert die Normenreihe DIN VDE 0126. Besonders zu beachten ist die Norm DIN EN IEC 62446-2 (VDE 0126-23-2): 2021-08 „Photovoltaik(PV)-Systeme – Anforderungen an Prüfung, Dokumentation und Instandhaltung“

Anwendungsregeln

Teil des VDE-Vorschriftenwerks sind die Anwendungsregeln. Diese haben den Stellenwert von technischen Regeln.

Beispiele dazu, die für PV-Anlagen gelten:

- VDE-AR-E 2100-712 (VDE-AR-E 2100-712) Anwendungsregel: 2018-12
  Maßnahmen für den DC-Bereich einer Photovoltaikanlage zum Einhalten der elektrischen Sicherheit im Falle einer Brandbekämpfung oder einer technischen Hilfeleistung
- VDE-AR-N 4105 (VDE-AR-N 4105) Anwendungsregel: 2018-11
  Erzeugungsanlagen am Niederspannungsnetz
  Technische Mindestanforderungen für Anschluss und Parallelbetrieb von Erzeugungsanlagen am Niederspannungsnetz

DIN-Normen

- DIN VDE 0100, zutreffende Teile für den Arbeitsbereich PV-Anlagen,
- DIN 18012 (Hausanschlusseinrichtungen),
- DIN 18013 (Nischen für Zählerplätze),
- DIN 18014 (Erdungsanlagen für Gebäude),
- DIN 18015 (Elektrische Anlagen in Wohngebäuden).

Regeln aus dem Baurecht

Im Wesentlichen kommen hier die Bauordnungen der einzelnen Länder vor. Es gilt ergänzend auch das örtliche Baurecht mit besonderen Anforderungen. Das kann eine Solarpflicht zum Errichten von PV-Anlagen auf bestimmten Objekten bis zum Solarverbot bei denkmalgeschützten Gebäuden oder Orten sein. Technisch sind die folgenden Bereiche zur berücksichtigen:

- statische Anforderungen,
- Windlast und Schneefall,
- Brandschutz.

Die Normen DIN 1055-4 und DIN 1055-5 betrachten die Einwirkungen auf Tragwerke durch Schnee- und Eislasten (Teil 4) sowie Windlasten (Teil 5) und geben die anzusetzenden Lastannahmen vor, die auch für die statische Auslegung von Solaranlagen anzuwenden sind.

Die Normen DIN 1055-4 und DIN 1055-5 betrachten die Einwirkungen auf Tragwerke durch Schnee- und Eislasten (Teil 4) sowie Windlasten (Teil 5) und geben die anzusetzenden Lastannahmen vor, die auch für die statische Auslegung von Solaranlagen anzuwenden sind.

Die Leitungsanlagenrichtlinie (LAR) und die Bauproduktenverordnung (BauProdV) befassen sich mit dem Brandgefahren, die bei der Verlegung von Leitungen entstehen. Die Verordnung über den Bau von Betriebsräumen für elektrische Anlagen (EltBauVO) beschreibt Anforderungen an Räume mit elektrischen Anlagen.

Energiegesetzgebung

Niederspannungsrichtlinie

Bauteile ohne CE-Kennzeichnung dürfen in Europa nicht verkauft und eingesetzt werden.

Es gilt die europäische Niederspannungsverordnung.

Bauteile für PV-Anlagen werden vom Hersteller in das zu erstellende Register für Einheiten- und Komponentenzertifikate eingetragen.

Niederspannungsanschlussverordnung (NAV)

Die Arbeiten an einer elektrischen Anlage dürfen außer durch den Netzbetreiber nur durch ein in ein Installateurverzeichnis eines Netzbetreibers eingetragenes Installationsunternehmen durchgeführt werden.

NAV § 13

Der Netzbetreiber darf zur Eintragung in das Installateurverzeichnis einen Nachweis einer ausreichenden fachlichen Qualifikation für die Durchführung der jeweiligen Arbeiten fordern.

Dieser Nachweis ist im Allgemeinen eine Meisterprüfung im Elektrotechniker-Handwerk.

Es dürfen nur Materialien und Geräte verwendet werden, die entsprechend § 49 des Energiewirtschaftsgesetzes unter Beachtung der allgemein anerkannten Regeln der Technik hergestellt sind.

Die Einhaltung der Voraussetzungen wird vermutet, wenn das Zeichen einer akkreditierten Stelle, insbesondere das VDE-Zeichen, GS-Zeichen oder CE-Zeichen, vorhanden ist.

Der Errichter muss vor der Verwendung von Betriebsmitteln prüfen, ob diese über

- eine CE-Kennzeichnung,
- ein VDE-Prüfzeichen oder
- ein GS-Zeichen

verfügen und die Eigenschaften der Betriebsmittel im Hinblick auf die vorgesehene Verwendung prüfen.

Bauteile ohne CE-Kennzeichnung dürfen in elektrischen Anlagen nicht eingesetzt werden

Technische Anschlussbedingungen (TAB) der jeweiligen Netzbetreiber

Die TAB werden von dem jeweiligen Netzbetreiber auf Basis einer Muster-TAB, die vom Bundesverband der Energie- und Wasserwirtschaft (BDEW) erstellt wird, aufgestellt.

Messstellenbetriebsgesetz – MsbG

Durch die Trennung der Energieversorgung im Netzanschluss und Messstellenbetrieb wird ein zweites Regelwerk erforderlich. Die Betriebsweise sowie die Sicherheitsanforderungen und Kosten für die Messstellen werden in diesem Gesetz beschrieben. Es ist geplant, alle derzeit im Gebrauch befindlichen alten Systeme durch intelligente Messsysteme zu ersetzen. Diese sind dann auch in der Lage, den eingespeisten Strom aus der PV Anlage zu messen und eine Grundlage für die Verrechnung zu erstellen.

Gesetzgebung zur Regenerativen Energie

Eine Reihe weiterer Gesetze findet sich im Zusammenhang mit der Gesetzgebung zur Regel regenerativer Energie. Dies sind unter anderem das:

- Erneuerbare-Energien-Gesetz (EEG),
- Marktstammdatenregister (MaStR) der Bundesnetzagentur,
- Solardachpflicht,
- Elektrotechnische-Eigenschaften-Nachweis-Verordnung (NELEV),
- Register für Einheiten- und Komponentenzertifikate ZERES.

Die Nutzung von ZERES ist für Hersteller, Anlagenbetreiber und Netzbetreiber seit 1.2.2025 gesetzlich verpflichtend. Die gesetzliche Grundlage ist das EnWG und das NELV. Die Hersteller Lassen ihre Produkte zertifizieren und stellen diese in ein zentrales Register ein. Der Installateur der Netzbetreiber sowie der Planer können die Eignung der Produkte, die für den Netzanschluss vorgesehen sind, für die vorgesehene Verwendung danach prüfen und eine Anlage entsprechend zertifizieren.

> Wer sich an die Montageregeln und Normen hält, hat weniger Reklamationen zu befürchten.

Lösung der Übungsaufgaben

Kapitel 1

Lösung 1.1

Ein elektrotechnischer Laie kann durch eine Elektrofachkraft unterwiesen oder angelernt werden. Dabei soll er Kenntnisse und Fertigkeiten vermittelt bekommen, die ein sicheres Ausführen der übertragenen Arbeiten ermöglicht.

Lösung 1.2

Elektrofachkräfte selbstständig und EuP sowie EFKffT unter Leitung und Aufsicht von Elektrofachkräften.

Lösung 1.3

Sie muss eine TREI-Qualifikation nachweisen und in ein Installateurverzeichnis eines Versorgungsunternehmens (VNB) eingetragen sein.

Lösung 1.4

5.200 mA

Lösung 1.5

10 kA

Lösung 1.6

3 mV oder $3 \cdot 10^{-3}$ V

Lösung 1.7

10^3

Lösung 1.8

0,030 A

Lösung 1.9

0,75 mA

Lösung 1.10

50 kWh

Lösung 1.11

$25 \cdot 10^3\ \Omega$

Lösung 1.12

Wenn an einem Widerstand eine Spannung anliegt.

Lösung 1.13

$$R = \frac{U}{I}; \quad U = I \cdot R; \quad I = \frac{U}{R}$$

Lösung 1.14

1.264 Ω

Lösung 1.15

0,4 mA

Lösung 1.16

14 Ω

Lösung 1.17

7,7 kΩ

Lösung 1.18

$$R = \rho \cdot \frac{l}{S} = 0{,}216\ \Omega$$

Lösung 1.19

$$l = \frac{R \cdot S}{\rho}$$

Kapitel 2

Lösung 2.1

Wärme, Licht, elektrische Felder, magnetische Felder

Lösung 2.2

Körperduchströmung, Lichtbogengefahr

Lösung 2.3

Unfallverhütungsvorschriften, Betriebssicherheitsverordnung, VDE-Bestimmungen

Lösung 2.4

Zeit und Stromstärke sowie Weg des Stromes durch den Körper

Lösung 2.5

50 V AC, 60 V DC

Lösung 2.6

Beim Trennen eines belasteten Stromkreises, durch Kurzschlüsse, beim Verbinden elektrischer Leiter mit unterschiedlichen Potentialen, durch Isolationsfehler

Lösung 2.7

Verbrennungen, Verblitzen der Augen, bei Übertritt der Lichtbogengase auf den Menschen eine Körperdurchströmung

Lösung 2.8

Bei Arbeiten unter Spannung, bei Arbeiten an Schaltanlagen, die nicht vollständige freigeschaltet sind

Lösung 2.9

Nicht unter Spannung arbeiten, möglichst nicht in der Nähe unter Spannung stehender Teile Arbeiten, bei Störlichtbogengefahr eine Schutzkleidung gegen Störlichtbögen (PSAgS) tragen

Kapitel 3

Lösung 3.1

Zum Beispiel mit unterschriebenen Teilnehmerlisten, Bescheinigungen von externen Weiterbildungen usw.

Lösung 3.2

Unzureichende Qualifikation

Lösung 3.3

Betriebssicherheitsverordnung, Baustellenverordnung, Arbeitsstättenverordnung

Lösung 3.4

Technische Regeln für Betriebssicherheit (TRBS), Gefährdungsbeurteilung, Prüfen und befähigte Personen

Lösung 3.5

Sie muss eine befähigte Person sein, die eine elektrotechnische Ausbildung besitzt, sie muss Erfahrung in der Herstellung und Verwendung der betreffenden Arbeitsmittel haben, sie muss diese Erfahrung beim Prüfen haben und sie muss sich regelmäßig weiterbilden.

Lösung 3.6

Unternehmer und Mitarbeiter sind für die Einhaltung der Unfallverhütungsvorschriften zuständig.

Lösung 3.7

Pflichten des Arbeitgebers: Betreiben elektrischer Anlagen, Mitarbeiterunterweisung; Pflichten des Arbeitnehmers: Einhalten der Sicherheitsvorschriften, 5 Sicherheitsregeln einhalten.

Lösung 3.8

Es besteht die Gefahr, dass sich Unbeteiligte in der unmittelbaren Nähe der Arbeitsstelle aufhalten und sie die Spannung führenden Teile berühren. Gefahr durch Verletzung bei falschem Prüfgerät oder falscher Einstellung.

Lösung 3.9

Die Gefährdung, die von der Arbeit ausgeht, ist zu bewerten, und es sind daraus Sicherheitsmaßnahmen festzulegen, wie die Arbeit sicher ausgeführt werden kann.

Lösung 3.10

Der Anlagenverantwortliche und der Arbeitsverantwortliche müssen Schaltungen in der Anlage sowie den Arbeitsplan für die geplanten Arbeiten miteinander abstimmen, bevor mit den Arbeiten begonnen werden darf.

Lösung 3.11

Die Betriebsmittel dürfen nur aus einem besonderen, mit einem Fehlerstrom-Schutzschalter geschützten Stromkreis eines Baustromverteilers oder aus der Geäudeinstallation über eine PRCD versorgt werden.

Lösung 3.12

Arbeiten im spannungsfreien Zustand, Arbeiten in der Nähe Spannung führender Teile, Arbeiten unter Spannung

Lösung 3.13

Freischalten, gegen Wiedereinschalten sichern, Spannungsfreiheit feststellen, Erden und Kurzschließen, benachbarte, unter Spannung stehende Teile abdecken oder abschranken.

Lösung 3.14

Zum Beispiel Hauptschalter ausschalten, diesen mit einem Schloss abschließen, Spannungsfreiheit mit einem zweipoligen Spannungsprüfer prüfen, der vorher auf ordnungsgemäßen Zustand und Funktion geprüft wurde.

Lösung 3.15

0,5 m

Lösung 3.16

Es muss entweder abgedeckt werden, sodass ein direktes Berühren verhindert ist, oder es muss eine Absperrung im Abstand von 1 m errichtet werden.

Lösung 3.17

Wenn Arbeitskleidung aus Baumwolle mit langen Ärmeln und langer Hose getragen wird, die Absicherung des Stromkreises 63 A nicht überschreitet, bei einem Kurzschlussstrom ≤ 1 kA, bei Arbeiten an Mess-, Steuer- oder Regelsystemen (MSR).

Lösung 3.19

Bei Arbeiten an den AC-Verteilungen, z. B. Zählerverteilungen, insbesondere wenn die Abdeckungen entfernt werden. Bei Arbeiten an DC-Anlagen, wenn stromführende Leiter getrennt werden oder Kurzschlüsse/Erdschlüsse auftreten können z. B. bei der Steckermontage.

Kapitel 4

Lösung 4.1

Die Spannungsversorgung kann noch bestehen und der Verunfallte kann unter Spannung stehen. Es besteht die Gefahr der Annäherung an Spannung führende Teile.

Lösung 4.2

Es kann Herzkammmerflimmern eintreten und damit eine Unterversorgung des Gehirns verbunden mit einer Gehirnschädigung.

Lösung 4.3

Rettungsdienst alarmieren und Atemspende mit äußerer Herzdruckmassage solange durchführen, bis Rettungssanitäter oder ein Arzt den Verunfallten übernehmen.

Lösung 4.4

Ein Defibrillator

Lösung 4.5

Der Rettungsdienst

Kapitel 5

Lösung 5.1

Wenn er von einer Elektrofachkraft über mögliche Gefahren bei der Durchführung der Arbeiten unterwiesen oder angelernt wurde, die notwendigen Maßnahmen des Arbeitsschutzes beherrscht und unter Leitung und Aufsicht einer Elektrofachkraft steht. Damit wird er zur EuP.

Lösung 5.2

Die die EuP leitende und aufsichtführende Elektrofachkraft

Lösung 5.3

Die EFK muss wissen, welche EuP sie zu leiten und zu beaufsichtigen hat, und die EuP muss wissen, wer für sie die Leitung und Aufsicht hat.

Kapitel 6

Lösung 6.1

Alle Arbeiten, für die sie bestellt ist, darf die Elektrofachkraft für festgelegte Tätigkeiten eigenverantwortlich ausführen. Alle anderen Arbeiten dürfen nur unter Leitung und Aufsicht einer Elektrofachkraft ausgeführt werden.

Lösung 6.2

Nur wiederholende Arbeiten an Betriebsmitteln, für die sie ausgebildet ist, für die eine Arbeitsanweisung vorliegt und für die sie bestellt ist.

Lösung 6.3

Name des Bestellten und Name des Betriebs, der bestellt; Liste der Arbeiten, für die eine Arbeitsanweisung vorliegt, nach der bestellt wird. Bei Bedarf Abgrenzung der Arbeiten, Datum der Prüfung, die als Grundlage der Bestellung dient, Unterschrift des für die Bestellung Verantwortlichen.

Lösung 6.4

Anschließen von Betriebsmitteln an elektrotechnische Installationen eines Gebäudes, Auswechseln defekter Betriebsmittel, Installieren elektrotechnischer Komponenten an Maschinen, Einstellen von Sensoren, Prüfen von eigenen Betriebsmitteln und Arbeitsmitteln, Prüfen nach Fertigstellung elektrotechnischer Arbeiten.

Lösung 6.5

Eine EFK darf an elektrischen Anlagen eigenverantwortlich arbeiten. Eine EuP und EFKffT nur unter Leitung und Aufsicht einer EFK.

Lösung 6.6

Sie muss in ein Installateurverzeichnis eines Verteilungsnetzbetreibers eingetragen sein.

Lösung 6.7

Auftrag, Werkzeuge, Material und Hilfsstoffe, Sicherheitsregeln, Arbeitsschritte. Bitte beachten, Prüfschritte (Prüfprotokoll mit min/max-Werten mit Hinweisen auf Sachverhalte, die besonders zu beachten sind), Abnahme (wer ist für die Abnahme verantwortlich und kann sie durchführen?).

Kapitel 7

Lösung 7.1

Durch den kleinsten Widerstand fließt der größte Strom und durch den größten Widerstand fließt der kleinste Strom.

Lösung 7.2

Am kleinsten Widerstand liegt die kleinste Spannung, am größten Widerstand liegt die höchste Spannung an.

Lösung 7.3

In der Parallelschaltung ist die Spannung an allen Widerständen gleich.

Lösung 7.4

Bei der Reihenschaltung sind die Ströme in den Widerständen gleich.

Lösung 7.5

$$R_{\mathrm{E}} = \frac{R}{n}$$

Lösung 7.6

$R_E = R_1 + R_2 + R_3$

Lösung 7.7

$$\frac{1}{R_E} = \frac{1}{R_1} + \frac{1}{R_2} + \frac{1}{R_3}$$

Lösung 7.8

60 mA

Lösung 7.9

$R_E = 45\ \Omega$, $U_1 = 30\text{V}$, $U_2 = 60\ \text{V}$, $I = 2\text{A}$

Lösung 7.10

$R_3 = 16{,}5\ \Omega$, $U_1 = 40\ \text{V}$, $U_2 = 120\ \text{V}$, $U = 226\ \text{V}$

Lösung 7.11

220,25 V

Lösung 7.12

$R_E = 273\ \Omega$, $I = 44\ \text{mA}$, $I_1 = 25\ \text{mA}$, $I_2 = 18\ \text{mA}$

Lösung 7.13

An zwei gleich großen Widerständen fällt die gleiche Spannung ab. Wird einem Widerstand ein zweiter parallel hinzugeschaltet, verringert sich der Ersatzwiderstand der beiden gegenüber dem Einzelwiderstand. Dadurch fällt in der Reihenschaltung an dem kleineren Widerstand eine kleinere Spannung ab. An dem unveränderten Widerstand erhöht sich die Spannung entsprechend.

Lösung 7.14

8,7 A

Lösung 7.15

5,8 V

Lösung 7.16

325 V

Lösung 7.17

9,1 A

Lösung 7.18

18,8 kW

Kapitel 8

Lösung 8.1

Bei Arbeiten in der Nähe von unter Spannung stehenden aktiven Teilen kann die Berührung von zwei aktiven Teilen unterschiedlichen Potentials, z. B. zwei Außenleitern, zu einer gefährlichen Körperdurchströmung führen. Zusätzlich besteht die Gefahr eines Lichtbogens.

Lösung 8.2

Stulpenhandschuh, Gesichtsschutz

Lösung 8.3

Die maximal zulässige Wechselspannung beträgt 50 V und die maximal zulässige Gleichspannung 120 V.

Lösung 8.4

Die Abschaltung muss im TN-System spätestens in 0,4 s erfolgen, im TT-System gilt 0,2 s.

Lösung 8.5

Personenschutz, Schutz der Umgebung, Schutz der Betriebsmittel gegen elektrische Auswirkungen. Schutz der Anlage gegen Umgebungseinflüsse

Lösung 8.6

Schutz gegen Überlast zum Beispiel von Leitungen

Lösung 8.7

Kurzschluss, Überlast, Erdschluss, Körperschluss, Leiterschluss

Lösung 8.8

1. der Bereich Arbeitsschutz und 2. der Bereich der Benutzung von Betriebsmitteln

Lösung 8.9

5 Sicherheitsregeln und Abdecken und Abschranken.

Lösung 8.10

Schutz durch Abschaltung mit Basisschutz, doppelte oder verstärkte Isolierung, Schutztrennung, Schutz durch Kleinspannung SELV/PELV und Maßnahmen des zusätzlichen Schutzes

Lösung 8.11

Schutz durch Isolieren, Abdecken, Umhüllen

Lösung 8.12

Der Begriff Netzsysteme beschreibt den Aufbau eines Versorgungsnetzes hinsichtlich der Erdung der Leiter.

Lösung 8.13

Es ist kein aktiver Leiter mit Erde verbunden, und die Betriebsmittel sind nicht geerdet.

Lösung 8.14

Das TN-System, TT-System und IT-System

Lösung 8.15

a) Erdung des Versorgers, b) Erdung des Verbrauchers, c) TN-Trennung oder kombinierte Führung von N- und PE-Leiter

Lösung 8.16

PEN, grün-gelb

Lösung 8.17

Außenleiter, z.B. schwarz, braun, grau, aber niemals grün-gelb

Lösung 8.18

Körper

Lösung 8.19

PE-Leiter, blau

Lösung 8.20

Es muss die vorgeschaltete Überstrom-Schutzeinrichtung innerhalb kürzester Zeit auslösen.

Lösung 8.21

Das ist der Widerstand der Fehlerschleife, der den Kuzschlussstrom im Netz begrenzt. Er besteht im Wesentlichen aus den Leitungswiderständen von der Fehlerstelle zum Versorgungstransformator, dem Widerstand im Transformator und dem Leiterwiderstand des Schutzleiters/PEN-Leiters zwischen Fehlerstelle und Sternpunkt des Transformators.

Lösung 8.22

Es könnte ein Kurzschluss, eine Überlast, ein Erdschluss oder ein Körperschluss vorliegen.

Lösung 8.23

Erdschluss oder Körperschluss

Lösung 8.24

Die Abschaltung muss spätestens nach 0,4 s erfolgen.

Lösung 8.25

Ein Fehlerstrom-Schutzschalter schützt auch bei einem unvollständigen Körperschluss oder Erdschluss.

Lösung 8.26

$$R = \frac{U}{I} = \frac{230\ \text{V}}{30\ \text{m}} = 7{,}666\ \Omega$$

Lösung 8.27

Weil die Gefahr der Spannungsverschleppung bestehen kann.

Lösung 8.28

Doppelte und verstärkte Isolierung, SELV, Schutztrennung mit einem Verbraucher

Lösung 8.29

Sie dürfen nicht in Steckdosen mit anderen Spannungen passen.

Lösung 8.30

Es kann kein Strom über die Erde zurück zum Trafo fließen, weil dieser keine Verbindung zur Erde hat.

Lösung 8.31

Schutzart beschreibt den Schutz gegen Eindringen von Wasser, Fremdkörper und Berühren; Schutzklasse beschreibt die Maßnahmen zum Schutz gegen elektrischen Schlag im Fehlerfall.

Lösung 8.32

Durch einen Fehlerstrom-Schutzschalter $I_{\Delta N} < 30$ mA und den Schutzpotentialausgleich.

Lösung 8.33

Alle leitfähigen Teile von Systemen, die in das Gebäude führen, Heizung-, Lüftungs-, Wasserleitungen sowie leitfähige Teile der Gebäudekonstruktion, die berührbar sind, und die Körper der Betriebsmittel.

Kapitel 9

Lösung 9.1

Ein PRCD ist eine Art Fehlerstrom-Schutzschalter, der bei Entstehen einer gefährlichen Berührungsspannung in Folge eines Fehlers in dem elektrischen System die Spannungsversorgung abschaltet. Er wird direkt an die Schnittstelle zur Infrastruktur des Gebäudes gesteckt.

Lösung 9.2

Betriebsmittel dürfen nur über Baustromverteiler oder über PRCD an das Versorgungsnetz eines Gebäudes angeschlossen werden.

Lösung 9.3

Mindestens H07 RN-F oder H07 BQ-F

Lösung 9.4

Ab 2 m Absturzhöhe

Lösung 9.5

Wenn die Absturzhöhe 3 m nicht überschreitet, die Neigung nicht größer als 22,5° ist, die Fläche weniger als 50 m^2 Grundfläche hat und die Mitarbeiter ausreichend qualifiziert und körperlich geeignet sind.

Lösung 9.6

Es müssen geeignete Anschlageinrichtungen vorhanden sein, und die Mitarbeiter müssen in der Benutzung sowie über die möglichen Rettungsmaßnahmen unterrichtet sein.

Lösung 9.7
Lange Arbeitskleidung und Mütze mit Nackenschutz tragen, Sonnenschutzcreme anwenden und reichlich Wasser trinken.

Kapitel 10

Lösung 10.1
Der Anlagenbetreiber

Lösung 10.2
An einen benannten Anlagenbetreiber

Lösung 10.3
Anlagenverantwortlicher

Lösung 10.4
Wenn er vom Anlagenverantwortlichen die „Durchführungserlaubnis" erhalten hat.

Lösung 10.5
Die verantwortliche Elektrofachkraft

Lösung 10.6
Der Arbeitsverantwortliche

Lösung 10.7
Der Arbeitsverantwortliche

Lösung 10.8
Es ist ein Arbeitsverantwortlicher festzulegen.

Lösung 10.9
Der Anlagen- und der Arbeitsverantwortliche müssen gemeinsam festlegen, wie die Arbeit ausgeführt werden soll und welche Sicherheitsmaßnahmen erforderlich sind.

Kapitel 11

Lösung 11.1
NH-System, D0-System

Lösung 11.2
In welcher Zeit die Sicherung bei welchem Strom auslöst.

Lösung 11.3
Klasse gG oder in der alten Bezeichnung gL

Lösung 11.4
Er muss spätestens in einer Stunde beim 1,45-fachen des Bemessungsstromes anschalten.

Lösung 11.5

Aufgrund des unterschiedlichen Verhaltens des Schaltlichtbogens ist der Bemessungsstrom bei DC zu berücksichtigen. Schalter haben z. T. anders gebaute Funkenlöschstrecken.

Lösung 11.6

16 A

Lösung 11.7

Der Typ A erfasst Wechselfehlerströme und pulsförmige Fehlerströme, der Typ B zusätzlich auch Gleichfehlerströme.

Lösung 11.8

Der Fehlerstrom-Schutzschalter muss regelmäßig alle sechs Monate durch Betätigung der Prüftaste ausgelöst werden.

Lösung 11.9

Der Fehlerstrom-Schutzschalter schützt die Anlage gegen Erdschluss und Körperschluss, der LS-Schalter gegen Kurzschluss und Überlast.

Lösung 11.10

Die Leitung ist harmonisiert und für eine Spannung von 450 V/750 V gegen Erde und 750 V zwischen zwei Leitern verwendbar. Die Kennzeichnung ist bei einen Drehstromanschluss in einer Baustellenumgebung (K2) verwendbar.

Lösung 11.11

Es handelt sich um eine Gummischlauchleitung mit drei Adern, deren Querschnitt 2,5 mm^2 beträgt. Eine Ader ist grün-gelb markiert, als Zeichen für den PE-Leiter.

Lösung 11.12

Es wird H 05-VV F 5G1,5 verwendet.

Lösung 11.13

Horizontal 250 mm, vertikal 400 mm

Lösung 11.14

Sie müssen doppelt isoliert sein oder einzeln in Isolierstoffrohren oder Isolierstoffkanälen verlegt sein.

Lösung 11.15

NYM darf nicht der Sonnenstrahlung ausgesetzt sein.

Lösung 11.16

Außenleiter = Braun, Schwarz, Grau; Neutralleiter = Blau;
Schutzleiter = Grün-Gelb

Lösung 11.17

Verlegeart, Anzahl der belasteten Adern, Umgebungstemperatur

Lösung 11.18

Zum Beispiel eine Leitung in einem Lehrrohr in einer wärmegedämmten Wand, in einem Kabelkanal auf der Wand, unter Putz.

Lösung 11.19

Leitungen müssen vor der Einführungsstelle so befestigt werden, dass kein Druck oder Zug auf die Klemmstelle im Gerät wirken kann.

Lösung 11.20

Kabelkanal, Kabelrinne Kabelleiter, Verlegerohr

Lösung 11.21

Mindestquerschnitt für Cu-Leitungen 1,5 mm², 16 mm² bei Aluminiumleitungen. Bei Maschinen können die Werte abweichen.

Lösung 11.22

Leistung/maximale Absicherung des WR, Schleifenwiderstand zur Abschaltung im TN-System, maximaler Kurzschlussstrom, Leitungslänge für den Spannungsfall.

Kapitel 12

Lösung 12.1

1. Schritt: Berechnung des Leiterwiderstands

$$R = 0{,}018 \cdot \frac{25}{4}\ \Omega = 0{,}1125\ \Omega$$

2. Schritt Berechnung des Spannungsfalls auf der Leitung:

$$U = I \cdot R = 144\ \text{A} \cdot 0{,}1125\ \Omega = 1{,}58\ \Omega$$

3. Schritt: Berechnung der Spannung am Ende des Stranges:

$$U = U_{\text{str}} - 2 \cdot U_{\text{v}} = 650\ \text{V} - 2 \cdot 1{,}58\ \text{V} = 646{,}84\ \text{V}$$

Lösung 12.2

$$P_{\text{v}} = U_{\text{v}} \cdot I = 5\ \text{V} \cdot 14\ \text{A} = 70\ \text{W}$$

Der Leistungsverlust des Stranges beträgt 70 W.

Lösung 12.3

Temperaturänderung:

$$\Delta\vartheta = \vartheta_{\text{min. Umgebungstemperatur}} - \vartheta_{\text{Bezugstemperatur}} = -\ 15\,°\text{C} - 25°\text{C} = -\ 40\,\text{K}$$

Änderungsfaktor:

$$(1 + \Delta\vartheta \cdot \beta_{\text{voc}}) = (1 + 40\,\text{K} \cdot 0{,}36/100\,\text{K}) = 1{,}144$$

temperaturkompensierte Modulspannung:

$$U_{\text{tempKomp}} = U_{\text{OCModul}} \cdot (1 + \Delta\vartheta \cdot \beta_{\text{voc}}) = 30\,\text{V} \cdot 1{,}144 = 34{,}32\,\text{V}$$

Lösung 12.4

$$U_{\text{OC-Strang}} = U_{\text{OC-Modul}} \cdot n = 30\ \text{V} \cdot 20\ \text{Module} = 600\ \text{V}$$

$$U_{\text{tempKomp}} = U_{\text{OC-Modul}} \cdot (1 + \Delta\vartheta \cdot \beta_{\text{voc}})\ U_{\text{Strang-tempKomp}}$$
$$= 30\ \text{V}\ (1 + 37\ \text{K} \cdot 0{,}22\ \%/\text{K}) \cdot 20 = 649\ \text{V}$$

Die Strangspannung steigt von 20 · 30 V = 600 V auf 649 V.

Lösung 12.5

Abweichende Umgebungstemperatur, Wechselbelastungsfaktor, Häufung durch die Montagebedingungen

Lösung 12.6

Bei sinkender Umgebungstemperatur sinkt der Strom, bei Temperaturen oberhalb der Bemessungsgröße steigt der Strom.

Lösung 12.7

Das Modul ist gut belüftet zu montieren, sodass die Luftzirkulation kühlend wirkt.

Lösung 12.8

$$I_{\text{SC-tempKomp}} = I_{\text{SC-Modul}} \cdot (1 + \Delta\vartheta \cdot \beta_{\text{ioc}}) = 13\ \text{A}\ [1 + (60 - 25)\ \text{K}] \cdot$$
$$0{,}045\ \%/\text{K} = 13{,}2\ \text{V}$$

Lösung 12.9

Im Winter steigt die Modulleistung um 52,5 W auf 462,5 W an und im Sommer sinkt die Modulleistung um 65,6 W auf 344,4 W.

Lösung 12.10

Der Leistungsverlust beträgt 14,8 %

Lösung 12.11

Die Strangsicherung schützt den Strang gegen Überlast und sorgt im Fehlerfall dafür, dass keine zu hohe Berührungsspannung an dem System auftreten kann.

Lösung 12.12

Die Person muss Elektrofachkraft sein und in das Installateurverzeichnis eines VNB eingetragen sein.

Kapitel 13

Lösung 13.1

Sie muss Elektrofachkraft sein.

Lösung 13.2

Die Elektrofachkraft muss in ein Installateurverzeichnis des zuständigen VNB eingetragen sein.

Lösung 13.3

Nein, das darf nur eine Elektrofachkraft, die in ein Installateurverzeichnis eingetragen ist.

Lösung 13.4

Die EFKffT arbeitet außerhalb des Bestellungsbereichs und muss somit unter der Leitung und Aufsicht einer Elektrofachkraft als EuP arbeiten. Die Elektrofachkraft trägt die fachliche Verantwortung.

Lösung 13.5

Ja, wenn sie dafür ausgebildet ist, eine Arbeitsanweisung vorliegt und sie für diese Tätigkeiten bestellt ist.

Kapitel 14

Lösung 14.1

Doppeldreieck mit Spannungsangabe

Lösung 14.2

Sicheres Abmantelwerkzeug verwenden, Schutzhandschuhe tragen, Messer verwenden, das gegen Abrutschen in Richtung Klinge gesichert ist

Lösung 14.3

Categorie 1 (CAT 1)

Lösung 14.4

Der Messstrom muss mindestens 200 mA betragen. Ein normales Multimeter kann das nicht.

Lösung 14.5

Die Messspannung muss zum Teil 500 V oder 250 V Gleichspannung betragen.

Lösung 14.6

Ein sogenannter Installationstester oder spezielle PV-Prüfgeräte.

Lösung 14.7

Beim Aufbau von Schaltschränken ist auf die Temperatur im Innern sowie auf die elektromagnetische Beeinflussung von MSR-Systemen und den Überspannungsschutz zu achten.

Kapitel 15

Lösung 15.1

Zwei ineinander liegende Dreiecke mit einer Spannungsangabe, z.B. 1.000 V.

Lösung 15.2

Abmanteln ist das Entfernen des Leitungsmantels und das Freilegen der Adern. Abisolieren ist das Entfernen der Aderisolierung und das Freilegen des Leiters.

Lösung 15.3

Abmanteler verwenden, Schutzhandschuhe tragen

Lösung 15.4

Die Leiterenden beim Abisolieren nicht verjüngen und vor dem Einschieben in die Hülse nicht verdrallen. Die ganze Länge der Aderendhülse füllen und auf ganzer Länge verpressen.

Lösung 15.5

Ist die Klemme für mehrdrähtige Leiter geeignet? Die vom Hersteller der Federzugklemme festgelegte Abisolierlänge ist einzuhalten.

Lösung 15.6

VDE-Bestimmungen, Unfallverhütungsvorschriften

Lösung 15.7

Es muss das Anzugsdrehmoment, das in den Herstellervorgaben enthalten ist, eingehalten werden.

Lösung 15.8

Die Abisolierlänge ist einzuhalten und es ist zu prüfen, ob die Klemme für die Leiterart und den Leiterquerschnitt zugelassen ist.

Lösung 15.9

H07 RN-F

Lösung 15.10

Die Hülse ist auf der ganzen Länge zu pressen. Das Leiterende schließt am Ende der Aderendhülse ab.

Kapitel 16

Lösung 16.1

Arbeitsvorbereitung ist das systematische Erfassen der notwendigen Maßnahmen, um die Arbeit gemäß Auftrag und technischen und arbeitssicherheitstechnischen Maßnahmen korrekt auszuführen.

Lösung 16.2

Materialbereitstellung, Bereitstellung der PSA, Bereitstellung der notwendigen Werkzeuge.

Lösung 16.3

Zum Beispiel systemgebundene Stecker, Drehmoment der Befestigungsschrauben, Näherung zu Blitzschutzbauteilen

Lösung 16.4

Befestigung der Stecker, Biegeradius nach dem Stecker, Kennzeichnung der angeschlossenen Strangleitung

Kapitel 17

Lösung 17.1

Befestigung der Module auf der Tragkonstruktion, Lage der Befestigungspunkte am Modul, Verwendung der richtigen Bauelemente, Festigkeit und Anzahl der Schrauben, Steckerverbindungen, Leitungsbefestigung, Schleifenbildung der Strangleitungen und Erdungsleitungen, Potentialausgeich und Erdung, Näherung zu Blitzschutzbauteilen

Lösung 17.2

Es muss spätestens beim 1,45-fachen des Bemessungsstromes abschalten.

Lösung 17.3

Der Leitungsschutzschalter schützt die Anlage gegen Kurzschluss und Überlast, der Fehlerstrom-Schutzschalter schützt die Anlage gegen Erdschluss und Körperschluss.

Lösung 17.4

Verlegeart, Anzahl der belasteten Adern, Umgebungstemperatur.

Lösung 17.5

Schutz gegen direktes Berühren, Schutz im Fehlerfall in einigen Fällen, Zusatzschutz mittels Fehlerstrom-Schutzschalter 30 mA

Lösung 17.6

Qualität der Betriebsmittel, Eigenschaften der Betriebsmittel, Position der Betriebsmittel, Funktion der Anlage, Koordination mit anderen Einrichtungen, Einhaltung gesetzlicher Anforderungen

Lösung 17.7

Messen ist die Erfassung einer physikalischen Größe, Prüfen das Vorhandensein eines Zustands.

Lösung 17.8

Nach Errichtung, nach Instandsetzung, in bestimmten Zeitabständen

Lösung 17.9

Prüfungen sind in vielen Gesetzen und den anerkannten Regeln der Technik gefordert. Nur nach einer Prüfung, wie sie in den Normen vorgeschrieben ist, kann die Sicherheit der Anlage bestätigt werden.

Lösung 17.10

Wasser- und Fremdkörperschutz, Schutz gegen direktes Berühren, Schutzleiterdurchgang von berührbaren, leitfähigen Teilen, die an den PE angeschlossen sind, und zur Haupterdungsschiene, die Isolationsfähigkeit des Systems gegen Erde (PE), die Trennung des fehlerbehafteten Teils vom Netz bei Kurzschluss, Überlast, Erd- oder Körperschluss.

Lösung 17.11

Prüfung ob:

- die erforderlichen Unterlagen vorhanden und schlüssig sind,
- der Prüfgegenstand gemäß Ergebnis der Gefährdungsbeurteilung/sicherheitstechnischen Bewertung eingesetzt und verwendet wird,
- die von der Behörde gegebenenfalls geforderten Auflagen im Erlaubnis- oder Genehmigungsbescheid eingehalten sind,
- die erforderlichen Prüfparameter definiert sind (Prüfumfang, Prüffrist),
- die technischen Unterlagen mit der Ausführung übereinstimmen,
- die Beschaffenheit oder die Betriebsbedingungen seit der letzten Prüfung geändert worden sind.

Lösung 17.12

Äußere oder innere Sichtprüfung, Funktions- und Wirksamkeitsprüfung, Prüfung mit Mess- und Prüfmitteln, labortechnische Untersuchung, zerstörungsfreie Prüfung und Prüfung mit datentechnisch verknüpften Messsystemen (z. B. Online-Überwachung)

Lösung 17.13

Die Elektrofachkraft oder die Elektrofachkraft für festgelegte Tätigkeiten im Bestellbereich.

Kapitel 18

Lösung 18.1

Verschmutzung, Risse in den Moduloberflächen, Verschattung

Lösung 18.2

Abgerissene Befestigungselemente, Leitung auf der Dachfläche, Leitung an scharfen Kanten

Lösung 18.3

Es muss eine Elektrofachkraft mit Erfahrung bei der Prüfung von PV-Anlagen und deren Einspeisung in das öffentliche Netz sein.

Kapitel 19

Lösung 19.1

Befestigungsabstände der Fixpunkte am Modul nicht eingehalten, Schrauben nicht richtig angezogen, Halterung nicht korrekt auf dem Rahmen anliegend.

Lösung 19.2

Zugentlastung an der Anschlussdose nicht überlasten, Biegeradius vor der Anschlussdose, Biegeradius vor dem Stecker.

Lösung 19.3

Stecker und Leitung liegen nicht auf der Dachhaut, Befestigungsabstände der Leitungen berücksichtigen.

Lösung 19.4

Es ist eine Blitzschutzfachkraft hinzuzuziehen, die die PV-Anlage und die Blitzschutzanlage koordiniert

Literaturverzeichnis

Fröse, Heinz-Dieter: Elektrofachkraft für festgelegte Tätigkeiten, Band 1, 6. Auflage. München/Heidelberg: Hüthig 2024.

Fröse, Heinz-Dieter Fröse: Elektrofachkraft für festgelegte Tätigkeiten, Band 2. 4. Auflage. München/Heidelberg: Hüthig 2023.

Fröse, Heinz-Dieter: Regelkonforme Installation von PV-Anlagen, 4. Auflage. München/Heidelberg: Hüthig 2024.

Häberlin, Heinrich: Photovoltaik. Strom aus Sonnenlicht für Verbundnetz und Inselanlagen. 2. Auflage. Berlin: VDE Verlag und elektrosuisse Verlag 2010.

Dehn+ Söhne: Blitzplaner, 4. Auflage. Neumarkt: Dehn+Söhne 2017.

Stichwortverzeichnis

K

L

M

T